C语言不挂科

王 冰◎著

清華大学出版社
北 京

内容简介

C 语言是计算机专业中的必修课，也是大多数编程技术中的底层技术。本书作为该领域中的入门教材，在内容中涵盖了 C 语言中的各方面基础知识以及实操案例，并且是使用生动的案例对应相关的知识点，在对应的代码中做出了详细的讲解。全书一共 17 章，第 1~10 章介绍了 C 语言的基础语法用法，包括：常量、变量、流程控制、数组、函数等；第 11~15 章介绍了 C 语言中的相对高级语法，包括：指针、数组指针、指针数组、函数指针、指针函数、函数指针数组、枚举、结构体、联合体等；第 16~17 章包含一个综合的实操案例，案例应用到的技术内容相对全面，基本可以包含之前所学习过的大部分知识内容。另外还有一部分笔试练习题。由于考虑到读者大多数是在校的大学生。所以针对性地做了这个章节。目的是读者能够熟悉笔试题的出题方式，未来可以更好地应对笔试考试。

本书可作为高等院校计算机专业教材或者辅助材料，适合对计算机操作有一定认知的编程爱好者，比如计算机专业的高等院校新生，同样也适合目前正在学习或者正准备学习 C 语言的编程爱好者。

图书在版编目 (CIP) 数据

C 语言不挂科 / 王冰著 . -- 北京 : 清华大学出版社 , 2025. 5.

ISBN 978-7-302-68558-6

Ⅰ. TP312.8

中国国家版本馆 CIP 数据核字第 2025F0V826 号

责任编辑：申美莹
封面设计：杨玉兰
版式设计：方加青
责任校对：胡伟民
责任印制：刘 菲

出版发行：清华大学出版社
网 址：https://www.tup.com.cn，https://www.wqxuetang.com
地 址：北京清华大学学研大厦 A 座 邮 编：100084
社 总 机：010-83470000 邮 购：010-62786544
投稿与读者服务：010-62776969，c-service@tup.tsinghua.edu.cn
质 量 反 馈：010-62772015，zhiliang@tup.tsinghua.edu.cn
印 装 者：涿州市般润文化传播有限公司
经 销：全国新华书店
开 本：185mm×260mm 印 张：19.75 字 数：515 千字
版 次：2025 年 5 月第 1 版 印 次：2025 年 5 月第 1 次印刷
定 价：99.00 元

产品编号：106368-01

前 言

本书设计的初衷是为了帮助目前计算机相关专业的在校生，更好地学习并真正掌握C 语言这门优秀的编程语言。就像本书的名字一样，只要能够认认真真、踏踏实实地把这本书中的所有内容都学习一遍，并且都能够熟练地掌握，就可以做到不挂科。其实不挂科并不是最终的目的，因为这个目标实在是太小也太容易达到了，目的应该是用 C 语言作为“编程母语”，更方便未来将编程能力平移到任意其他的语言，或者说其他的应用领域。

这本书能够帮助零基础的小白通过丰富的代码实操示例快速地掌握 C 语言的各种语法应用。书中的内容将会以第一人称对话的形式呈现，在本书中，你将会获得一个角色。从现在开始，你的名字叫作“小肆”，在未来使用本书的过程中，这个名字会高频率地出现在代码示例和内容讲解中，让读者学习起来更有代入感。这也和老邪本人制作的课程一样，采用第一人称视角聊天的讲解方式，相信会让你的学习效果事半功倍。

在本书中读者只需要跟着书中的代码示例进行按部就班的学习，就一定能很轻松地掌握 C 语言这个学科内的各种常用知识。本书的特点是利用代码实操示例得到运行效果，再根据运行效果反推语法结构以及相关的一些理论，这也是老邪本人一直以来的教学理念。在技术学习的道路上，一切脱离了实操的理论、原理都是在学习中的绊脚石。只有通过结果推导出来的结论才是能够理解掌握的，只有真正理解掌握了，才能做到举一反三，在使用中做到融会贯通。所以在学习编程的初期，不要着急去了解什么原理、理论之类晦涩难懂的内容，先把注意力放在实操环节。经过一定的积累到了该了解的时候，你就会惊喜地发现自己已经具备了归纳总结能力，并且通过自己的归纳总结得到的都是正确的结论。通过这本书，老邪不仅仅要教会 C 语言，更重要的是教会学习技术的方法。掌握了这种方法，养成了正确的学习习惯之后，未来再去学习任何的一门技术都可以事半功倍，轻松上手！

明确了基本的学习思路之后，接下来就要了解一下老邪针对本书使用的学习方法。老邪在 IT 教培行业从教 17 年。一直强调的都是“一带三”的学习方法，这个学习方法在之前出版的《码解 Java》一书中也做了推荐与介绍，接下来就具体地描述一下这个方法。

“一带三”中的“一”指的是需要自己手写一遍代码。对！你没看错，手写，就是手写，用笔在本上写。学习的本质就是先输入再输出，看了一遍我给你的内容，这就是输入。这么多年来你最熟悉的输出方式就是用笔，而不是用键盘。在学习编程的初期，很多新手小白甚至连键盘的使用都不是很熟练，何况还要频繁地在代码中切换大小写，而且还有各种会经常出现在代码中的标点符号，比如：!@#$%^&*()_+~<><<>>;’’”” /?: 等等。前期如果直接使用键盘去敲代码，键盘在很大程度上会牵扯你的注意力，所以我的要求是必须用笔，以手写的方式至少写一遍代码。这样就会最大程度地对代码本身的逻辑和结构有一个初步的认识，并且可以更专注于代码本身的逻辑和结构。不要忽略了物理层面的表现力。人们经常会忘记电脑里面的文件存放的位置、文件的名字等信息，但是我相信你一定能想起来最后一次用笔写的最后两个字是什么？甚至可以记起是写在了纸上还是本上？你是站着、坐着、蹲着、趴着还是撅着写的？你甚至还会想起是写在一张纸的左上角还是右下角？如果你的记性再好一点儿，甚至会想起来用的是钢笔、铅笔还是圆珠笔。没错，这就是物理层面的表现力。这么有助于我们记忆的一种方式，往往被大家所忽略。本书用了这么多篇幅来强调手写的重要性，可以看出本人对于学习中的这个环节是多么地看重。所以如果你想要真正地学会这门技术，就一定要按照我告诉你的方式一步一步去操作。

“一带三”中的“三”，指的是在键盘上敲至少“三遍”。注意我们在使用键盘敲代码的时候，不要在屏幕上打开随书附赠的源码文件。如果照着源码敲代码的话，这种敲代码的方式实际上就是在练打字。想象一下，如果让你用金山打字通随机找一篇陌生的英文文章照着打三遍，能记住多少？ 80% ？ 50% ？还是 30%……所以照着敲是最不可取的方法。

第一遍用键盘敲代码的时候应该凭着自己的回忆和理解去敲，当然大概率会有记不住的地方，这个时候你就可以利用之前手写的代码去填充残缺的记忆，完成第一遍代码的编写，最终要能够成功地编译并运行代码。写完第一遍代码之后不要保存，更不要直接删除，接下来你要做的是将代码的每一行根据之前的理解，添加上相应的注释。然后再把代码部分删除，但是要保留下来注释部分。这个时候经过了第一遍的手写，然后又敲了一遍代码，最后又添加了一次注释，相当于已经复习三遍代码了。

接下来就开始手敲第二遍代码，这个时候因为有注释在，所以我们写代码的感觉类似于汉译英了。而且有了之前三遍的复习效果作为加持，这一次完成得相对就会简单很多，也会在一定程度上为自己的学习增加信心。那么这次敲完代码之后，相当于是又复习了一次代码。此时我们可以把所有的内容，包括代码和注释全部删除，又保留一个空白的文件。

最后我们开始手敲第三遍代码，如果这一次你能通过自己的理解和记忆独立完成代码编写。那么你才算是真正地吸收和掌握了这个代码。相反如果这一次你还是不能自己独立完成代码编写，这就说明你对这个代码的理解还不够，而且有些关键的点并没有记住。任何的理解都是建立在能记住的基础上，如果你连记都记不住，还谈什么理解。所以如果你不能独立完成代码编写，那么还要继续多敲几遍，一直到能独立完成为止。

记住我下面要说的话：学习编程也好，学习其他的技术也好，我们的最终目的是学“会”，而不是学“完”，我们要学得扎实，一步一个脚印，而不是为了“快”！所以学习技术最好的捷径就是不走捷径，当你开始寻找捷径的那一刻开始，其实你就已经开始走弯路了。

那么从现在开始整理状态，调整好自己的心态，准备和老邪一起迎接一个新的学习阶段。我们开始吧！

本书提供了配套的代码资源、笔试练习题和读者服务群，可以扫描下方二维码获取资源或进群。

配套代码

笔试练习题

读者服务群

作者

2025 年元月

目　录

第1章
C/C++ 语言简介与环境搭建

1.1 C 语言和 C++

C++ 是一种广泛使用的编程语言，它是 C 语言的扩展和增强版。C++ 名字中的两个加号表示它包含了 C 语言的所有功能，并在此基础上引入了更多的特性和功能。

也就是说，我们在真正学习 C++ 之前应该先学习 C 语言的部分。很多人认为 C++ 就是 C++，实际上 C++ 也是分为两部分的，在面向对象之前的部分，我们可以把它当作是 C 语言来学习，从面向对象的部分开始，才真正开启 C++ 的学习大门。

在本书中，我们重点以 C 语言为主，如果你对本书的学习方式认可的话，可以关注后续老邪关于 C++ 部分的新书，当然前提是你必须有 C 语言的基础，另外一本书中的进阶内容才会真的适合你。

1.2 C 语言的特点

- C 语言是一种高效的编程语言，能够快速执行程序。
- 它具有灵活性，可以进行底层的内存操作和高级的程序设计。
- C 语言的移植性很好，可以在不同计算机平台上运行。
- 这门语言简洁直观，语法清晰，易于学习和理解。
- C 语言支持指针，能够直接操作内存地址，提供更多的编程灵活性。

1.3 C 语言的用途

- C 语言常用于系统编程，编写操作系统和驱动程序。
- 它被广泛应用于嵌入式系统开发，如智能手机、家电等。
- C 语言也常用于游戏开发，实现高性能的游戏引擎和逼真的图形效果。
- 在网络编程领域，C 语言被用于编写服务器端程序和网络协议。
- 由于其高效性和底层控制能力，C 语言在科学计算和大数据处理中也有广泛应用。

1.4 C 语言的开发工具

1.4.1 集成开发工具

集成开发工具（IDE）中包含代码编辑工具、编译器，提供丰富的代码编辑功能，以及快捷的编译、运行、调试等功能。常用的集成开发工具有以下几个。

- Visual Studio：由 Microsoft 开发的 Visual Studio 是一个功能强大的 IDE，具有全面的集成开发环境，支持 C++ 以及其他编程语言。它提供了丰富的工具，可以实现调试、自动完成、代码重构等功能。
- Xcode：Xcode 是苹果公司提供的集成开发环境，主要用于开发 macOS 和 iOS 应用程序。它支持 C++ 编程，并且具有代码编辑器、调试器、可视化界面设计工具等功能。
- Eclipse：Eclipse 是一个开源的跨平台 IDE，支持 C++ 和其他编程语言。它具有灵活的插件系统，可以根据需要进行扩展和定制。
- CLion：JetBrains 开发的 CLion 是专门为 C++ 开发设计的 IDE。它提供了智能代码完成、静态分析、调试器等功能，并且与 CMake 和其他构建系统紧密集成。
- Dev-C++（推荐）：是一个免费的集成开发环境，用于 C 和 C++ 编程。它是基于 Windows 操作系统的，旨在提供一个简单易用的开发环境，特别适合初学者和小型项目。

Dev-C++ 提供了一个简洁的界面和一系列工具，使得 C 和 C++ 的开发变得更加便捷。它包含了一个代码编辑器，具有语法高亮显示、自动完成和代码折叠等功能。此外，它还内置了 GNU 编译器套件（MinGW）作为默认编译器，可以直接编译和运行 C 和 C++ 代码。

Dev-C++ 的特点包括：

（1）轻量级：Dev-C++ 是一个相对较小且轻量级的 IDE，安装和启动速度快，对于简单的 C 和 C++ 项目非常适用。

（2）简单易用：它提供了一个直观的用户界面，容易上手。对于初学者来说，使用 Dev-C++ 可以快速开始学习并实践 C 和 C++ 编程。

（3）功能丰富：虽然 Dev-C++ 的界面相对简单，但它仍提供了一些有用的功能，如调试器、代码模板、多文件项目支持等。

需要注意的是，尽管 Dev-C++ 是一个在初学期间非常受欢迎的 IDE，但其开发和维护在过去几年中相对较少。因此，一些新的 C++ 特性和最新的编译器可能不被完全支持。对于更大型和复杂的项目，或者需要更现代化的 C++ 功能的情况，考虑使用其他更新和更全功能的 IDE 可能更合适。

1.4.2 代码编辑器

代码编辑器实际上就是一个多功能的记事本，其中会包含编程语言中的关键词语法加亮等功能，通常用于快速的代码编辑或者查看源码。常用的代码编辑器有以下几种：

- Visual Studio Code：Visual Studio Code 是一个轻量级的文本编辑器，支持 C++ 语言和丰富的插件生态系统，可以通过插件添加调试和其他功能。
- Sublime Text：Sublime Text 是一个流行的文本编辑器，它具有干净的界面和强大的功能，可以通过插件扩展其功能来支持 C++ 开发。
- Notepad++（推荐）：Notepad++ 是一个 Windows 平台下的文本编辑器，特别适用于简单的代码编辑。它具有语法高亮显示、语法折叠、多文档编辑等基本功能。

1.5 环境安装

Dev-C++ 安装包

安装包已经为你准备好，可以扫描右侧二维码获取。

（1）双击下载好的安装文件，如图 1-1 所示。

图 1-1 安装文件

（2）在以下界面选择安装语言并单击“OK”按钮，如图 1-2 所示。

图 1-2 选择安装语言

（3）进入许可协议界面，单击“我接受”按钮，如图 1-3 所示。

（4）进入选择组件页面，默认不用做任何操作，直接单击“下一步”按钮，如图 1-4 所示。

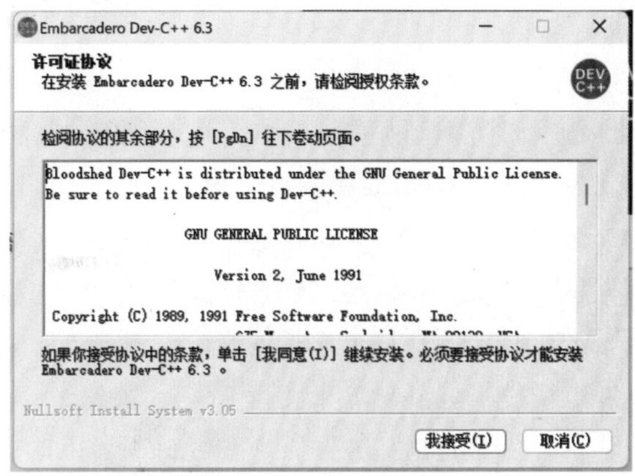

图 1-3　许可协议界面

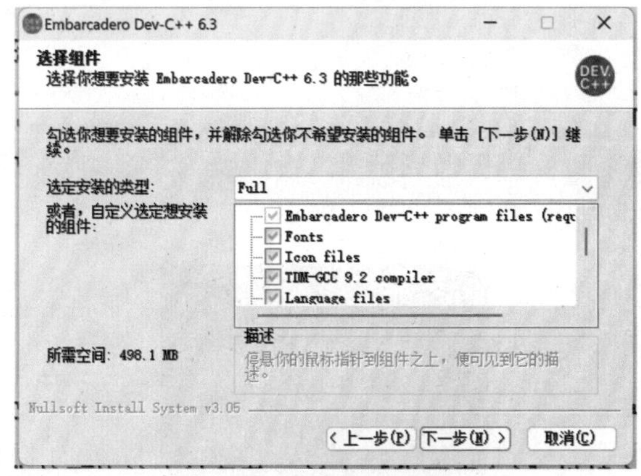

图 1-4　选择组件页面

（5）选择安装位置，并单击“安装”按钮，如图 1-5 所示。

老邪使用的默认安装目录，在 C 盘的盘符下，只要 C 盘的盘符够大，没有必要存放在其他盘符下。Program Files 目录就是系统为第三方软件准备的安装目录，我们只要尽情地使用就可以了，这样也能更方便我们对于第三方软件的管理。

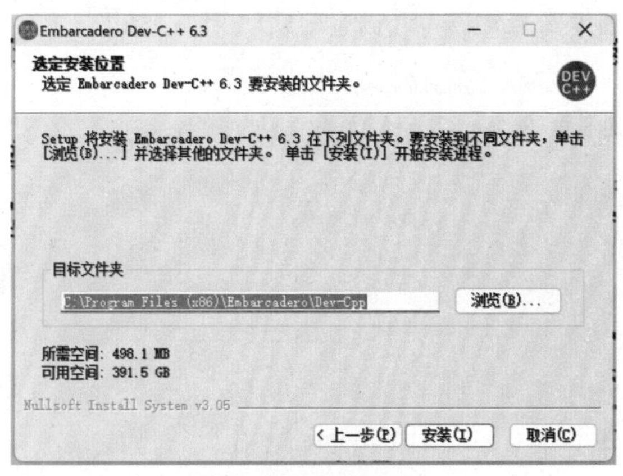

图 1-5　选择安装位置

（6）点击“安装”按钮之后会看到安装进度，如图 1-6 所示。

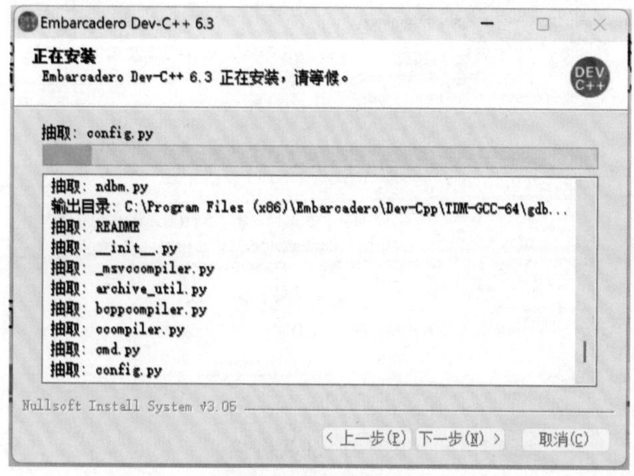

图 1-6　安装进度

（7）安装完成后直接单击“完成”按钮即可，单击之后进入环境初步配置界面，选择操作页面的语言，我们选择“简体中文”选项之后单击“Next”按钮，如图 1-7 所示。

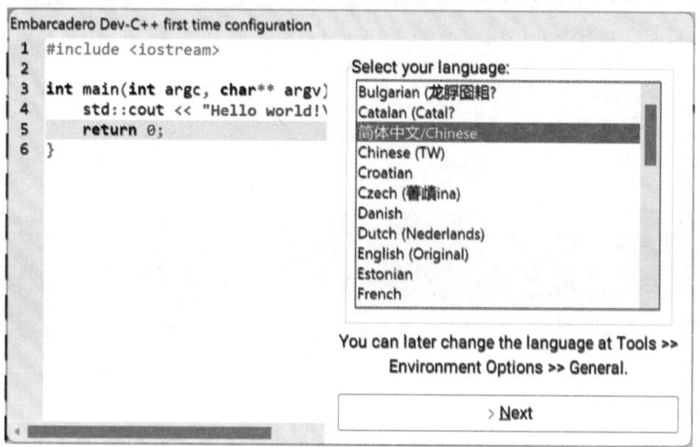

图 1-7　选择页面语言

（8）进入字体配置界面，选择适合自己的配置，并单击“ Next”按钮，如图 1-8 所示。

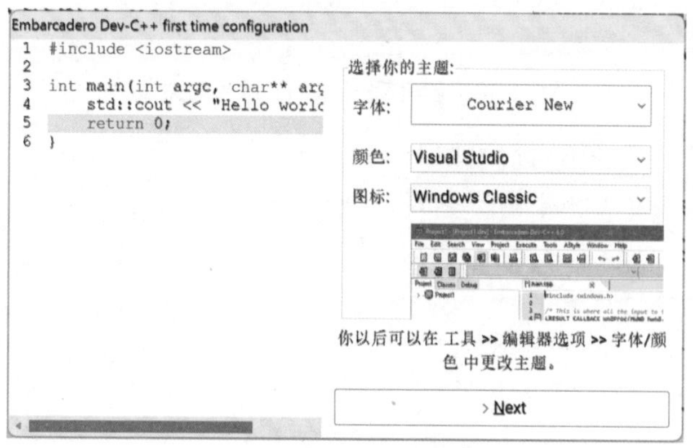

图 1-8　字体配置界面

（9）设置完成直接单击“OK”按钮即可，如图 1-9 所示。

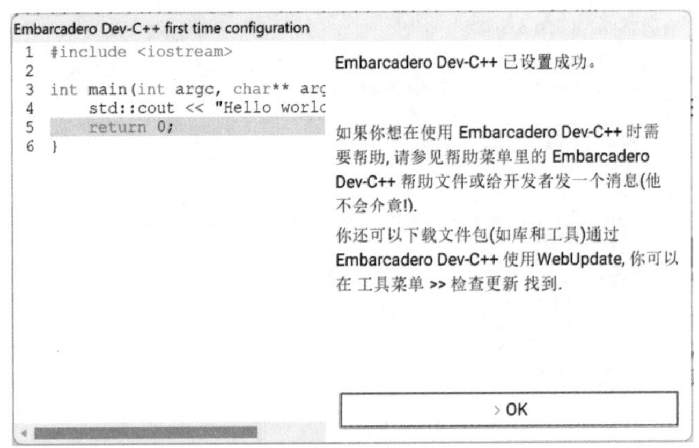

图 1-9　设置完成

（10）完成配置后将自动打开开发工具，我们可以在这里单击新文件，创建我们的第一个 C++ 源代码文件，如图 1-10 所示。

图 1-10　创建第一个 C++ 源代码文件

（11）在新建的文件中编写代码如下：

```
#include <stdio.h>   // 标准输入、输出头文件
#include <stdlib.h>  // 标准库头文件

// C/C++ 语言标准的主函数入口写法
// 这里注意，main 函数后面小括号里的参数也可以省略不写
int main(int argc, char *argv[])
{
  // 向控制台终端输出一行文字
       printf("Hello 小肆! ~");

  // 程序运行结束后返回一个正确的值
  // 这里的 EXIT_SUCCESS 实际上就是整数 0，表示成功
```

```
    // 如果要使用 EXIT_SUCCESS 这个宏（常量），需要包含 stdlib.h 标准库头文件
    // 由于 EXIT_SUCCESS 的定义在 stdlib.h 头文件中，
    // 所以如果不包含这个头文件则可以直接返回 0，也就是写成 return 0；也是可以的
        return EXIT_SUCCESS;
}
```

如果觉得编辑的文字太小可以在设置中手动修改，也可以通过按住 Ctrl 键 + 鼠标滚轮上下滑动，快速调整字体大小。

（12）编写好后按 Ctrl + S 键保存代码到一个指定的目录中，并命名为 Demo01.cpp，如图 1-11 所示。

注意 C++ 源码的扩展名为 .cpp, C 语言源码的扩展名为 .c，由于 C++ 向下兼容 C 语言，所以我们在这里使用 .cpp 就可以。

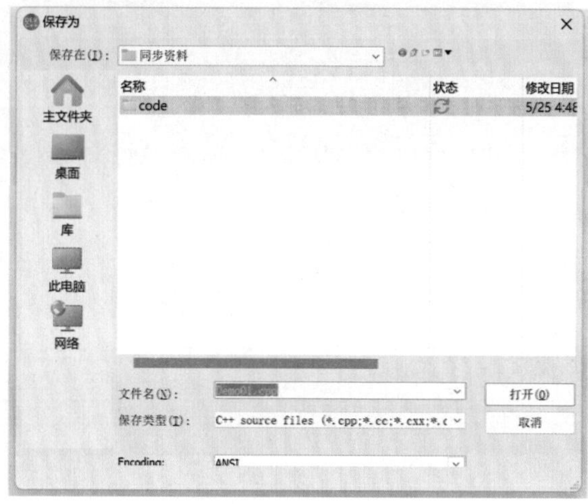

图 1-11　保存代码

（13）保存之后我们再做一些基础配置。

这些配置主要是为了解决控制台运行程序时，针对 UTF-8 字符集显示乱码的问题，因为默认 Windows 控制台使用的字符编码是 GBK。

① 在“工具”选项卡中选择“编辑器”选项，如图 1-12 所示。

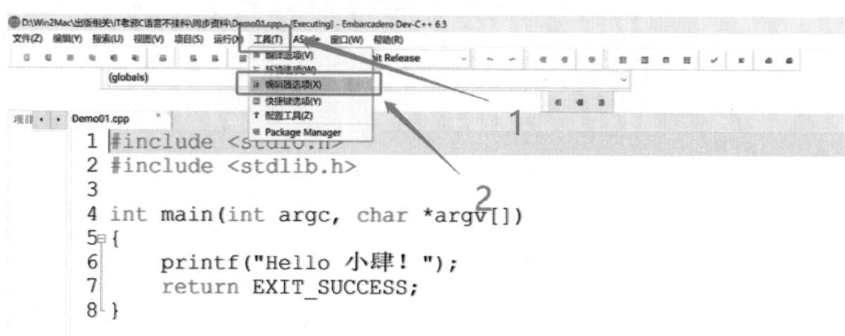

图 1-12　编辑器选项

② 在编辑器属性界面中，New Document Encoding 选项中选择“UTF-8”，然后单击“确定”按钮，如图 1-13 所示。

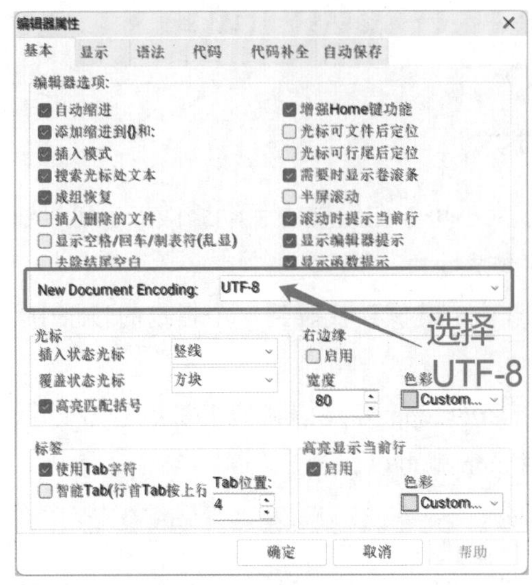

图 1-13　选择 UTF-8

③ 再在“工具”选项卡中选择“编译选项”，如图 1-14 所示。

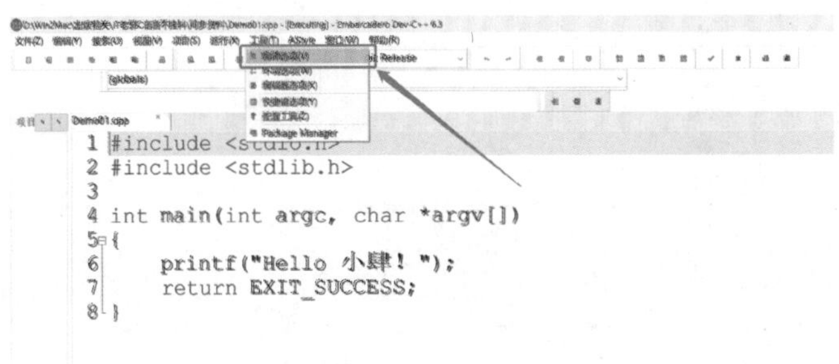

图 1-14　编译选项

④ 在“编译选项”界面中添加“-fexec-charset=gbk”，之后单击“确定”按钮，如图 1-15 所示。

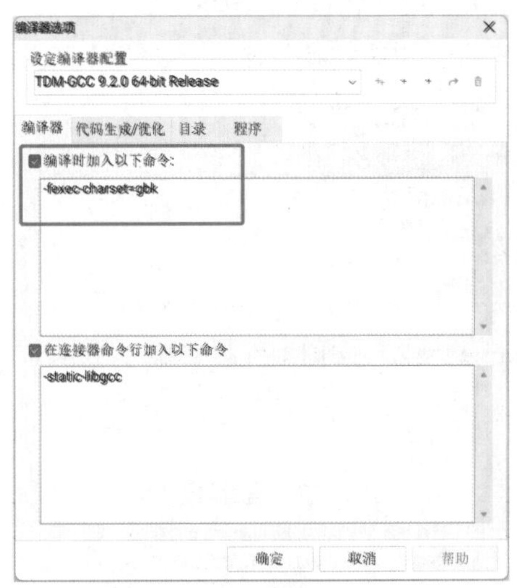

图 1-15　编译时加入命令

（14）单击“编译”+“运行”按钮，编译并运行我们的第一个程序，如图 1-16 所示。

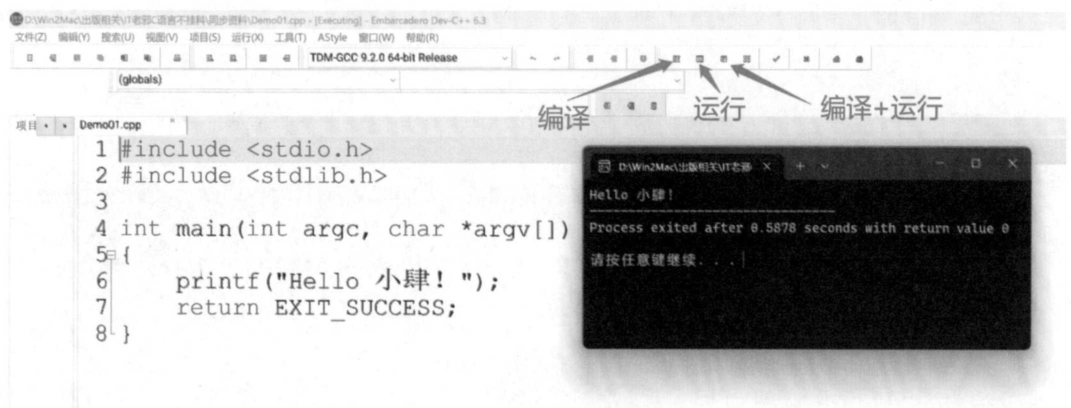

图 1-16　编译并运行第一个程序

以上就完成了第一个 C/C++ 的源码编写、编译以及执行，那么问题来了，我们执行的程序在哪儿呢？难道就仅仅是这个代码本身吗？当然不是，在对代码编译之后，会在源代码所在的目录中发现一个与代码同名的可执行文件，这个文件就是通过编译器编译之后的可执行文件。执行程序看到的运行效果，也是通过这个可执行文件得到的。在不同的系统中我们得到的可执行文件的名字也会有所不同。编译源代码实际上是编译工具通过命令来帮我们完成的，命令中不同的参数设置会影响生成的可执行文件名，以及文件的扩展名。比如，在 Linux 的系统下使用 gcc 编辑器。默认生成的可执行文件扩展名就是 .out，默认生成的可执行文件名是 a.out。关于这部分内容，在这里只要有个初步的了解就可以了。本书中，我们的首要任务是学会如何写代码，其他的事情，暂时不用过分地关心。

1.6　C/C++ 中的通用基础语法

通过上文的第一个 C 语言代码，就能得出一些基础的规律，那么下面就总结一下 C/C++ 中的通用基础语法。

- 每个独立的单词（关键词、变量名）之间需要用空格进行分隔。
- 每条语句都要以分号作为结束符，如果代码太长，在任意可以输入空格的位置换行。
- 在代码中以 # 开头的部分叫做预处理语句，比如包含头文件的语句 #include <stdio.h>，预处理语句不需要分号作为结束符。
- 在代码源文件中，以双斜线（//）开始到行末结束的部分是单行注释，注释的部分不参与代码的编译。
- 在代码源文件中，以斜线（/）、星号（*）开始到斜线、星号结束的部分是多行注释，注释的部分不参与代码的编译。

- Demo001.c - 通用语法示例。

```
// 包含标准输入输出头文件
#include <stdio.h>
// 包含标准库头文件
#include <stdlib.h>

// main() 函数的标准写法，每个程序有且必须仅有一个的主程序入口
// main() 函数后面小括号内的内容是执行主函数时可以传递的参数，可以省略不写
int main(int argc, char *argv[]) {
    // 调用标准输入输出头文件中定义的输出功能函数，向屏幕中输出一个字符串
    printf("Hello 小肆！ ");

    // 返回一个成功的值，这里的 EXIT_SUCCESS 等价于 0，其定义部分在 stdlib.h 头文件中
    return EXIT_SUCCESS;

    // 这是一行单行注释，一直到行末都不会参与代码的编译
    /*
     * 这是一个多行注释区间
     * 这个区间同样也不参与代码的编译
     */
}
```

1.7 本章小结

在本章中我们介绍了 C 语言的开发工具，包括编辑器以及集成开发工具，重点介绍了一个免费的开发工具（Dev-C++）的安装及基本使用。如果你是在校大学生，其实更推荐使用 CLion 作为学习环境。JetBrains 公司对于在校的大学生非常友好，只要你拥有一个属于自己的学生邮箱，就可以通过这个邮箱申请使用 JetBrains 公司的教育版权产品。一个好的开发工具可以让你的学习更加事半功倍。关于 CLion 的安装与使用就不在本书中做详细的介绍了，后续可以通过读者群获取相关的学习资料，帮助你更好地学习 C 语言。

第2章
C 语言中的常量与变量

2.1 常量变量在 C 语言中的作用

在 C 语言中，常量和变量是最基础的操作单元，我们可以简单地把它们理解成一些有特殊意义的值，我们自己身上也有很多元素可以用常量和变量来表示，比如我们的性别就是常量。不管你是男的还是女的，你的性别始终都是不能改变的，那么像这种不可改变的值，我们就把它称为常量。那么我们的年龄、身高、体重等等都是随着时间的推移不断变化的，这类的值，也就是我们自身的变量。在程序中也是如此，需要随着不同的场景产生变化的值，我们会选择用变量的形式表示。

2.2 常量和变量相关关键词

常量和变量相关关键词含义如表 2-1 所示。

表 2-1 常量和变量的相关关键词

关键词	含义
const	用于声明不可修改的常量
short	短整型
long	长整型
int	整数类型
float	单精度浮点数
char	字符型
double	双精度浮点数
unsigned	无符号整型
signed	有符号整型
void	空类型（一般多用于函数返回值、参数或者指针）
static	静态的（用于声明变量、定义函数、结构体等）

2.3 C 语言中常量的使用

2.3.1 在代码中用 const 定义并使用常量

使用 const 定义常量的语法结构：const <数据类型说明符> <常量名> [= 常量值 / 变量名];

注意：在使用 const 关键词定义常量的时候，虽然可以不对其进行值的初始化，但是并不建议这样操作，因为这样定义的常量值是不可确定的，此时系统会为其分配一个随机的值，这种值对于我们的程序在大多数时候是没有意义的。因此虽然语法上允许不对常量进行初始化，但是我们一定不要这么去做。正确定义常量的方法都是在声明常量的时候对其进行直接初始化，为其赋予固定的值，方便后续对其进行访问。

- Demo002.c - 用 const 关键词定义常量并输出。

```
#include <stdio.h>

int main() {
    // 使用 const 关键词定义常量的格式为：const 类型说明符 常量名(通常大写) = 常量值；
    // 定义一个单精度浮点类型常量 PI(圆周率)并直接初始化为 3.14，
    // 其中 f 为单精度浮点型的固定表现形式。
    const float PI = 3.14f;

    // printf() 函数是 C 语言中用于格式化输出内容到控制台的一个功能函数。
    /*
     * 其中双引号里面的部分是将要输出内容的格式，以下代码中 %f 为单精度浮点类型的占位符，
     * 表示要在这个位置输出一个单精度浮点类型的值，
     * 双引号外面的值将会按照顺序依次填充到双引号内部占位符对应的位置。
     * 其中结尾的 \n 表示输出一个回车字符(换行)。
     */
    printf("PI = %f\n", PI);

    // PI = 3.15f;

    /*
     * 如果试图将常量的值进行修改，编译器会报错，这是硬性的语法错误。
     * 由于 PI 在定义的时候就通过 const 关键词被定义为常量，
     * 常量是不可以修改的，所以不能对其进行二次赋值。
     */

    return 0;
}
```

2.3.2 C 语言中常量的其他变现形式与使用

1. C语言中常量的表现形式

C 语言中常量的表现形式如表 2-2 所示。

表 2-2　C 语言中常量的表现形式

数据类型	常量表现形式
short	123, -456, 0x1A（十六进制表现形式以 0x 开头），0377（八进制表现形式以 0 开头）
long	123L, -456l, 0x1AL, 0377L（长整型用 l 或者 L 结尾）
int	123, -456, 0x1A, 0377
float	3.14f, -0.001f, 5.0e2f（科学计数表现形式，e2 表示 10 的 2 次幂），-2.5E-3f（E-3 表示 10 的 -3 次幂）
double	3.14, -0.001, 5.0e2, -2.5E-3
char	'A'，'9'，'\n'，'\'（字符常量需要使用单引号将其括起来，其中以 \ 开头的为特殊字符，\ 表示转义符，比如 '\n' 表示一个换行符，'\t' 表示一个水平制表符（一个 Tab 缩进））
unsigned	123U, 0x1AU, 0377U（无符号类型中不能出现负数值，用 U 作为后缀）
signed	123, -456（默认为有符号类型，可以存储负数值）

2. 在C语言中输出基本数据类型常量

这里使用 printf() 来输出不同数据类型的常量，需要使用不同的占位符，如表 2-3 所示。

表 2-3　C 语言中占位符及其数据类型

占位符	数据类型
%d（整数类型）	int、short
%i（整数类型 - 不常用）	int
%c（字符类型）	char
%f（单精度浮点类型）	float
%lf（双精度浮点类型）	double
%e（浮点类型科学计数法）	科学计数法
%u（无符号类型）	unsigned int
%x（整数类型）	十六进制
%o（整数类型）	八进制
%s（字符串类型 / 字符数组）	字符串
%p（地址）	指针

- Demo003.c - 使用 printf() 函数输出各种类型的常量值。

```
#include <stdio.h>

int main() {
    int number = 9527; // 定义一个整数类型的变量，并为其值初始化为 9527。

    printf("整数类型 (十进制): %d\n", 5);
    printf("整数类型 (十进制): %d\n", 10);
```

```
    printf("整数类型 (八进制): %o\n", 10);
    printf("整数类型 (十六进制): %x\n", 10);
    printf("整数类型 (%i): %i\n", 100, 100); // 不常用
    printf("长整数类型 (十进制): %ld\n", 1234567890L);
    printf("无符号整数类型: %u\n", 1234567890);
    // 字符类型常量使用的时候需要使用一对单引号将单个字符括起来。
    printf("字符类型: %c\n", 'A');
    printf("字符整数类型(ASCII 码): %d\n", 'A');
    // 字符串类型常量在使用的时候需要使用一对双引号将一个字符串括起来。
    printf("字符串类型: %s\n", "小肆");
    // 单精度浮点类型需要在数值后面添加字符 f，作为后缀。
    printf("单精度浮点型: %f\n", 3.14f);
    printf("双精度浮点型: %lf\n", 6.28);   // 双精度浮点类型不需要后缀。
    // 输出 number 变量在内存中的位置(地址)，通常以十六进制形式输出。
    printf("指针类型(地址): %p\n", &number);

    return 0;
}
```

小结：通过上述示例我们大概了解了 C 语言程序中的常量如何表示。不同类型的常量有属于自己的表现形式，在使用过程中通常有两种方式：

- 直接写在等号的后（右）面，可用其对变量或者通过 const 定义的常量进行赋值。
- 直接用于输出或者在其他场景直接被使用。

注：由于常量的值不能被修改，所以常量不可以写在等号（赋值运算符）的左面，否则将会造成语法错误。

3. C语言中特殊的常量

在 C 语言中还存在一种特殊的常量，这种常量是在预处理阶段就被定义好了的。那么什么又是预处理呢？我们都知道代码需要通过编译之后才会生成可执行文件运行，简单点儿说预处理就是代码在真正进入编译阶段之前要做的准备工作。在这个阶段可以直接定义好一个常量，后面在代码里就可以直接使用了。比如之前在“Hello 小肆”的示例中，遇到了一个 EXIT_SUCCESS 常量，实际这个常量就是我们现在要了解的常量的特殊表现形式，可以把它叫作“宏定义”。我们会发现在代码中，并没有定义这个家伙，但是把它写在代码里并没有报错，那是因为它定义在 stdlib.h 这个头文件中。我们现在先不去研究这个头文件里都有什么，这不是我们现阶段要关心的事情。那么接下来就来看看如何在代码中实现这种常量的定义与使用。

语法规则：`#define 常量名 值`

- Demo004.c - 使用 #define 预处理定义宏来实现常量的访问。

```
#include <stdio.h>
// 通过 #define 定义宏常量
#define NAME "小肆"
#define AGE 17
#define TALL 1.85f
// 宏的定义是预处理语句，所以我们通常将其写在主方法的前面，写在外面，和头文件写在一起。
```

```
// 当然你可以把它写在任意喜欢的位置，只要在你使用它之前让它出现就可以了。

int main() {
    // 在代码中我们在使用宏定义常量的时候，相当于是直接用宏字符串替换了后面对应的常量值。
    // 其实宏定义就是单纯的字符替换，当使用 NAME 的时候，就相当于是在使用"小肆"。
    // AGE 和 TALL 也是相同的道理，其中 %.2f 表示小数点后保留两位有效数字。
    printf("我的名字是：%s，年龄是：%d 岁，身高是：%.2f\n", NAME, AGE, TALL);
    return 0;
}
```

在 C 语言当中 #define 的使用是非常方便的，我们可以直接通过定义的宏常量名来了解到某一个常量在程序中的含义，比如当我们看见 AGE 的时候就知道这个表示的是年龄，不然如果只看到一个常量 17，就无法确定这个值到底是用来表示什么的，我们在使用常量的时候，尽量也要做到见名知意，动宾结合。

其实宏的使用方法还有很多，在接触到函数的时候，还会接触到带参宏。这里不做赘述。

2.4 C 语言中变量的使用

上面讲解了常量的表现形式与在代码中的基本应用方法，那么在了解变量的时候就可以与常量在使用上进行对比，从而达到对变量更好的理解以及应用。

2.4.1 变量的定义

如果想在程序代码里使用一个变量，那么首先需要定义它。C 语言中的变量要求先定义，然后才能使用，在定义变量的时候我们也要遵循一些相应的规则，这里又分为硬性语法规则和开发者约定俗成的使用规则。我们先来了解一下定义变量时的硬性语法规则：

语法结构：[unsigned / static] <数据类型说明符> <变量名> [= 常量值 / 变量名];

C 语言中的标识符 (变量名、函数名) 命名规则：可以由字母、数字和下画线组成，但是不可以以数字开头。

注：在语法结构的表现形式中方括号 [] 内部的内容是可以被省略，尖括号 <> 中的内容是必须要有的部分。

- Demo005.c - 变量的定义。

```
#include <stdio.h>

int main() {
    // 定义方式一：定义变量但是不给初始值。
    int num01;
    // 在 C 语言中，如果定义的变量没有给初始值，则默认的初始值是一个随机数。
```

```
    printf("num01 = %d\n", num01);  // 输出结果为：num02 = 随机值。

    // 定义方式二：定义变量的同时并为其进行初始化。
    int num02 = 9527;
    printf("num02 = %d\n", num02);  // 输出结果为：num02 = 9527。

    // 定义方式三：定义变量的同时，用另外一个变量的值为当前变量进行初始化。
    int num03 = num02;
    printf("num03 = %d\n", num03);  // 输出结果为：num03 = 9527。

    // 定义方式四：定义静态变量，并且不对其进行初始化。
    static int num04;
    /*
     * 在 C 语言中用 static 修饰的变量。
     * - 在定义的时候分配的是静态存储区的内存空间。
     * - 默认值自动被初始化为各种形式的 0 （不同的数据类型都有对应的 0 表现形式，日后会接
触到）。
     * 通过 static 关键字修饰的变量在生存期和作用域上也会有不同，
     * 后面在函数、多文件开发的章节中再详细阐述，在本章节中不做赘述。
     */
    printf("num04 = %d\n", num04);  // 输出结果为：num04 = 0。

    // 定义方式五：定义无符号整型变量，并且不对其进行初始化。
    unsigned int num05;
    // 无符号整型变量的初始值仍然为随机值，只不过通过 unsigned 修饰的值不会出现负数。
    printf("num05 = %d\n", num05);  // 输出结果为：num05 = 随机值。

    // 定义方式六：定义无符号静态整型变量，并且不对其进行初始化。
    unsigned static int num06;
    // 有 static 修饰的变量，默认值为 0。
    printf("num06 = %d\n", num06);   // 输出结果为：num06 = 0

    // 尝试其他数据类型的变量定义，并且输出对应的值，从而得到属于你自己的判断……

    return 0;
}
```

注意：

- 在定义变量的时候如果不使用 static 关键字进行修饰，表示变量为普通的局部变量，则不会在静态存储区分配内存存储空间。
- 在定义变量的时候如果不是用 unsigned 关键字进行修饰，默认都为有符号类型，也就是可以存储负数值。
- 我们在定义变量的时候需要做到“见名知意，动宾结合”。

2.4.2 变量的使用

在定义一个变量的时候，每一个变量都会拥有两个最基础的属性，那就是“值”和“址”。

- 值：变量中存储的具体数据。
- 址：地址（指针），一个变量占用的内存空间在内存中的位置。

在使用变量的时候，我们使用的要么是变量当中存储的值，要么就是在定义这个变量的时候编译器为它分配的内存地址。我们可以对变量的值进行输出，或者对其进行运算，下面来看一些示例。

1. 针对变量值的访问

- Demo006.c - 针对变量值的访问。

```
#include <stdio.h>

int main() {
    int num01 = 5;   // 定义一个整型变量并初始化为 5。
    int num02 = 6;   // 定义一个整型变量并初始化为 6。
    int sum = num01 + num02;     // 定义一个变量，存储 num01 与 num02 的和。

    // 在格式化输出中，用三个占位符来组织一个算式。
    // 每个占位符对应双引号外面的一个变量的值，顺序按照从左到右依次对应。
    printf("%d + %d = %d\n", num01, num02, sum); // 输出结果 : 5 + 6 = 11。

    return 0;
}
```

小结：在上面的示例中，直接用占位符输出的 num01 和 num02 就是直接使用变量值进行输出，在后面为 sum 进行赋值的时候，利用了加法运算（这里使用了一个算术运算符，具体的运算符在下一章详细介绍），那么在为 sum 变量赋值之前做的动作就是对变量的值进行了运算，上面的示例中主要使用的是变量中存储的值。通过示例可以得到结论，想访问变量中存储的值时，只需要访问变量名就可以实现值的访问。

2. 针对变量地址的访问

- Demo007.c - 通过指针访问变量的内存地址。

```
#include <stdio.h>

int main() {
    int a = 5; // 定义一个整型变量 a，并为其初始化值为 5。
    // 定义一个整型指针类型的变量，用于存储一个整型变量的地址。
    // & 符号表示取一个变量的地址，这里我们用 a 变量的地址为指针 p 初始化。
    int *p = &a;     // p 变量中存储的 a 变量的地址。

    // 直接输出变量 a 的值，再通过 &a 输出 a 变量的地址。
    printf("a 的值为 %d \t a 的地址为 %p\n", a, &a);
    // 我们还可以通过指针类型的变量来间接地访问到 a 变量中存储的值。
    /*
     * 需要使用星号 *，在访问指针类型变量的时候表示取指定地址的值。
     * 那么既然 p 变量中存储的是 a 变量的地址，
     * 那么 *p 也就是在取得 a 变量这个地址中的值，也就是 a 变量的值。
     */
```

```
    printf("*p 的值为 %d \t p 变量中存储的地址为 %p\n", *p, p);

    return 0;
}
```

上面的代码中内存的使用情况如图 2-1 所示。

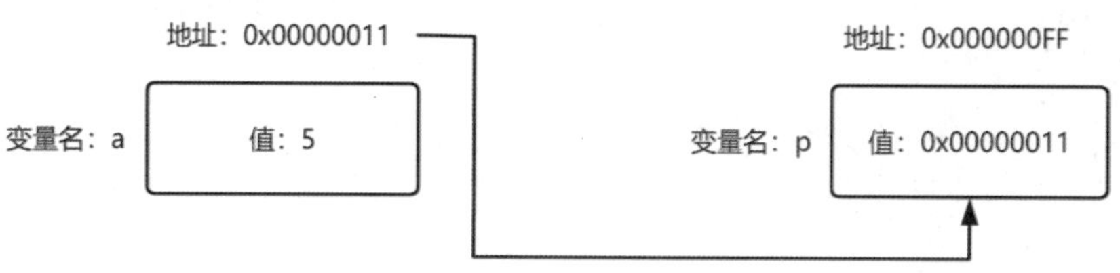

图 2-1　指针访问变量内存地址

如图所示，可以发现当定义一个变量的时候，实际上系统会做以下几件事：

（1）在内存中动态地申请一块内存空间，这块空间会有一个属于它自己（随机）的物理地址。

（2）为这块内存空间起一个名字（变量名）。

（3）为这个空间设置一个初始值（变量的值，如果不手动设置，编译器会为其设置默认初始值）。

在图 2-1 中，变量名就是这段内存的名字，这个是我们在定义变量的时候为其命名的。a 变量的值与 p 变量的值是在定义变量的时候为其直接初始化的。我们可以看到每个变量的内存除了变量名以外还拥有两个属性：其中一个是内存中真实存储的数据，我们把它称之为“值”；另外一个是系统在分配内存的时候，这块内存自己的物理地址（物理地址是系统随机分配的，无法指定，图中的 0x00000011 和 0x000000FF 这两个地址是我为了直观描述对应关系设定的一个假想值，不同的人在不同的开发环境下运行程序结果中的物理地址的值是不相同的）。在本章，只需要了解在定义一个变量的时候系统做了哪些动作，并且一个变量的属性中分别有变量名、值、地址这三个不同的概念。

小结：在以上示例中，我们通过运行结果可以看得出直接访问变量 a，可以得到值 5，访问 *p 也可以得到值 5。在定义指针变量 p 的时候对其进行初始化了，让其存储了 a 变量的地址，那么在访问指针变量 p 的时候，实际上访问的就是 a 变量的地址。所以输出 &a 和 p 的时候得到的是相同的十六进制值，在 C/C++ 中，控制台输出时，地址用十六进制形式表示。

通过对以上示例的源码与运行结果反复推敲，寻找普通整型变量、普通整型变量地址、普通整型变量值与指针类型变量值之间的区别以及对应关系，尽量梳理清楚直接访问变量与间接访问变量的方法。

注：指针在后续章节中会有更详细的讲解和应用，指针相关的知识也会一直贯穿我们的学习过程，此处提及这部分知识点内容仅仅是抛砖引玉，先作为了解即可。

- Demo008.c - 通过 scanf() 功能函数从键盘获取内容为变量赋值。

```
#include <stdio.h>

int main() {
    int a;  // 定义整型变量 a，不为其初始化。
    a = 5;  // 用整型常量 5 为整型变量 a 赋值。

    int b;  // 定义整型变量 b，不为其初始化。

    // 这里只输出一个固定的字符串作为提示，没使用到占位符，所以双引号外面不需要写其他内容。
    printf("请输入一个整数类型的数值：");
    /**
     * 用格式化输入的方式为整型变量 b 进行赋值。
     * 在使用 scanf() 功能函数从键盘录入数据时，也需要使用到占位符。
     * scanf() 功能函数中的占位符可以参考 printf() 功能函数中的占位符。
     * 这里面的 %d 表示现在要从键盘获取一个整数类型的值。
     * &b 表示要把从键盘输入的整数类型的值存放到变量 b 所在的内存地址中。
     * 注意：一定不要忘记使用 & 符号，& 是取地址符，如果不写，则不能正确地输入并赋值。
     */
    scanf("%d", &b);

    printf("a = %d \t b = %d\n", a, b);

    return 0;
}
```

注意：在编译运行的时候会发现这个源代码好像卡住不动了，不要慌，这是因为键盘在等着你向它输入内容，只要输入了正确的数据内容然后再敲一下回车，代码就会继续向下运行了。

- Demo009.c - scanf() 格式化输入功能函数详解。

```
#include <stdio.h>

int main() {
    // 定义三个变量，分别用于存储年、月、日（变量名尽量做到见名知意）。
    int year, month, date;

    // 输出一个字符串作为输入提示，并给出输入格式的范例。
    printf("请输入一个日期（ex:2048-12-31）：");
    /**
     * 格式化输入和格式化输出类似，都要遵循双引号里面的格式进行操作。
     * printf() 函数会按照双引号里的格式将内容输出到控制台。
     * scanf() 函数需要我们使用双引号里面的格式输入数据给程序。
     * 注意，双引号里的占位符需要输入对应的数据，
     * 双引号里的字符（任意字符）也要输入到指定的位置，比如下面的横杠 '-'，
     * 这些都要在控制台里面按照指定的格式进行输入。
     * 如果格式不对，则 scanf() 功能函数在运行的时候则会执行失败，造成错误。
     *
     * 针对下面的代码 --
     * 正确的输入格式：1970-01-01<回车>;
     * 错误的输入格式：19700101 或者 1970 01 01 或者 1970，01，01
```

```
    * 因为双引号中给出的格式使用横杠（减号）作为分隔符，所以必须也使用同样的格式输入。
    */
    scanf("%d-%d-%d", &year, &month, &date);

    // 输出最终的程序结果：
    printf("您输入的日期为：%d 年 %d 月 %d 日\n", year, month, date);

    return 0;
}
```

注意：使用 scanf() 功能函数的时候，一定要按照指定的格式进行输入，否则代码运行中会出现错误。

2.5 认识计算机中的内存存储

2.5.1 计算机中的存储单位

计算机中的存储单位如表 2-4 所示。

表 2-4 计算机中的存储单位

存储单位	字节值
1 二进制位（bit）	1/8 字节
1 字节（byte）	1 字节
1 千字节（KB）	1024 字节
1 兆字节（MB）	1024 ×1024 字节
1 吉字节（GB）	1024 ×1024 ×1024 字节
1 太字节（TB）	1024×1024×1024×1024 字节
1 拍字节（PB）	1024×1024×1024×1024×1024 字节
1 艾字节（EB）	1024×1024×1024×1024×1024×1024 字节
1 泽字节（ZB）	1024×1024×1024×1024×1024×1024×1024 字节
1 尧字节（YB）	1024×1024×1024×1024×1024×1024×1024×1024 字节

在表 2-4 中可以看到，除了 bit 和 byte 之间的关系是 1 个字节等于 8 个二进制位以外，其他单位之间的关系都是以 1024 作为倍数增长的。其中二进制位是计算机存储单元中最小的单位，在使用的计算机当中，实际上任何的数据都是以二进制的形式进行存储的。音频、视频、图片等形式的文件实际上都是二进制文件，只不过通过不同文件类型的扩展名，操作系统选择了默认的打开方式对其进行解析，解析之后用不同的形式展现，供我们使用。

2.5.2 不同类型变量在内存中的存储情况

在编程的世界里我们更关注的是数据，不同的数据表现形式就要用不同的数据类型进行区分。表 2-5 就是不同数据类型在计算机内存中的使用情况，以及它们的取值范围。

表 2-5 不同数据类型在内存中的存储情况

数据类型	解释	内存占用（字节）	取值范围	描述
char	字符型	1	−128 ~ 127	用于存储单个字符或很小的整数值
unsigned char	无符号字符型	1	0 ~ 255	用于存储无符号的单个字符或很小的整数值
short	短整型	2	−32768 ~ 32767	用于存储整数值，占用内存较小
unsigned short	无符号短整型	2	0 ~ 65535	用于存储无符号整数值，占用内存较小
int	整型	4	−2147483648 ~ 2147483647	用于存储整数值
unsigned int	无符号整型	4	0 ~ 4294967295	用于存储无符号整数值
long	长整型	4 或 8	−2147483648 ~ 2147483647 或 −9223372036854775808 ~ 9223372036854775807	用于存储较大的整数值
unsigned long	无符号长整型	4 或 8	0 ~ 4294967295 或 0 ~ 18446744073709551615	用于存储无符号的较大整数值
float	单精度浮点型	4	−3.40282347e+38 ~ 3.40282347e+38	用于存储单精度浮点数
double	双精度浮点型	8	−1.7976931348623157e+308 ~ 1.7976931348623157e+308	用于存储双精度浮点数

小结：通过表 2-5 会发现，无符号的数据类型最大取值范围都会比有符号的数据类型取值范围扩大二倍再 +1，这是因为数据在内存中的最高位不再用于存储符号了，在有符号的变量中，二进制最高位用于存储符号，如果是 1，表示负数，如果是 0，表示正数。如果是无符号类型，则符号位也作为数据位，所以取值范围会增大。

注意：不同编译器中，不同的数据类型的变量占用的内存空间会有些差异，正如 long 类型，在 32 位的编译器中和 64 位编译器中的内存占用情况就有所不同，所以编译器也会影响到变量的取值范围，如果我们要存储的值超过了取值范围，则会出现损失精度或者数据不准确的情况，所以要根据存储数据的值，选择适当的数据类型来定义变量。目前常见的是 32 位的编译器，可参考表 2-5。

2.5.3 static 关键词

在 C 语言中，static 关键字有多种作用，具体取决于它的使用位置和上下文。static 在 C 语言中的主要作用有以下四种：

（1）限制变量的作用域。

- 在函数内部使用 static 关键字声明的局部变量，其作用域仅限于声明它的函数内部，但在函数调用之间保持其值不被释放。当下一次调用函数的时候通过 static 修饰的变量值依然有效。
- 在全局作用域中使用 static 关键字声明的全局变量，其作用域被限制在声明它的文件内，不能被其他文件访问。

（2）保持变量的持久性。

- 静态局部变量（函数内部使用 static 声明的变量）在程序执行过程中会一直存在，并且保持其值，不会随着函数的调用而被销毁。
- 静态全局变量（全局作用域中使用 static 声明的变量）在整个程序运行期间都存在，且只能在声明它的文件内访问。

（3）隐藏函数。

在函数声明前加上 static 关键字可以将函数的作用域限定在当前文件内，使得该函数对其他文件不可见，起到了隐藏函数的作用。

（4）限制结构体、函数等的作用域。

使用 static 关键字修饰结构体、函数等，可以将其作用域限定在当前文件内，避免与其他文件中同名的结构体或函数发生冲突。

总的来说，static 关键字在 C 语言中主要用于限制变量、函数、结构体等的作用域，以及保持它们的持久性，从而实现信息隐藏、避免冲突等目的。

在这里对 static 先有一个初步的认识即可，只需要知道 static 这个关键词可以在定义变量的时候作为修饰符来使用，比如：static int num = 9527;，关于变量的生存期和作用域、函数、结构等相关的知识点会在后续的章节中一一介绍。所以关于 static 关键词的用法，需要学习完后面相关的知识点之后再回来结合以上的内容来验证，在这里不再做过多的描述。

2.6 本章小结

- 常量用于在代码中表示具体的某一个不可变的值。
- 变量用于在代码中存储某一个有特殊意义的值，这个变量的值是可以随着程序逻辑改变的。
- printf() 是一个用于在控制台终端输出内容的功能函数。
- scanf() 是一个用于在控制台终端获取用户从键盘输入数据的功能函数。

- 在使用 scanf() 功能函数的时候，注意要在变量参数的前面加上 & 符号，表示取得变量的地址。
- 在使用 scanf() 功能函数的时候，要注意从键盘输入的数据必须和双引号内的格式相同。
- 在通过 printf() 输出内容的时候 \n 表示换行，\t 表示缩进（水平制表符）。
- \ 是 C 语言在字符常量中用于表示特殊字符时使用的转义符。
- C 语言中常见的通过转义符可以配合的字符见表 2-6。

表 2-6　C 语言中常见的转义符

转义序列	含义
\n	换行
\t	水平制表符
\v	垂直制表符
\\	反斜杠
\’	单引号
\”	双引号

第3章 C 语言中的运算符

在上一个章中我们了解了 C 语言中的常量和变量，知道了常量与变量是程序代码中最基本的操作单元，那么在代码中可以直接操作这些常量与变量的就是运算符。可以通过各种不同的运算符对这些常量与变量进行各种不同的运算操作，从而得到想要的值，再通过这些值来控制程序的运行，使得最终可以达到不同的运行效果。

3.1 C 语言中的常用运算符以及分类

C 语言中的常用运算符以及分类如表 3-1 所示。

表 3-1 常用运算符

<table>
<tr><th>分类</th><th>运算符</th></tr>
<tr><td>算术运算符</td><td>+、-、*、/、%</td></tr>
<tr><td>逻辑运算符</td><td>&&、||、!</td></tr>
<tr><td>关系运算符</td><td>>、<、>=、<=、==、!=</td></tr>
<tr><td>位运算符</td><td>&、|、^、<<、>>、~</td></tr>
<tr><td>赋值运算符</td><td>=、+=、-=、*=、/=、%=、&=、|=、^=</td></tr>
<tr><td>自增自减运算符</td><td>++、--</td></tr>
<tr><td>选择运算符（三目运算符）</td><td>? :</td></tr>
<tr><td>求字节运算符</td><td>sizeof()</td></tr>
<tr><td>指针运算符</td><td>*、&</td></tr>
<tr><td>成员运算符</td><td>.、-></td></tr>
</table>

注：以上是 C 语言中常用运算符分类，有些看似陌生，但实际它们的运算规则和我们小学期间学习的加减乘除类似。只要知道了其运算规则，操作起来都非常容易。在后面会对每一种运算符的具体运算规则做详细的描述。

3.2 算术运算符

3.2.1 算术运算符的功能

在 C 语言当中，算术运算符一共只有五个，它们各自负责的运算如表 3-2 所示。

表 3-2 C 语言算术运算符

运算符	运算功能
+	加法运算
-	减法运算
*	乘法运算
/	除法运算
%	取余运算

具体这些运算符在代码中是如何使用的，在下面会用一些示例说明。

3.2.2 算术运算符示例

接下来会用一系列代码示例来说明算术运算符在使用的时候需要了解的一些注意事项。

- Demo010 - 算术运算符简单实例

首先通过一个示例来了解一下算术运算符的基本使用

```
#include <stdio.h>

/**
 * 程序功能：运算符运算规则演示。
 */
int main() {
    // 定义三个整数类型的变量，并分别为其进行初始化。
    // 其中 num01 和 num02 用于运算的操作数，res 变量用于存储运算结果。
    int num01 = 5, num02 = 3, res = 0;

    res = num01 + num02;
    printf("%d + %d = %d\n", num01, num02, res);
    // 上一行代码的运行结果为：5 + 3 = 8。

    res = num01 - num02;
    printf("%d - %d = %d\n", num01, num02, res);
    // 上一行代码的运行结果为：5 - 3 = 2。

    res = num01 * num02;
    printf("%d * %d = %d\n", num01, num02, res);
    // 上一行代码的运行结果为：5 * 3 = 15。
```

```
    /**
     * 在以上代码中，加法、减法、乘法运算中并没有什么特殊需要注意的地方，
     * printf 输出函数我们在之前已经接触过了，双引号内为格式化输出的指定格式，
     * 三个 %d 是占位符，要分别为三个整数类型的值进行占位，
     * 双引号外面的三个整数类型值，num01、num02、res 按照顺序依次填充双引号内的 %d 整型占位符。
     * 这样我们将会得到对应代码下方注释里的输出结果，这里不作过多解释。
     */

    res = num01 / num02;
    printf("%d / %d = %d\n", num01, num02, res);
    // 上一行代码的运行结果为：5 / 3 = 1。
    /**
     * 在 C 语言的除法运算中，我们需要注意的是，被除数不能是 0，
     * 也就是说在除法算式中的 num02 不允许为 0，否则将会出现严重的运行错误，
     * 这个错误在编程领域中被称为“除零错误”。这是一种很严重的错误，必须要避免出现。
     * 另外在 C 的整数除法运算中，运算结果只保留商，不计算其余数，也不计算其小数部分。
     * 关于小数的除法运算，我们会在下个示例中做具体的描述。
     */

    res = num01 % num02;
    printf("%d %% %d = %d\n", num01, num02, res);
    // 上一行代码的运行结果为：5 % 3 = 2。
    /**
     * 在 C 语言中的取余运算，我们又称之为取模运算，其计算结果是两个数相除之后的余数。
     * 在上面的代码中，双引号内输出百分号这个符号的时候使用“%%”的形式，
     * 是因为 % 在格式化输出中有特殊的含义，通常结合其他符号表示占位符，
     * 如果我们想在格式化输出的双引号中直接输出百分号，则需要使用“%%”来进行表示。
     * 注意：在 C 语言中的语法规定中，取余运算符的两端必须是整数类型的值，
     * 也就是说浮点类型的值不能参与取余运算。
     */

    return 0;
}
```

- Demo011 - 关于除法运算。

了解了所有算术运算符的基本使用之后，我们重点用一个示例来说明一下除法运算在使用时的注意事项。

```
#include <stdio.h>

/**
 * 浮点类型参与的除法运算。
 * @return
 */
int main() {
    // 定义三个整数类型的变量，n01、n02 用于除法运算的操作数，res01 用于存储运算结果。
    int n01 = 5, n02 = 2, res01 = 0;

    // 定义三个浮点数类型的变量，f01、f02 用于除法运算的操作数，res02、res03、res04 用于存
```

```
储运算结果。
    float f01 = 5.0f, f02 = 2.0f, res02, res03, res04 = res03 = res02 = 0.0f;
    /**
     * 定义多个变量的时候可以在一行内用多个逗号进行分隔，并可以对其进行直接初始化，
     * 其中 res04 = res03 = res02 = 0.0f; 表示将等号最右面的 0.0f 这个值依次向左进行赋值，
     * 也就是先赋值给 res02，然后再赋值给 res03，最后再赋值给 res04，
     * 这样这三个变量的值就被同时初始化为 0.0f 了。
     * 另外因为在给 res04 赋值的时候需要同时使用到 res02 和 res03，
     * C 语言中要求变量在使用之前必须要先声明，所以在初始化 res04 之前，我们先定义了 res02
和 res03。
     * 在这里将变量的声明写在一同一行内，也是为了介绍这种新的写法，日常编码中根据个人习惯编写
即可。
     */

    res01 = n01 / n02;
    printf("%d / %d = %d\n", n01, n02, res01);

    // res01 = n01 / 0;  // 此处在代码编译节点不会出现错误，但是在运行的时候会出现错误。
    // printf( "%d / %d = %d\n" , n01, n02, res01);
    /**
     * 在代码中一定要避免除法运算的除数为零，这是一种非常低级的错误，又是可能会经常出现的错误，
     * 所以在想要使用除法运算的时候，多数都会对除数做一个判断，如果不是零的话才会进行运算操作，
     * 当然如果除数是零的话，我们可以选择不做除法操作，或者做其他的操作，或者通过异常对其进
行处理。
     * 关于判断和异常相关的知识点，会在后面的章节对其进行详细的讲解，这里只需要知道有这个概念
即可。
     */

    res02 = f01 / f02;
    printf("%f / %f = %f\n", f01, f02, res02);
    res03 = f01 / n02;
    printf("%f / %d = %f\n", f01, n02, res03);
    res04 = n01 / f02;
    printf("%d / %f = %f\n", n01, f02, res04);
    // 以上代码的运算结果：res02、res03、res04 的值均为 2.500000。
    /**
     * 以上三行代码中，都不同程度有浮点数类型参与了除法运算，
     * 结果 res02 的值是由两个浮点数相除而得到的，
     * 结果 res03 的值是由一个浮点数除以一个整数得到的，
     * 结果 res04 的值是由一个整数除以一个浮点数得到的，
     * 所以我们得到的结论就是：只要除法运算中有浮点数参与运算，得到的结果也是浮点数。
     */

    res01 = f01 / f02;
    printf("%f / %f = %d\n", f01, f02, res01);
    // 以上代码输出结果为 : 5.000000 / 2.000000 = 2。
    /**
     * 在这里我们注意到参与除法运算的两个操作单元都是浮点类型，
     * 但是存储结果的变量 res01 却是整数类型，我们通过代码重新为 res01 进行了赋值，
     * 此时这里就出现了等号两端数据类型不一致的情况。
     * 那么这就相当于是要将 2.5 这个浮点类型的数值强行存到一个整数类型变量中，
```

```
     * 这样必定会损失原有数字的精度。我们看到的结果是只保留了整数位，小数部分被忽略了。
     * 这种数据类型转换是由编译器自己完成的。我们把这种自动的数据类型转换过程称为 "隐式数据类型转换"。
     */

    return 0;
}
```

- Demo012 - 隐式数据类型转换。

在 Demo011 中我们接触到了隐式数据类型转换，那么我们就用一个示例再深入地了解一下隐式数据类型转换在程序代码中的应用方法，以及需要了解的注意事项。

```
#include <stdio.h>

/**
 * 隐式数据类型转换。
 */

int main() {
    int a;
    float f;

    a = 3.14f;  // 用浮点类型为整数类型赋值，触发隐式数据类型转换。
    printf("a = %d\n", a); // 运行结果为 : a = 3。
    /**
     * 大精度、大取值范围的类型转换为小精度、小取值范围的类型将会损失一部分精度。
     */

    f = 628;     // 用整数类型为浮点类型赋值，触发隐式数据类型转换。
    printf("f = %f\n", f);   // 运行结果为 : f = 628.000000。
    /**
     * 小精度、小取值范围的类型转换为大精度、大取值范围的类型不会损失精度。
     */

    // 扩展用法 ============================================================

    printf(" 用整数类型输出一个字符 : %c\n", 65);
    /**
     * 我们通过之前学习过的输出占位符的部分了解到，%c 是在为字符类型的值占位。
     * 在 C 语言中，所有的字符都是以 ASCII 编码的形式表示的，
     * 其中字符 'A' 对应的 ASCII 编码就是整数类型 65，
     * 在上面的输出语句中，我们相当于把整数类型 65 赋值给了一个字符类型的变量。
     * 然后再输出这个 ASCII 编码为 65 所对应的字符，那么也就得到了字符 'A'，
     * 实际上就相当于 char c = 65; 这条语句中字符变量 c 中存储了 65，就相当于是字符 'A'。
     * 注：其实 printf 输出功能是 C 语言标准输入输出头文件中定义的一个输出功能函数，
     * 我们在使用（调用）函数的时候给出的值，就是在向函数内传递参数，传参的过程实际上就是在做赋值操作。
     * 那么当具体传递的值和定义的参数类型不同时当然也会触发隐式数据类型转换。
     * 关于函数的具体知识也会在后面有详细的介绍，这里简单了解即可。
     * 至于其他数据类型之间的转换都是大同小异，我们只需要注意在转换过程中是否存在损失精度的可能即可。
```

```
    */

    return 0;
}
```

- Demo013 - 强制类型转换。

```
#include <stdio.h>

int main() {
    double d1 = 5.6, d2 = 2.0, res;

    res = (int)d1 / d2;
    /**
     * 在这里我们做运算之前只想保留 d1 的整数部分,
     * 但是又不想额外申请一个整数类型的变量占用多余的存储空间,
     * 那么我们就不能使用赋值的方式去触发隐式数据类型转换,
     * 此时我们可以用强制类型转换的方式来实现这个操作。
     * 强制数据类型转换语法: ( 目标数据类型 ) < 表达式 / 值 >
     * 注: 通常强制数据类型转换用于"大转小",也就是大取值范围、大精度转换为小取值范围、小精度
的情况
     */

    printf("res = %lf\n", res);
    // 输出结果 : res = 2.500000。

    return 0;
}
```

3.3 逻辑运算符

3.3.1 逻辑运算符的功能

C 语言中的逻辑运算符只有三个，就像它们的名字一样，是用来处理一些逻辑关系的，它们的具体运算规则如表 3-3 所示。

表 3-3 C 语言的逻辑运算符

运算符	运算功能
&&	逻辑与，左右都为真的时候值为真
||	逻辑或，左右任意值为真的时候值为真
!	逻辑非，非真即假、非假即真

3.3.2 程序代码中的真与假

逻辑运算符在程序中扮演着非常重要的角色，因为程序代码中到处都充满了逻辑判

断。所谓逻辑判断就是判断某一个条件是否成立，在程序代码中通常把成立的条件称为“真”，把不成立的条件称为“假”。但是在 C 语言当中并不像 C++ 一样拥有 bool（布尔类型）来表示真或者假，在 C 语言中把任何非 0 且非 NULL（空）的值都当作真，相反 0 或者 NULL 就表示为假，下面通过一个简单的示例来了解一下真和假在 C 语言代码中是如何表示的。

- Demo014 - C 语言中的“真”和“假”。

```
#include <stdio.h>

/**
 * C 语言中的真和假是如何表示的。
 */
int main()
{
    printf("5 > 6 = %d\n", 5 > 6);  // 输出结果为：5 > 6 = 0。
    /**
     * 我们可以看到 5 大于 6 的输出结果是 0，也就说明这个条件表达式的运行结果是不成立的，
     * 在 C 语言中我们把这种不成立的条件表达式的值称为 “假”，所以我们可以直接用 0 来表示假。
     */

    printf("5 < 6 = %d\n", 5 < 6);  // 输出结果为：5 < 6 = 1。
    /**
     * 我们可以看到 5 小于 6 的输出结果是 1，也就是说这个表达式的运行结果是成立的，
     * 在 C 语言中我们把这种成立的、正确的表达式的值称为 “真”，所以可以只用 1 来表示真。
     * 注意：在 C 语言的定义中任何非 0 且非 NULL 的值都为真，
     * 那么也就是说只要不是 0 或者 NULL 的任何值都可以当做真来操作，比如：4，8，a,x,5.5……
     */

    return 0;
}
```

3.3.3 逻辑运算符示例

当我们了解了程序代码中的真、假分别代表了什么之后，那么就可以通过下面的代码示例继续深入了解一下逻辑运算符是如何操作程序代码中的真、假逻辑关系的。

- Demo015 - 逻辑运算符的使用。

```
#include <stdio.h>

/**
 * C 语言中的逻辑运算符
 */
int main() {
    printf("1 && 1 = %d\n", 1 && 1);    // 运行结果：1 && 1 = 1
    printf("1 && 0 = %d\n", 1 && 0);    // 运行结果：1 && 0 = 0
    printf("0 && 1 = %d\n", 0 && 1);    // 运行结果：0 && 1 = 0
    printf("0 && 0 = %d\n", 0 && 0);    // 运行结果：0 && 0 = 0
    /**
     * 我们通过以上代码的运行结果可以看出，
```

```
     * 在逻辑与 && 运算符的运算中，只有运算符左右两边的值都为真的时候，
     * 整个表达式的值才会为真，任意一侧为假则整个表达式的值为假
     */

    printf(" 分割线 ==========================================\n");

    printf("1 || 1 = %d\n", 1 || 1);      // 运行结果：1 || 1 = 1
    printf("1 || 0 = %d\n", 1 || 0);      // 运行结果：1 || 0 = 1
    printf("0 || 1 = %d\n", 0 || 1);      // 运行结果：0 || 1 = 1
    printf("0 || 0 = %d\n", 0 || 0);      // 运行结果：0 || 0 = 0
    /**
     * 我们通过以上代码的运行结果可以看出，
     * 在逻辑或 || 运算符的运算中，只要运算符左右两边的任意一个值为真，
     * 整个表达式的值就是真，只有在左右两个值都为假的时候，整个表达式的值才为假。
     */

    printf(" 分割线 ==========================================\n");

    printf("!1 = %d\n", !1);
    printf("!5 = %d\n", !5);
    printf("!66 = %d\n", !66);
    printf("!'x' = %d\n", !'x');
    printf("!0 = %d\n", !0);
    printf("!NULL = %d\n", !NULL);
    /**
     * 我们通过以上代码的运行结果可以看出，逻辑非 ！ 运算符是一个比较特殊的运算符。
     * 在运算过程中它只需要一个运算单元，
     * 在逻辑非 ! 运算符的运算中，只针对真假作出相反的取值结果。
     * 通过上述示例也论证了之前我们提到的，任何非 0 且非 NULL（空）的值都为真的概念。
     */

    return 0;
}
```

在逻辑运算符中有一个高级用法，叫作短路机制，下面的示例中会体现短路机制的使用规则。

- Demo016 - 短路机制。

```
#include <stdio.h>

/**
 * C 语言中的逻辑运算符的高级应用——短路机制。
 */
int main() {
    int a = 5, b = 6;

    printf(" 逻辑表达式的值为：%d\n", (a = 7) && (b = 0));    // 运行结果为：逻辑表达式
的值为：0
    printf("a = %d, b = %d\n", a, b);    // 运行结果为：a = 7, b = 0
    /**
     * 通过上面的代码我们可以推导运算过程，
     * 我们先将 7 赋值给 a 变量，7 是一个非 0 且非 NULL 的值，
```

```
     * 也就是真，因为逻辑与运算需要运算符两端都为真才会得到真，
     * 所以需要继续做逻辑与后面另一个表达式的运算。
     * 我们发现 b = 0 也被执行了，
     * 所以得到了最终的结果，这种情况下并没有触发短路机制。
     */

    // 那么我们下面就想办法触发断路机制。
    printf("分割线 ========================\n");

    // 通过逻辑与 && 实现短路机制。
    a = 5, b = 6;    // 在这里我重新对 a 和 b 进行初始化

    printf("逻辑表达式的值为：%d\n", (a = 0) && (b = 0));
    printf("a = %d, b = %d\n", a, b);    // 运行结果为：a = 0, b = 6
    /**
     * 通过上面的代码我们可以推导运算过程，我们先将 0 赋值给 a 变量，
     * 0 在逻辑运算中表示为假值，
     * 因为逻辑与 && 运算需要两个真的值才会得到真值，
     * 在这种情况下前面已经得到了一个假的值了，
     * 那么无论逻辑与运算符后面的操作单元是真还是假，都不会影响整个逻辑运算表达式的值，
     * 这个逻辑表达式最终的值一定是假，那么后面的 b = 0,
     * 这个表达式就没有必要再去运算了，
     * 这个时候就触发了编译器的短路机制，
     * 并没有去运算后面的 b = 0。
     * 所以我们发现 b 变量中存储的值依然是原来的 6。
     * 这就是逻辑运算符在使用过程中会涉及到的断路机制。
     * 注意：我们通常在使用逻辑与的时候会把有可能不成立的表达式放在前面，
     * 这样的话一旦触发了短路机制，在一定程度上就会提高代码的运行效率。
     */

    // 通过逻辑或 || 实现短路机制。
    printf("分割线 ========================\n");

    a = 5, b = 6;    // 在这里重新对 a 和 b 进行初始化

    printf("逻辑表达式的值为：%d\n", (a = 1) || (b = 0));
    printf("a = %d, b = %d\n", a, b);    // 运行结果为：a = 1, b = 6

    /**
     * 通过逻辑或 || 运算符实现短路机制与逻辑或 && 类似，
     * 上面的示例中 a = 1 之后，第一个操作单元已经为真了，
     * 由于逻辑或的运算规则是左右两侧只要有一个为真，
     * 整个表达式的值就为真，针对这个表达式而言，
     * 前面已经是真了，那么也就是说后面的表达式无论真假，
     * 都不会影响整个表达式的运算结果，所以后面的就不会再运行了。
     * 最终我们看到运行完毕之后 b 的值依然是 6。
     * 注意：在使用逻辑或的短路机制提高运行效率时，要与逻辑与相反，
     * 把容易成立，也就是值为真的写在前面。
     */
    return 0;
}
```

这部分介绍了逻辑运算符的基本运算规则，实际编码过程中，逻辑运算符都是要与

流程控制中的 if 判断或者是循环条件判断结合进行使用的，具体的实际应用在后面流程控制的章节中会有更多的描述。

3.4 关系运算符

3.4.1 关系运算符的功能

关系运算符用于判断两个操作数之间的大、小、是否相等的关系，成立则值为真，不成立则值为假，具体运算规则见表 3-4。

表 3-4 关系运算符的功能

运算符	运算功能
>	大于
<	小于
>=	大于或等于
<=	小于或等于
==	等于
!=	不等于

3.4.2 关系运算符示例

- Demo017 - C 语言中关系运算符的基本使用。

```
#include <stdio.h>

/**
 * C 语言中的关系运算符。
 */
int main() {
    printf("5 > 6 的结果为：%d\n", 5 > 6);         // 1 - 真
    printf("5 < 6 的结果为：%d\n", 5 < 6);         // 0 - 假
    printf("分割线 ====================\n");
    printf("5 >= 6 的结果为：%d\n", 5 >= 6);       // 0 - 假
    printf("5 >= 5 的结果为：%d\n", 5 >= 5);       // 1 - 真
    printf("5 <= 6 的结果为：%d\n", 5 <= 6);       // 1 - 真
    printf("6 <= 6 的结果为：%d\n", 6 <= 6);       // 1 - 真
    printf("分割线 ====================\n");
    printf("5 == 6 的结果为：%d\n", 5 == 6);       // 0 - 假
    printf("5 == 5 的结果为：%d\n", 5 == 5);       // 1 - 真
    printf("分割线 ====================\n");
    printf("5 != 6 的结果为：%d\n", 5 != 6);       // 1 - 真
    printf("6 != 6 的结果为：%d\n", 6 != 6);       // 0 - 假
```

```
    return 0;
}
```

关系运算符和我们小学时学习的符号没有任何区别，只不过符号的写法上有点儿变化。运算规则参考小学时的知识就可以了。

3.5 位运算符

3.5.1 位运算符的功能

所谓的位运算符就是针对“二进制位”的运算操作，那么也就是说我们在计算之前，要知道我们要计算的数据所对应的具体二进制形式。关于二进制相关的知识，相信读者在学校的计算机基础相关课程中已经有所学习，常见的计算方法有短除法，或者直接通过计算机中的程序员计算器得到对应的二进制数据。在这里不做过多赘述。那么我们接下来具体认识一下 C 语言中的 6 个位运算符。具体运算规则如表 3-5 所示。

表 3-5 位运算符的运算功能

运算符	运算功能
&	按位与，同 1 为 1，否为 0
|	按位或，有 1 为 1，无为 0
^	按位异或，相同为 0，不同为 1
<<	按位左移，每左移 1 位相当于乘以 2
>>	按位右移，每右移 1 位相当于除以 2，取整
~	按位取反，1 变 0，0 变 1

位运算针对的是二进制值，在计算机中任何形式的数据实际上都是以二进制的形式在内存中进行存储的，只不过在程序代码中表现的形式不同。日常在编码中使用的多为十进制值，比如 5 这个十进制值对应的二进制值实际上是 101，在计算的时候实际上也是基于 101 进行计算的。当然我们也可以使用八进制或者十六进制来表示一个数值，这个在之前的常量与变量章节也有过相关的介绍，这里不做过多赘述。

3.5.2 位运算符示例

- Demo018 - 按位与示例。

```
#include <stdio.h>

/**
```

```
 * C 语言中的位运算符——按位与 &。
 */
int main() {
    printf("5 & 6 = %d\n", 5 & 6);  // 输出结果：5 & 6 = 4
    /**
     * 5 对应的二进制值为：1 0 1
     * 6 对应的二进制值为：1 1 0
     * -------------------------
     * 二进制位对应计算结果：1 0 0
     *
     * 对应的二进制上下都是 1 则结果为 1，否则结果为 0，简单记忆为："同 1 为 1，否为 0"
     * 计算结果为二进制的 1 0 0，其转换为十进制结果输出就是数值 4。
     */

    printf("分隔线 ======================\n");

    printf("5 & 9 = %d\n", 5 & 9);  // 输出结果：5 & 9 = 1
    /**
     * 5 对应的二进制值为：0 1 0 1
     * 9 对应的二进制值为：1 0 0 1
     * -------------------------
     * 二进制位对应计算结果：0 0 0 1
     *
     * 我们通过这个示例可以看到，在计算位运算的时候，要以操作数对应二进制位的最低位对齐，
     * 如果对齐之后二进制的位数不相同，少的操作单元前面需要用 0 补齐再进行计算。
     * 根据按位与的运算规则，这个表达式得到的运算结果为 0 0 0 1，转换为十进制输出结果为数
值 1。
     */

    return 0;
}
```

- Demo019 - 按位或示例。

```
#include <stdio.h>

/**
 * C 语言中的位运算符——按位或 |。
 */
int main() {
    printf("5 | 6 = %d\n", 5 | 6);  // 输出结果：5 | 6 = 5
    /**
     * 5 对应的二进制值为：1 0 1
     * 6 对应的二进制值为：1 1 0
     * -------------------------
     * 二进制位对应计算结果：1 1 1
     *
     * 对应的二进制上下只要有 1，那么当前位的运算结果就是 1，没有 1，则运算结果为 0，
     * 我们可以简单记为："有 1 则 1，无为 0"，
     * 运算后的结果为 1 1 1，其对应输出的十进制值为 5。
     */
```

```
    printf("分隔线 ======================\n");

    printf("5 | 9 = %d\n", 5 | 9);  // 输出结果：5 | 9 = 13
    /**
     * 5 对应的二进制值为：0 1 0 1
     * 9 对应的二进制值为：1 0 0 1
     * --------------------------
     * 二进制位对应计算结果：1 1 0 1
     *
     * 和按位或 & 相同，如果遇到二进制位的位数不同的情况，少的操作单元应该在前面用 0 补齐。
     * 其他位运算符的运算规则类似，在后面不再做过多描述。
     */

    return 0;
}
```

● Demo020 - 按位异或。

```
#include <stdio.h>

/**
 * C 语言中的位运算符——按位异或 ^。
 */
int main() {
    printf("5 ^ 6 = %d\n", 5 ^ 6);  // 输出结果：5 | 6 = 3
    /**
     * 5 对应的二进制值为：1 0 1
     * 6 对应的二进制值为：1 1 0
     * --------------------------
     * 二进制位对应计算结果：0 1 1
     *
     * 对应的二进制上下相同的时候对应位结果为 0，不同的时候对应位结果为 1，
     * 我们可以简单记为："相同为 1，不同为 0"，
     * 这个表达式最终运算结果为 0 1 1，其对应十进制输出结果为 3。
     */

    printf("分隔线 ======================\n");

    printf("5 ^ 9 = %d\n", 5 ^ 9);  // 输出结果：5 ^ 9 = 12
    /**
     * 5 对应的二进制值为：0 1 0 1
     * 9 对应的二进制值为：1 0 0 1
     * --------------------------
     * 二进制位对应计算结果：1 1 0 0
     */

    return 0;
}
```

● Demo021 - 按位左移、右移。

```
#include <stdio.h>

/**
```

```
 * C 语言中的位运算符——按位左移、按位右移。
 */
int main() {
    printf("5 << 2 = %d\n", 5 << 2);  // 输出结果: 5 << 2 = 20

    /**
     * 上面的代码输出的是 5 向左位移 2 位之后的结果，5 在内存中的二进制形式是 1 0 1，
     * 向左移动两位之后，后面的低位部分就空出来了，要用 0 进行补齐，
     * 那么我们得到的结果就是 1 0 1 0 0，所以我们得到的十进制值就是 20。
     * 简单点说就是向左移动几位就要补几个 0。
     * 由于我们计算的是二进制值，所以我们也可以理解为每向左移动 1 位，就是扩大 2 倍。
     */

    printf("分隔线 ======================\n");

    printf("13 >> 2 = %d\n", 13 >> 2);  // 输出结果: 13 >> 2 = 3

    /**
     * 按位右移与左移正好是相反，左移是后面补 0，右移就是直接舍弃低位的值，
     * 13 对应的二进制值是 1 1 0 1，那么向右移动 1 位就是舍弃掉最低的 1 位，
     * 其对应的结果是 1 1 0，对应的十进制值就是 6，再向右移动 1 位，
     * 其对应的结果就是 1 1，对应的十进制值就是 3。
     * 由于我们计算的是二进制值，所以我也可以理解为每向右移动 1 位，就是缩小 2 倍（并取整）。
     *
     */

    return 0;
}
```

- Demo022 - 按位取反。

```
#include <stdio.h>

/**
 * C 语言中的位运算符——按位取反。
 */
int main() {
    printf("~0 = %d\n", ~0); // 输出结果: ~0 = -1
    /**
     * 我们看到上面的代码输出结果可能会觉得有些意外，
     * 所以针对按位取反要更详细地分析一下运算过程。
     * 在 32 位编译器当中，实际上存储一个整数类型是占用 4 个字节，
     * 也就是 32 个二进制位，十进制 0 在内存中的实际存储形式是 32 个 0，
     * 也就是 00000000000000000000000000000000，
     * 如果这个变量是有符号类型，那么最高位表示符号位，如果符号位是 0，那么就表示这个数是正数。
     * 那么按位取反就是针对这个数值的每一位把 0 变成 1，或者把 1 变成 0。
     * 针对 32 个 0，按位取反的结果就是 32 个 1，也就是 11111111111111111111111111111111，
     * 其中也包括符号位，我们上面说了如果符号位是 0，那么表示为正数，
     * 如果符号位是 1 就代表的是负数。
     * 读者在计算机基础相关课程中也一定会接触过这部分内容。
     * 除了符号位以外所有的二进制位都是 1，那也就是最大的负整数，那么这个数无疑就是十进制值的
-1。
     * 在之前的位运算实例中，我们并没有提到符号位，那是因为在运算中，符号位不会发生变化。
```

```
     * 所以我们可以将其忽略，但是在按位取反的运算中，符号位也会随之发生变化，
     * 所以我们要具体情况具体分析。
     */

    printf("分隔线 ======================\n");

    printf("~5 = %d\n", ~5);
    /**
     * 我们再看一个示例，对于十进制值 5 的按位取反结果计算，
     * 那么我们就需要将十进制 5 的二进制表达形式完整地表现出来，如下：
     * 00000000000000000000000000000101，针对这个数值做按位取反如下：
     * 11111111111111111111111111111010，那这个对应得到的十进制值就是 -6。
     * 如果仅仅是针对十进制值做按位取反计算的话，我们可以简单地将规则记忆为“加一在前添负号”
     * 以这个示例为例，5 加 1 就是 6，然后再在前面添一个负号就是 -6。
     */

    return 0;
}
```

3.6 选择运算符

3.6.1 选择运算符的功能

选择运算符也被称为三元运算符或者三目运算符，也会有些人叫它问号冒号表达式。这是一个比较特殊的运算符，它的运算需要三个运算单元。其格式为：A ? B : C，具体功能表述如表 3-6 所示。

表 3-6 选择运算符的运算功能

运算符	运算功能
? :	如果问号前面的表达式值为真，则执行问号后面的内容，否则执行冒号后面的内容

3.6.2 选择运算符示例

- Demo023 - 问号冒号表达式。

```
#include <stdio.h>

/**
 * C 语言中的选择运算符（问号冒号表达式）。
 * 代码功能：用户输入两个数字，输出其中较大的那个数字。
 */
int main() {
    // 定义三个变量，num01 和 num02 分别用于存储用户输入的两个整数，
    // max 变量用于存储 num01 和 num02 中相对大的数值。
    int num01, num02, max;
```

```
    printf("请输入第一个数:"); // 输出输入提示文字。
    scanf("%d", &num01); // 输入一个值并存储到 num01 变量中。

    printf("请输入第二个数:"); // 输出输入提示文字。
    scanf("%d", &num02); // 输入一个值并存储到 num02 变量中。

    max = num01 > num02 ? num01 : num02;
    /**
     * 以上是一个赋值语句，表示将等号后面表达式的值赋值给等号前面的变量 max。
     * 在问号冒号表达式中，先执行问号前面的表达式，如果问号前面的表达式 num01 > num02 成立，
     * 则会执行问号后面的表达式的值，也就是将 num01 的值作为整个问号冒号表达式的值赋值给 max。
     * 如果问号前面的表达式 num01 > num02 不成立，则会执行冒号后面的值，
     * 也就是将 num02 的值作为整个问号冒号表达式的值赋值给 max，
     * 那么这一行代码执行之后，变量 max 中就存储了 num01 和 num02 中相对较大的那个值。
     */

    printf("%d 和 %d 中，%d 是相对大的值！ ", num01, num02, max);

    return 0;
}
```

问号冒号表达式可以实现一些简单的判断操作，比如上面的示例是通过判断得到了两个数中相对比较大的一个值，那么能不能通过问号冒号表达式求得三个数中的最大值呢？这里笔者希望你能够经过自己的思考完成这个功能，经过亲自实践之后，再去对比后面我的写法。当然方法不是唯一的，只要经过测试结果是正确的就可以。

- Demo024 - 用问号冒号表达式得到的三个数之中的最大值。

```
#include <stdio.h>

/**
 * C 语言中的选择运算符（问号冒号表达式）。
 * 代码功能：用户输入三个数字，输出其中最大的那个数字。
 */
int main() {
    // 定义四个变量，num01、num02 和 num03 分别用于存储用户输入的三个整数，
    // max 变量用于存储 num01、num02 和 num03 中最大的数值。
    int num01, num02, num03, max;

    printf("请输入第一个数:");
    scanf("%d", &num01);

    printf("请输入第二个数:");
    scanf("%d", &num02);

    printf("请输入第三个数:");
    scanf("%d", &num03);

    max = num01 > num02 ? (num01 > num03 ? num01 : num03) : (num02 > num03 ?
num02 : num03);
    /**
     * 在一个长表达式当中，我们为了更清晰地分辨出运算顺序，
     * 可以像小学数学中学习的一样，使用小括号来指定运算顺序。
```

```
     * 在上面的表达式中，如果 num01 大于 num02，
     * 那么就执行第一个问号后面的小括号里面的表达式，
     * 继续比较 num01 和 num03 之间谁比较大，
     * 较大的值作为整个表达式的值给 max 进行赋值。
     * 如果 num01 大于 num02 不成立，就说明 num02 比较大，
     * 我们就执行冒号后面小括号内的表达式，
     * 继续比较 num02 和 num03 之间谁比较大，
     * 较大的值作为整个表达式的值给 max 进行赋值。
     * 最终我们通过这样一条长表达式就计算出了三个数值当中谁是最大的。
     * 当然日后我们在求最大值的时候会有更简单的方法，
     * 在这里只是为了针对问号冒号表达式做一个加强的训练。
     */

    printf("%d 、%d 和 %d 中的最大值是：%d\n", num01, num02, num03, max);

    return 0;
}
```

正如之前所说，关于这个求取三个数最大值的写法并非是唯一的，如果你发现你自己写的和上面的不同，也不要紧，只要你的逻辑是正确的，经过不同数据的录入得到的最终结果是正确的即可。

3.7　求字节运算符

3.7.1　求字节运算符的功能

求字节运算符是 C 语言中特有的一种运算符，外形也是最特殊的一种，乍一看好像是一个“功能函数”，但是我们一定要知道，这并不是一个函数，它是一个特殊的运算符，用来求一个常量、变量或某种数据类型所占用的内存空间（以字节为单位），运算功能如表 3-7 所示。

表 3-7　求字节运算符的运算功能

运算符	运算功能
sizeof()	计算括号内的常量、变量或某种数据类型在内存中占用多少个字节

3.7.2　求字节运算符示例

- Demo025 - 计算常量、变量以及某种数据类型的内存占用情况。

```
#include <stdio.h>

/**
 * C 语言中的求字节运算符。
 */
```

```
int main() {
    int num = 9527;

    printf("num 变量占用 %d 个字节的内存空间\n", sizeof(num));
    printf("520 变量占用 %d 个字节的内存空间\n", sizeof(520));
    printf("int 类型占用 %d 个字节的内存空间\n", sizeof(int));
    printf("long 类型占用 %d 个字节的内存空间\n", sizeof(long));
    printf("char 类型占用 %d 个字节的内存空间\n", sizeof(char));
    printf("double 类型占用 %d 个字节的内存空间\n", sizeof(double));

    /**
     * 在 32 位编译器编译后的运行结果为:
     * num 变量占用 4 个字节的内存空间
     * 520 变量占用 4 个字节的内存空间
     * int 类型占用 4 个字节的内存空间
     * long 类型占用 8 个字节的内存空间
     * char 类型占用 1 个字节的内存空间
     * double 类型占用 8 个字节的内存空间
     */

    // 我们可以在 sizeof() 的括号内填写变量、常量或者某种数据类型名

    return 0;
}
```

3.8 指针运算符

3.8.1 指针运算符的功能

指针类型的变量是 C 语言中的灵魂，在 C 语言中针对指针的运算符只有两个：一个用于“取值”，取值指的是通过地址进行取值，或者说是取得某一个指针变量指向的具体变量的值；另一个用于“取址”，取址指的是取得某一个变量所占用的内存空间的具体地址。具体功能如表 3-8 所示。

表 3-8 指针运算符的运算功能

运算符	运算功能
*	取值，通过地址获取地址中存储的值
&	取址，通过变量取得这个变量所占用的内存地址

3.8.2 指针运算符示例

在前面介绍常量与变量的章节中我们对指针的概念做了一个简单的介绍，那么在这里我们再次对于指针相关的运算符做一个具体的示例介绍。

● Demo026 - 取址运算符的使用。

```
#include <stdio.h>

/**
 * C 语言中的指针运算符—— & 取址运算符
 */
int main() {
    int num;

    printf("num 变量中存储的默认书是值为：%d, 这是一个随机数 \n");

    printf("num 变量所占用的内存地址为：%p\n", &num);
    /**
     * 在 C 语言中，printf 输出功能函数中 %p 表示为一个内存地址类型的值进行占位。
     * 在 C 语言中，我们输出的地址是以 0x 开头的一串十六进制值，表示一段内存地址。
     */

    // 输出一个提示用户输入内容的文字信息。
    printf(" 请输入一个整数，用于为变量 num 进行赋值：");
    scanf("%d", &num);
    /**
     * 这里我们使用 scanf 输入功能函数，
     * 从键盘输入数据并存储到 num 变量中，
     * 在调用输入功能函数的时候，
     * 我们需要在 num 变量前添加 & 符号，
     * 这个动作表示取得 num 变量的地址，
     * 也就是将输入的具体数据存储到 num 变量对应的地址中。
     */

    printf("num 赋值之后，num 的值为 %d\n", num);
    /**
     * 在访问 num 变量的时候，通过变量名就可以直接进行访问。
     */

    return 0;
}
```

● Demo027 - 取值运算符的使用。

```
#include <stdio.h>

/**
 * C 语言中的指针运算符—— * 取值运算符
 */
int main() {
    int num = 9527;
    int* p = &num;  // 定义指针变量 p，让 p 存储 num 变量的地址。
    /**
     * 注意：上面声明指针变量的写法在 C 语言中并不是唯一的。
     * 在之前常量变量的章节中，我们声明指针变量的时候星号是紧跟在变量名前面的，
     * 实际上也可以让这个星号跟在数据类型的后面，就像上面的这种写法，
     * 所以无论你写成 int *p; 还是 int* p; 都表示在代码中声明一个指针变量 p。
     * 但是这里的星号并不代表取值，仅仅是用于声明一个指针类型的变量。
```

```
     * 星号在声明语句中的含义是表示指针类型,
     * 所以在这个示例中我将星号跟在了数据类型的后面, 这样看起来更加直观。
     * 本例定义的这个指针类型的变量名就是 p, 而不是 *p, 这一点我们一定要清楚。
     */

    printf("num 的地址我们可以用 &num 表示, 其地址为: %p\n", &num);
    /**
     * 直接通过取址运算符输出 num 变量对应的地址。
     */

    printf("指针 p 变量中存储的 num 的地址, 目前指针变量 p 当中存储的值为: %p\n", p);
    /**
     * 输出指针变量 p 中存储的值, 可以把指针变量看作一个普通的变量,
     * 只不过里面存储的是一个地址, 我们通过输出结果可以看出, p 中存储的就是 num 变量的地址。
     */

    printf("我们可以直接通过变量名 num 来访问 num 变量中存储的值, num = %d\n", num);

    printf("我们也可以通过指针变量 p 来简介的访问到 num 变量中所存储的值, *p = %d\n", *p);
    /**
     * 星号在指针运算操作中表示取得某一段地址中对应存储的值,
     * 在上面的代码中, 指针 p 变量中存储的是 num 的地址, 也就是 &num,
     * 所以通过等量代换的方式就可以得到 *p 和 *&num 是一样的结论。
     * 那么我们访问 *p 是为了访问 num 中存储的值, *&num 也是访问 num 中存储的值。
     * 想访问 num 中存储的值, 也可以直接通过 num 变量名本身来进行访问。
     * 于是我们又会得到一个结论, 就是当 * 和 & 同时连续出现的时候,
     * 可以将这一对 *& 同时抵消, 当做没有, 也就是 *&num 就是 num 自己本身。
     * 因为不管是 & 取址, 还是 * 取值, 都是要针对具体的变量进行操作的,
     * 那么它们的运算顺序就是从右向左, &num 得到的是地址,
     * 然后再对 &num 这个地址进行取值, 也就是 *&num, 这不就是 num 变量自己本身的值了吗!
     * 我们看看下面的输出是不是这个结果。
     */

    printf("先通过 num 取址再取值得到的结果是: *&num = %d\n", *&num);

    return 0;
}
```

指针相关的知识将会贯穿整个学习过程。后续也会有单独的章节专门地去强化指针的概念以及应用。这里我们仅仅是认识一下，对它有个初步的认识，更多深入的内容，期待后面的章节吧。

3.9 赋值运算符

3.9.1 赋值运算符的功能

赋值运算符是在 C 语言的运算符中运算优先级最低的一个，其运算顺序是从右向左，

也就是把右边的值赋值给左边的变量。赋值运算符 =，也可以和其他运算符组合形成新的赋值运算符，表示经过运算之后再进行赋值。具体功能如表 3-9 所示。

表 3-9　赋值运算符的运算功能

运算符	运算功能
=	赋值，将等号右面的值赋值给等号左边的变量
+=、-=、*=、/=、%=、&=、|=、^= ……	计算之后再赋值

3.9.2　赋值运算符示例

- Demo028 - 赋值运算符的基本使用。

```
#include <stdio.h>

/**
 * C 语言中的赋值运算符。
 */
int main() {
    int num = 9527; // 将常量 9527 赋值给变量 num。
    printf("num = %d\n", num);  // 输出结果：num = 9527

    num = num + 1; // 将表达式 num + 1 的计算结果赋值给变量 num。
    printf("num = %d\n", num);  // 输出结果：num = 9528

    num += 2; // 等价于 num = num + 2。
    printf("num = %d\n", num);  // 输出结果：num = 9530

    return 0;
}
```

上面的示例中，我们看到 num+=2 这种写法中使用了 +=，这不仅仅是一种简洁的写法，这种写法等价于 num=num+2。我们可以看到在 num+=2 表达式中只有两个运算所需的操作单元，分别是 num 和 2，一个运算符 +=，加起来一共是三个操作单元。那么后者的写法 num=num+2 中，需要三个运算所需的操作单元，分别是等号左边的 num，还有等号右边的 num 和 2，另外还需要两个运算符，分别是赋值运算符 = 和算术运算符 +，一共需要五个操作单元才能完成整个表达式的运算。从运行效率上来讲，前者完胜，所以在我们平时需要用到类似运算操作的时候，优先选择前者的写法。这里我们以 += 为例，相信针对其他运算组和之后的复制运算符你都可以举一反三。自己编写代码测试一下，验证自己的理解是否正确，日后在其他程序示例中也会陆续用到，这里不过多举例。

另外还有一个只使用 = 赋值运算符就能实现的最常用的算法，就是交换算法，其实现方法也非常的简单。假设我们有 a 和 b 两个整数类型的变量，a 的值是 5，b 的值是 6。如果我们想将这两个变量中存储的值进行交换，应该如何操作呢？你或许会想到将 a 的值赋值给 b，然后再将 b 的值赋值给 a。这个逻辑看似没什么问题，但是我们应该慢慢意识到，如果直接赋值的话就会产生值的覆盖问题。也就是说如果我们把 b 的值直接赋给了 a，那么 a 中原来存储的 5 也就没有了。遇到这种问题我们应该如何处理呢？其实很简单，只需要使用一个临时的变量，把即将要被覆盖掉的值保存一下就可以了。具体过程我们可以参考以下代码段：

```
int a = 5, b = 6;
int tmp; // 用于交换算法的临时变量。

tmp = a;        // 现将 a 的值存储在临时变量 tmp 中。
a = b;          // 再将 b 的值赋值给 a，此时 a 变量的值被覆盖。
b = tmp;        // 最后将刚刚保存在 tmp 变量中原来 a 的值赋值给变量 b，将原来 b 变量中的值
覆盖掉。
```

通过以上的代码段，我们就可以实现变量之间的交换算法。交换算法是可以只通过 = 赋值运算符就能完成的逻辑算法，也是最常用的算法。未来我们在使用排序或者逆序存储等算法的时候少不了会使用到这个交换算法，在这里一定要把它的逻辑梳理清楚。

3.10 自增自减运算符

3.10.1 自增自减运算符功能

自增自减运算符的作用是将一个整数变量自增一个整数或者是自减一个整数，通常用于控制循环的次数，如表 3-10 所示。

表 3-10 自增自减运算符

运算符	运算功能
++	自增运算
--	自减运算

这里我们需要注意的是，自增自减运算符使用的位置不同，运算的规则也会有所不同。

- 写在变量前面，表示先自增或自减，之后再进行取值。
- 写在变量后面，表示先取值之后，再进行自增或者自减。

3.10.2 自增自减运算符示例

- Demo029 - 自增自减的简单应用。

```
#include <stdio.h>

/**
 * C 语言中的自增自减运算符的简单应用。
 */
int main() {
```

```
    int num = 9527;

    printf("num = %d\n", num++);      // 输出结果: num = 9527
    printf("num = %d\n", num);        // 输出结果: num = 9528
    /**
     * 在第一个 printf() 输出的时候，++ 运算符后置，说明要先取值之后再进行 ++ 操作。
     * 所以在第一个输出的时候是先取值得到的 9527，但是在取值输出之后执行了 ++ 操作。
     * 所以在第二个 printf() 输出的时候，我们看到了 num 的值变成了自增之后的 9528。
     */

    printf("分割线 =================");
    num = 9527; // 重新初始化 num 的值

    printf("num = %d\n", ++num);      // 输出结果: num = 9528
    printf("num = %d\n", num);        // 输出结果: num = 9528
    /**
     * 在第一个 printf() 输出的时候，++ 运算符前置，说明要先进行 ++ 操作再取值。
     * 所以在第一个 printf() 输出的时候就已经完成了 ++ 自增的操作，之后取值输出得到 9528。
     * 后面的第二个 printf() 输出的 9528 是意料之中，相信你也不会觉得意外。
     */

    return 0;
}
```

这里我们用 ++ 自增运算符来说明了自增运算符的使用方法，以及运算符前置或者后置的区别，这一点我们在平时使用过程中需要注意。至于自减运算就是在变量值原有的基础上减一，在这里不做过多的讲解，后续我们也会在代码中使用。现阶段自己额外编写测试代码测试即可。

3.11 运算符优先级

运算符优先级就是在处理一个复杂的表达式时，需要遵循的运算顺序，也就是先算谁、再算谁。我们平时在编写代码的时候，如果对运算顺序有要求，更建议使用括号将需要优先运算的括起来。这样不但可以增加代码的健壮性，同时也会让看似复杂的表达式具备更好的可读性。针对运算符的具体优先级，可以参考表 3-11。

表 3-11 按照从高到低的顺序列出了 C 语言中常见的运算符优先级。

表 3-11 常见的运算符优先级

优先级	运算符	描述
1	()	函数调用、表达式组合
2	[]	数组下标、数组下标引用
3	->	结构体和联合体成员访问
4	.	结构体和联合体成员访问
5	++、--	自增、自减

续表

优先级	运算符	描述
6	+、-	正负号、加减
7	*、/、%	乘法、除法、取模
8	+、-	加法、减法
9	<<、>>	左移、右移
10	<、<=、>、>=	比较
11	==、!=	相等、不相等
12	&	按位与
13	^	按位异或
14	|	按位或
15	&&	逻辑与
16	||	逻辑或
17	?:	条件运算符
18	=、+=、-=、*=、/=、%=、&=、^=、|=、<<=、>>=	赋值

3.12 本章小结

在本章中，除了对成员运算符没有具体讲解以外，对其他类型的运算符都做了基础的运算操作。相信你对它们也有了一个初步的认识，那么本章的学习目的也就达成了，至于成员运算符将会在第 12 章中做具体的讲解与演示。

你或许觉得好像会用这些运算符了，但是具体又不知道应该做什么用。目前阶段如果有这样的感觉也不要觉得奇怪，更不要气馁。这就像学会走路之前穿袜子、穿鞋子是为了什么？因为这些东西可以保护好脚，为后面走路做好准备。如果鞋子和袜子在不会走路之前就没有用，那我们在不会走路之前岂不是连脚都没有用了。

后续这些运算符将会高频率地出现在我们的程序代码中。什么是程序呢？程序 = 数据结构 + 算法。这里的算法就一定离不开运算，运算就离不开运算符。我们在真正接触运算之前，首先就要熟练地掌握这些运算符的运算规则，为后面的学习做好准备。

第4章 C语言中的流程控制——判断

4.1 代码的运行顺序

在默认情况下，程序代码的运行顺序是从上到下、从左到右。但是我们可以通过流程控制语句来调整代码的运行顺序，也就是说在一定条件下，可以跳过某一些语句直接去执行后面的语句。或者在满足某一种条件的情况下反复地执行同一段语句块，这也就是我们常说的循环。

接下来看一个生活中的例子。比如早晨起床洗漱之后去上课，每天的这个过程应该都差不多。但是如果出现了一些特殊的事情，比如忘了带手机、忘了带电脑、忘了带书、起床之后拉肚子、睡过头了等，都会导致上课迟到甚至旷课。那么这些突发的事情就是一些特定的条件，会打破上课这件事的常规流程。那么如果上课前做的事情就是一个程序代码的话，这里面就牵扯到所谓的流程控制，也就是当遇到了特定情况、满足某一种特定条件的情况下，要做一些额外的事情来处理情况。

在本章中，我就来一起学习一下流程控制中最常用也是最基础的判断语句。

4.2 判断、选择结构

4.2.1 关键词

在本节我们只会接触到两个新的关键词——if 和 else，用于判断某个条件是否成立，如果成立我们将会执行指定语句块内的代码，当然不成立的话则会执行另一个语句块中的代码。具体关键词如表 4-1 所示。

表 4-1 if 和 else 关键词

关键词	解释
if	如果
else	否则

4.2.2 流程图

关于流程图这部分内容了解即可，在关于程序编写的流程图绘制过程中，不同的形状表示不同的含义。

通常我们在动手编写代码之前需要形成一个基础的逻辑，这个逻辑可以通过流程图的形式将其表现出来。

表 4-2 只介绍一些常用的流程图元素。

表 4-2 常用的流程图元素

形状	含义
菱形	逻辑判断过程
直角矩形	代码块执行过程
圆角矩形	代码块可选过程
平行四边形	输入 / 输出过程
连接线	代码运行走向
其他	……

4.2.3 if 的单独使用

if 判断语句的流程图如图 4-1 所示。

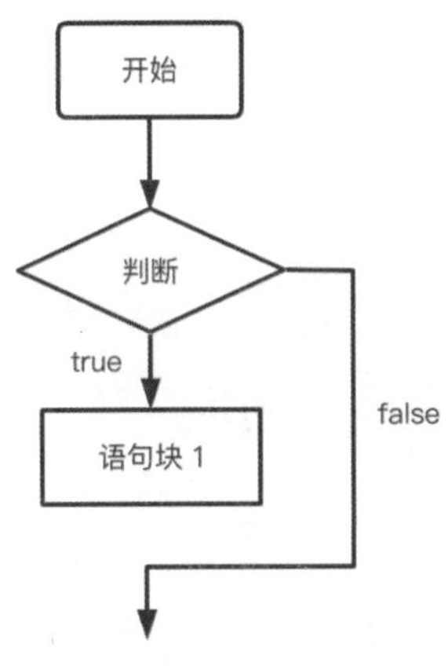

图 4-1 if 判断语句流程图

从流程图可以看到，当进行判断之后，如果判断结果为 true，也就是表达式结果为真，代码会执行到语句块 1，相反如果表达式结果为假，也就是判断结果为 false 的时候，则不会执行到语句块 1。

注意：在 C 语言中我们可以用非 0 且非 NULL 的值来表示真（true），用 0 或者是 NULL 来表示假（false）。但是在后面接触到 C++ 语法，甚至是其他编程语言的时候，真与假会用另外一种布尔类型来表示，分别对应的就是 true 和 false。所以在这里流程图中用 true 和 false 来表示判断结果的成立与否，分别对应了真与假。

- Demo030 - if 判断语句的简单应用。

```
#include <stdio.h>

/**
 * if 的单独使用。
 */
int main() {
    int age;     // 定义一个整型变量 age，用于存储用户输入的年龄。

    printf("请输入你的年龄：");        // 提示用户输入。
    scanf("%d", &age);                // 输入一个值给年龄进行赋值。

    // if 判断语句以外的，无论如何都会执行到的一条输出语句。
    printf("你的名字是小肆！\n");

    if (age >= 18) {   // 判断用户输入的年龄是否大于或等于 18。
        /**
         * 如果上面小括号里面的条件表达式的值为真（true），
         * 则会执行到 if 下方这个大括号之间的这个语句块，
         * 相反如果上面小括号里面的条件表达式的值为假（false），
         * 则不会执行到这个语句块中的代码。
         */
        printf("你成年了！\n");
    }

    // if 判断语句以外的，无论如何都会执行到的一条输出语句
    printf("你正在跟老邪学习编程！\n");

    return 0;
}
```

4.2.4 if…else 语句的使用

if…else 语句的使用的流程图如图 4-2 所示。

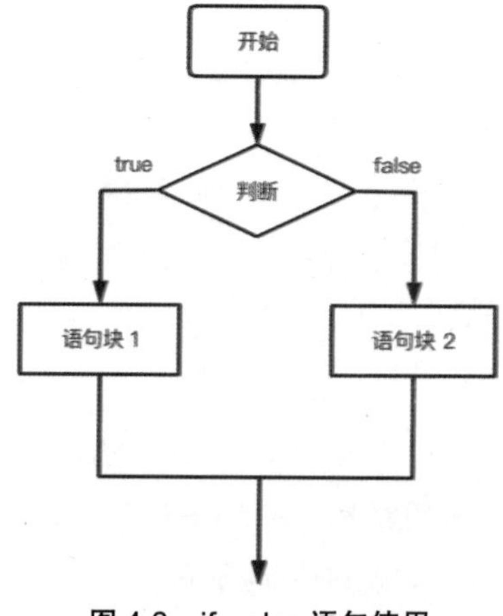

图 4-2 if…else 语句使用

通过图 4-2 的流程图可以看到，在执行判断之后根据判断结果可以去选择执行两个不同的语句块，当条件表达式为真的时候执行语句块 1，当条件不成立的时候执行语句块 2，这个语句块 2 就是将要写在 else 中的内容。注意，这个程序运行流程与之前的单独使用 if 有所不同，在单独使用 if 的时候，只会通过 if 中的条件表达式来决定是否要执行 if 中的语句块内容，如果 if 中的条件不成立，则 if 中的语句不会被执行到。而 if、else 在一起连用的时候，如果 if 中的条件不成立，则不会执行 if 中的语句块，但是一定会执行 else 中的语句块。通过下面的示例来区分一下它们之间的区别。

- Demo031 - if…else 语句使用示例。

```
#include <stdio.h>

/**
 * if else 的结合使用
 */
int main()
{#include <stdio.h>

/**
 * if else 的结合使用
 */
int main() {
    int age;     // 定义一个整型变量 age 用于存储用户输入的年龄。

    printf("请输入你的年龄：");        // 提示用户输入
    scanf("%d", &age);                // 输入一个值给 age 进行赋值

    // if else 以外的一条无论如何都会执行到的输出语句。
    printf("你的名字是小肆！\n");

    if (age >= 18) {   // 判断用户输入的年龄是否大于或等于 18

        /**
         * 如果上面小括号里面的条件表达式的值为真（true），
         * 则会执行 if 下方这个大括号中间的语句块，
         * 相反如果上面小括号里面的条件表达式的值为假（false），
         * 则不会执行这个语句块中的代码。
         */
        printf("你成年了！\n");
    } else {
        /**
         * 当 if 小括号中的条件表达式不成立，即值为假（false）的时候，
         * 则会执行与其匹配的这个 else 中的语句块代码。
         */
        printf("你还未成年！\n");
    }

    // if else 以外的一条无论如何都会执行的输出语句。
    printf("你正在跟老邪学习编程！\n");

    return 0;
```

```
}
    int age;     // 定义一个整型变量 age 用于存储用户输入的年龄。

    printf("请输入你的年龄：");        // 提示用户输入。
    scanf("%d", &age);              // 输入一个值给 age 进行赋值。

    // if else 以外的一条无论如何都会执行到的输出语句。
    printf("你的名字是小肆！\n");

    if (age >= 18)  // 判断用户输入的年龄是否大于等于 18。
    {
        /**
         * 如果上面小括号里面的条件表达式的值为真（true），
         * 则会执行到 if 下方这个大括号之间的语句块，
         * 相反如果上面小括号里面的条件表达式的值为假（false），
         * 则不会执行到这个语句块中的代码。
         */
        printf("你成年了！\n");
    }else
    {
        /**
         * 当 if 小括号中的条件表达式不成立，即值为假（false）的时候，
         * 则会执行与其匹配的这个 else 中的语句块代码。
         */
        printf("你还未成年！\n");
    }

    // if else 以外的一条无论如何都会执行到的输出语句。
    printf("你正在跟老邪学习编程！\n");

    return 0;
}
```

4.2.5 else…if 的使用

else…if 的流程图如图 4-3 所示。

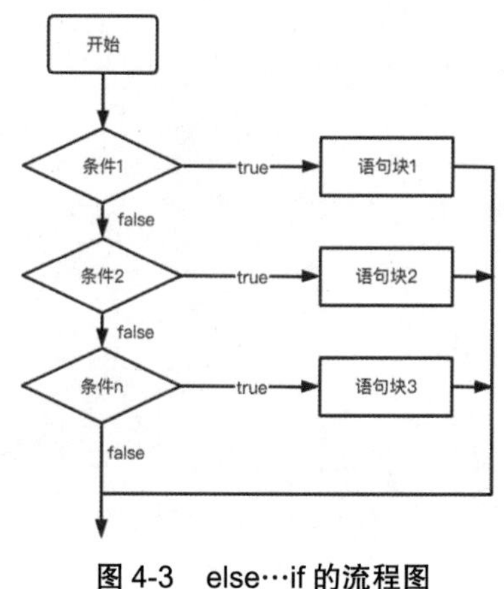

图 4-3　else…if 的流程图

通过流程图可以看出，在使用判断的时候实际上是可以对不同的条件做连续判断的，并且这些条件式成并列关系，如果一旦遇到某一个条件成立，则会直接执行到对应的语句块中，执行之后退出整个的判断过程。这种形式的判断在日常编程过程中也是会经常遇到的。通过下面的示例来具体地演示一下它的运行过程。

- Demo032 - else…if 的运行流程。

```
#include <stdio.h>

/**
 * else if 的使用。
 * 程序功能：根据用户输入的成绩，判断成绩所属的等级。
 * A - 90 ~ 100
 * B - 80 ~ 89
 * C - 70 ~ 79
 * D - 60 ~ 69
 * E - 0 ~ 59
 */
int main() {
    int score; // 定义一个变量用来存储程序。

    printf("请输入你的成绩：");  // 输出提示信息。
    scanf("%d", &score);      // 输入一个整数类型为 score 赋值。

    if (score < 0 || score > 100) {  // 判断 score 是否小于 0 或者 大于 100。

        // 如果满足以上条件，说明输入的成绩是不合法的成绩数值，则输出非法提示。
        // 一旦满足了条件执行了这对大括号中的代码，则下面的其他判断则不会再执行。
        printf("你输入的成绩非法！\n");
    } else if (score >= 90) {
        // 如果成绩大于或等于 90 分，则输出 A。
        /**
         * 注意：因为在之前我们判断过成绩的合法取值范围，如果能执行到这个判断条件中，
         * 那么就说明 score 的值一定是小于或等于 100 的，在这个判断条件中需要大于或等于 90，
         * 也就是 score >= 90 并且同时也 score <= 100。
         */
        printf("%d 分 - A\n", score);
    } else if (score >= 80) {
        // 如果成绩大于或等于 80 分，则输出 B。
        /**
         * 如果能执行到这个判断条件，说明 score 的值一定是不满足之前的其他判断条件，
         * 那么也就是说成绩一定是在 0 到 100 之间，并且是在小于 90 的区间内。
         * 那么再加上当前的判断条件，也就是说如果程序执行到这里，
         * score 一定会满足 score ≥ 80 并且同时也满足 score < 90，
         * 也就正好是在成绩等级为 B 的区间。
         *
         * 以下几个等级的思维逻辑与其类似，将不一一描述。
         */
        printf("%d 分 - B\n", score);
    } else if (score >= 70) {
        printf("%d 分 - C\n", score);
```

```
    } else if (score >= 60) {
        printf("%d 分 - D\n", score);
    } else {
        /**
         * 100 到 60 分的区间我们都处理过了，
         * 那么剩下最后的区间就是 0 ~ 59，我们直接将其放到最后一个 else 中处理即可。
         */
        printf("%d 分 - E\n", score);
    }

    return 0;
}
```

通过上面的示例，或许还感觉不出来这种写法和我直接每个都用 if 去单独地去做判断有什么区别。那么我们下面就用另外一种写法来完成这个程序。我们要注意它们之间在运行过程中的区别。

- Demo033 - 使用 if 单独判断成绩的等级。

```
#include <stdio.h>

/**
 * 通过单独的 if 判断实现成绩等级的输出。
 * 程序功能：根据用户输入的成绩，判断成绩所属的等级。
 * A - 90 ~ 100
 * B - 80 ~ 89
 * C - 70 ~ 79
 * D - 60 ~ 69
 * E - 0 ~ 59
 */
int main() {
    int score; // 定义一个变量用来存储程序。

    printf("请输入你的成绩："); // 输出提示信息。
    scanf("%d", &score);     // 输入一个整数类型为 score 赋值。

    if (score < 0 || score > 100) {     // 如果 score 小于 0 或者 大于 100。
        printf("你输入的成绩非法！ \n");
    }
    if (score >= 90 && score <= 100) {     // 大于或等于 90 并且小于或等于 100
        printf("%d 分 - A\n", score);
    }
    if (score >= 80 && score < 90) {       // 大于或等于 80 并且小于 90
        printf("%d 分 - B\n", score);
    }
    if (score >= 70 && score < 80) {       // 大于或等于 70 并且小于 80
        printf("%d 分 - C\n", score);
    }
    if (score >= 60 && score < 70) {       // 大于或等于 60 并且小于 70
        printf("%d 分 - D\n", score);
    }
    if (score >= 0 && score < 60) {        // 大于或等于 0 并且小于 60
```

```
        printf("%d 分 - E\n", score);
    }

    return 0;
}
```

可以看到在 Demo033.c 的写法中，每个 if 的判断条件都增加了额外的判断表达式，这是因为每个 if 判断都是独立的，它们之间没有上下的联系。所以每个判断都要通过单独的表达式把成绩的区间锁定在固定的范围内。而且在上面的代码中，每个 if 都会被执行到，比如在最开始输入的值是 999 的时候，这个成绩的值已经是非法的了，在第一个 if 判断中已经对比得到结果了，程序输出也会告诉你这是一个非法的成绩。但是并不会让程序从这里退出，代码会继续向下运行，并且会依次地执行到下面的每一个 if 语句，而且 if 后面的条件表达式也会每一个都被执行到，以判断是否成立。但是从逻辑上来看，如果这个成绩已经不合法了，那么也就没有必要继续向下进行判断了，那么很显然这种写法会造成代码的一些逻辑错误。当然这些错误不会影响程序的运行结果，但是一定会大大降低代码的执行效率，所以这种写法是不可取的。相比之下，Demo032.c 的写法就更符合我们的逻辑。只要其中判断的某一个条件成立了，代码就不会继续再向下做其他的判断了。通过流程图也能看得出来这种写法的运行规律，这也是我们为什么要在代码中使用 else if 的原因。它在一定程度上可以提高代码的运行效率，更重要的是，这样写将会更符合逻辑，让代码的可读性更高。

4.2.6 if 的嵌套使用

所谓 if 的嵌套指的是可以在一个 if 判断的语句块中再写另外一个 if 判断，相当于是在满足 A 条件的情况下，也要满足 B 条件才会执行到某一个语句块。接下来还是通过代码来说明这种写法的运行轨迹。下面是一段“伪代码”用于说明这种嵌套结构的运行轨迹，这段代码并没有什么实际含义，只是为了帮读者理解在使用 if 嵌套的时候，在不同的情况下代码的运行轨迹。

- Demo034 - if 的嵌套使用

```
#include <stdio.h>

/**
 * if 的嵌套使用伪代码。
 */
int main() {
    int b01, b02;

    printf("请输入条件表达式 01 的值(1 或者 0):");
    scanf("%d", &b01);

    printf("请输入条件表达式 02 的值(1 或者 0):");
    scanf("%d", &b02);
```

```
    if (b01) {          /*条件表达式 01*/
        // 在条件表达式 01 成立的时候，语句 01 是一定会被执行到的。
        printf("语句 01\n");
        if (b02) {     /*条件表达式 02*/
            // 在条件表达式 01 成立的前提下，如果条件表达式 02 也成立，则 语句 02 也会被
执行到。
            printf("语句 02\n");
        } else {
            // 在条件表达式 01 成立的前提下，如果条件表达式 02 不成立，则 语句 03 会被执行到。
            printf("语句 03\n");
        }
        // 在表达式 01 成立的时候，语句 04 无论如何都会被执行到。
        printf("语句 04\n");
    } else {
        // 在条件表达式 01 不成立的时候，语句 05 才会被执行到。
        printf("语句 05\n");
    }

    return 0;
}
```

上面是一个简单的嵌套关系，可以通过这个嵌套关系，推导出代码在不同条件表达式成立与否的情况下，是如何运行到各个位置的语句块代码的。当然这个嵌套关系可以更复杂，但只要掌握了最基本的嵌套关系，相信你也一定能够轻松地掌握其他复杂的嵌套关系。

注意：在使用 if 嵌套的时候，要注意与 else 的匹配关系，在程序代码中 else 一定要与某一个 if 进行匹配才能成功地通过编译，否则就是硬性的语法错误。也就是说 else 是不可以单独出现在程序代码中的。那么 else 到底应该如何去匹配 if 呢？实际上我们只需要记住一个原则即可——else 总是和最近并且同级别尚未匹配的 if 进行匹配。只要记住这个原则，就能很轻松地找到 else 所匹配的 if 了。当然我们在自己编写代码的时候，通常都是提前设计好的逻辑，并不需要去前面找对应的 if，但是当查看别人写好的代码时，这个匹配原则就会更有利于读懂别人的代码。

另外，在使用 if、else 的时候，通常都会使用一对大括号将对应的代码块括起来。但是如果语句块里只有一条要执行的语句，那么我们可以省略大括号。只有在这种情况下可以省略大括号，这一点一定要注意。

4.3 综合代码示例

4.3.1 判断奇偶数

- Demo035 - 判断奇偶数。

```
#include <stdio.h>
```

```
/**
 * 判断用户输入的一个数是奇数还是偶数。
 */
int main() {
    int num;     // 定义一个变量用来存储用户输入的数值。

    printf(" 请输入一个整数: "); // 提示信息。
    scanf("%d", &num);  // 将输入的值赋值给变量 num。

    if (num % 2 != 0) {    // 如果 num 除以 2 的余数不是 0，那么说明输入的是奇数。
        printf("%d 是个奇数! \n", num);
    } else {  // 否则说明是偶数。
        printf("%d 是个偶数! \n", num);
    }

    return 0;
}
```

基于余数判断输入数值是奇数还是偶数，以上仅仅是一种写法，实际上我们可以进一步优化上面的写法，代码如下。

- Demo036 - 判断奇偶数的优化写法。

```
#include <stdio.h>

/**
 * 判断用户输入的一个数是奇数还是偶数。
 */
int main() {
    int num;     // 定义一个变量用来存储用户输入的数值。

    printf(" 请输入一个整数: "); // 提示信息。
    scanf("%d", &num);  // 将输入的值赋值给变量 num。

    if (num % 2) {    // 如果 num 除以 2 的余数不是 0，那么说明是奇数。
        printf("%d 是个奇数! \n", num);
    } else {  // 否则说明是偶数。
        printf("%d 是个偶数! \n", num);
    }

    return 0;
}
```

以上两个 .c 文件的代码看似几乎一样，唯一不同的只有 if 判断中小括号里面的表达式。在以上两种写法中，都是在 if 判断成立的情况下输出了判断为奇数的结果，那么就要让条件表达式为奇数的时候判断条件为真。我们当然可以写成 Demo035 中的 num % 2 != 0，当用 num 除以 2 余数不是 0 的时候说明 num 是奇数，当然这个表达式还可以写成 num % 2 == 1，因为对于任何数，除以 2 有可能得到的余数只能是 0 或者是 1。以上两个表达式表达的含义都是相同的，都是需要条件表达式的值为真的时候表示为奇数。但是以上两种写法实际上都不够简洁，并且运算相对也比较复杂。因为在 C 语言当中，任何非 0 且非 NULL 的值都为真，所以如果我们想让以上两个表达式的结果为真，表达式可以直接简化成 num % 2。正如我之前所说的，一个整数除以 2 能得到的余数要么是 1，要么是 0，如果余数是 0 这个整数就是偶数，如果余数是 1 这个整数就是奇数，在 C 语言中我们可以直接把 1 当作条件表达式的真来使用。而且这样写还少了一次使用关系运算符的运算，前两者分别要多判断一次结果是否不等于 0，或者是等于 1，而后者则省略了这次关系运算的步骤，一定程度上可以提高程序的运行效率。如果能理解这样的写法，建议使用 Demo036 中的写法。当然如果现在的你对于这样的写法还不能很好地适应，那么使用 Demo035 中的写法对于程序的功能而言也是正确的。

4.3.2 判断平闰年

平闰年的判断依据是："一个年份如果能被 4 整除，并且不能被 100 整除，或者能被 400 整除，这样的年份就是闰年。"至于具体为什么符合这个条件的年份就是闰年，这个问题老邪回答不了你，这是数千年来由高人总结出来的规律，这也不是我们需要在意的。这就如同你问我为什么奇数就是不能被 2 整除一样。好了，既然我们知道了规律，那么利用这个规律得到我们想要的结果就可以了。具体实现如下。

- Demo037 - 判断平闰年。

```
#include <stdio.h>

/**
 * 判断用户输入的一个年份是平年还是闰年。
 */
int main() {
    int year;     // 定义一个变量用来存储用户输入的年份。

    printf("请输入一个年份："); // 提示信息。
    scanf("%d", &year);  // 将输入的值赋值给变量 year。

    // if ((year % 4 == 0) && (year % 100 != 0) || (year % 400 == 0))     // 基
础写法。
    if (!(year % 4) && (year % 100) || !(year % 400)) {    // 优化后的写法。
        printf("%d 年是闰年！\n", year);
    } else {
        printf("%d 年是平年！\n", year);
    }

    return 0;
}
```

在以上代码中，对于平闰年的判断也用了两种不同的写法。其中注释掉的写法从逻辑上相对更容易理解，但是从运行效率上来讲是可以优化的，优化后的写法运行效率更好，优化的原则类似于上文中我们判断奇数偶数的逻辑。我们只需要利用好"非 0 且非 NULL 都为真"这个原则来控制想要的真值或者假值就可以了。

4.4 本章小结

- C 语言中 if 结构中使用的条件表达式可以是任何类型的值，因为在 C 语言中，任何非 0 且非 NULL 的值都为真值，相反 0 和 NULL 为假值，我们可以利用这一点，使用任何类型的值作为 if 的判断条件。
- 在使用 if 结构的时候，如果 if 结构想要执行的语句块中只有一条语句，那么可以省略大括号。
- 在使用 else 的时候，else 总是和最近的平级尚未匹配的 if 进行匹配，每个 if 最多只能匹配一个 else。
- else 不可以脱离 if 的匹配单独存在，但是 if 可以单独使用，不一定要使用 else 进行配对。
- 在 else…if 使用过程中，从上到下地执行判断，一旦发现某一个条件表达式值为真，则会进入对应的语句块中执行对应的代码，并且不再向下继续判断。

在任何编程语言中，if 判断都是最核心并且应用最频繁的流程控制语句之一，甚至有人说程序员只要会使用 if，就能解决代码中的所有逻辑问题。这么说虽然是有一些极端，但是 if 语句在程序代码中的应用的确是不可轻视的。在本章中介绍的 if 基本语法，以及一些简单的逻辑应用，在后续的章节中也会频繁地出现在程序示例中。

第5章 C语言中的流程控制——分支

5.1 分支结构流程图

分支结构类似于我们之前学习过的判断结构，都是根据指定的条件来选择性地执行某一部分代码，但是它们在判断条件和具体的运行逻辑上还是有一定区别的，具体参考图5-1。

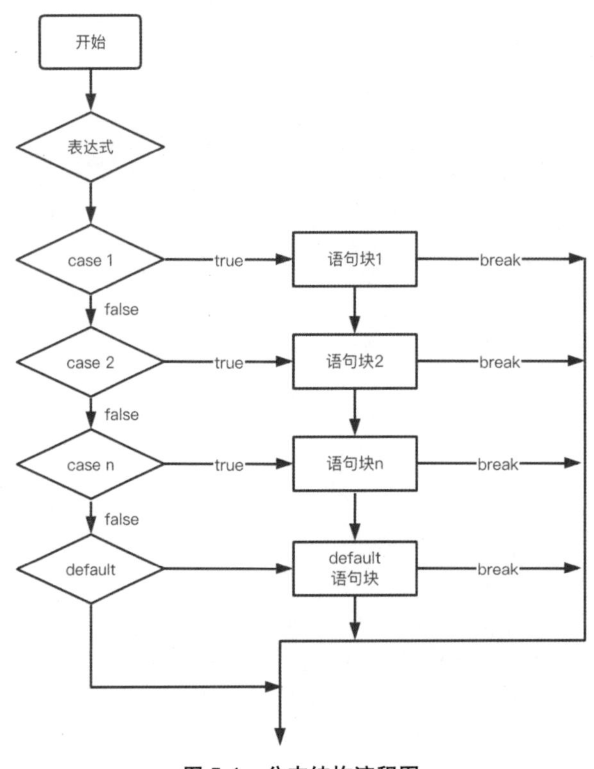

图5-1 分支结构流程图

通过这个流程图可以看出，switch 分支结构从判断的表达式下来之后要依次执行到每一个 case 分支进行相应的对比，一旦对比成功了就会执行对应 case 后面的代码，如果遇到 break 关键词，则会退出整个 switch 分支结构，如果没遇到 break 关键词，则会依次地继续向下执行下面所有 case 分支中的代码，包括 default 中的代码。下面会通过具体的代码示例以及程序运行结果来对具体的运行流程进行反推，从而得到对于 switch 分支结构更深刻的理解。

5.2 分支结构的标准语法

```
switch(入口表达式)
{
  case 分支 1:
  case 分支 2:[break;]
  case 分支 3:
    ……
  case 分支 n:
  default:
}
```

以上为 switch 分支结构的标准语法结构，其中 switch 是分支结构必须要使用的关键词，switch 后面的括号里面的表达式是我们在进入分支结构的时候参考的表达式，这个表达式可以使用整型或者字符型的常量或变量。其中整型包括 short、int、long，字符类型就是 char 类型。当然通过上文我们也了解到 char 类型实际上也是整型的另外一种形式，因为 char 类型的字符实际上都是以字符编码的形式存在的，所以在这里，你可以把字符型也当作另外一种特殊的整数类型。当然，在 switch 的括号中也可以使用 enum 枚举类型。这种特殊的数据类型我们在后续才会接触到，其实实际上枚举类型也是一种特殊结构的整数类型。所以实际上在 C 语言的 switch 的入口表达式位置，我们只需要记住这里要写整数类型的表达式即可，不管是否特殊，最终的呈现形式都是整数类型。

那么既然在分支入口处只能填写整数类型的表达式，下面对应的 case 分支条件的值也必须是整数类型。

对于 switch 分支结构具体的使用，我们通过下面的示例再来反推它的运行轨迹。

5.3 switch 基础示例

- Demo038 - switch 分支结构的基础示例

```
#include <stdio.h>

/**
 * switch 分支结构的基础示例。
 */
int main() {
    int num; // 定义一个整数类型的变量。

    printf("请输入一个 10 以内的整数:");  // 提示信息。
    scanf("%d", &num);  // 从键盘输入一个整数并给 num 赋值。
```

```
    switch (num) {  // 用 num 作为分支的入口。
        case 1: // 通过入口表达式匹配 case 后面的值，如果匹配到了就执行 case 下面的代码。
            printf("你输入了 1\n");
        case 2:
            printf("你输入了 2\n");
        case 3:
            printf("你输入了 3\n");
        case 4:
            printf("你输入了 4\n");
        case 5:
            printf("你输入了 5\n");
    }

    printf("程序代码到这里就执行完了！");

    return 0;
}
```

通过上面的示例可以自己对其进行测试，假设输入的是 3，那么对应输出的结果将会是：

你输入了 3

你输入了 4

你输入了 5

程序代码到这里就执行完了！

这个时候或许你会觉得输出的结果和想象的不太一样，但是这就是正确的运行结果。那么接下来我们就来具体地分析一下这段代码的运行轨迹。首先我们输入了一个 3，此时通过 switch 分支入口进入了 switch 结构的内部，去和每一个 case 后面的值进行匹配，一旦匹配成功就会执行后面的代码内容。那么因为我们输入的是 3，很明显这和前面两个分支 case 1 和 case 2 是不能匹配成功的，所以并没有执行到前两个 case 分支中的代码内容。但是当我们的输入和 case 3 进行匹配了之后，程序就会进入到 case 3 后面的代码内容，并且一旦匹配成功了之后，就不会再继续向下进行匹配了。虽然不会继续向下匹配，但是下面所有的分支中对应的代码内容都会被执行一次。这个时候可以回看一下图 5-1 的流程图，进行进一步的反推理解。

那么问题来了，如果我只想执行匹配到的 case 分支中的代码内容，并不想执行其他 case 分支中的代码，应该怎么做？那么我们就要学习另外一个新的关键词——break。

5.4 break 的用法

在 switch 中，break 用于跳出当前的 switch 语句块结构。具体的使用看下面的示例

- Demo039 - break 在 switch 中的作用

```
#include <stdio.h>
```

```
/**
 * switch 分支结构的基础示例。
 * break 在 switch 中的作用。
 */
int main() {
    int num; // 定义一个整数类型的变量。

    printf("请输入一个 10 以内的整数: ");  // 提示信息。
    scanf("%d", &num);  // 从键盘输入一个整数并给 num 赋值。

    switch (num) {  // 用 num 作为分支的入口。
        case 1: // 通过入口匹配 case 后面的值，如果匹配到了就执行 case 下面的代码。
            printf("你输入了 1\n");
        case 2:
            printf("你输入了 2\n");
        case 3:
            printf("你输入了 3\n");
            break; // 当程序运行到 break 的时候将会跳出当前的 switch 语句块。
        case 4:
            printf("你输入了 4\n");
        case 5:
            printf("你输入了 5\n");
    }

    printf("程序代码到这里就执行完了！");

    return 0;
}
```

注意，在这段代码中我们在 case 3 的分支中写了一个 break，然后再对当前这段代码进行测试，假设我们这次输入的是 2，那么运行结果将会是：

你输入了 2

你输入了 3

程序代码到这里就执行完了！

那么这个结果是如何运行得到的？首先我们输入的是 2，那么 case 1 肯定是匹配不到的，在与 case 2 匹配的时候将会成功，所以将从 case 2 进入后面的代码运行。一旦匹配到了某个 case 成功地进入了后面的代码部分，那么就不会再去匹配其他的 case 了，但是 case 中的代码都会被依次地执行到，所以 case 3 中的代码就也被执行了。在 case 3 的代码中我们遇到了一个 break，break 的作用是退出当前的 swtich 结构，那么后面的代码也就不会执行了，所以 case 4 和 case 5 中的内容就没有被执行到，这就是 break 在 switch 中的作用。

那么这个时候可以输入一个 4 尝试一下，此时输出的应该是 case 4 和 case 5 中的语句。

当输入一个 1 的时候，输出的将会是 case 1、case 2、case 3 中的语句。结合自己对程序代码运行结果的测试，得到属于自己对于 switch 分支结构和 break 结合使用的运行轨迹。相信你一定会得到属于自己的答案，而且要相信自己得到的结论。

那么我们将上面的代码继续升级，让每一个值只匹配一个分支，代码如下：

- Demo040 - break 在 switch 中的作用。

```
#include <stdio.h>

/**
 * switch 分支结构的基础示例。
 * break 在 switch 中的作用。
 */
int main() {
    int num; // 定义一个整数类型的变量。

    printf("请输入一个 10 以内的整数：");  // 提示信息。
    scanf("%d", &num);  // 从键盘输入一个整数并给 num 赋值。

    switch (num) {  // 用 num 作为分支的入口。
        case 1:
            printf("你输入了 1\n");
            break;
        case 2:
            printf("你输入了 2\n");
            break;
        case 3:
            printf("你输入了 3\n");
            break;
        case 4:
            printf("你输入了 4\n");
            break;
        case 5:
            printf("你输入了 5\n");
            break;
    }

    printf("程序代码到这里就执行完了！");

    return 0;
}
```

把代码升级到 Demo040 这个版本之后，就实现了只根据输入的数值匹配单独的一个分支，执行之后不再进行其他分支的匹配，通过 break 的应用实现了我们想要的效果。那么问题又来了，如果我们输入了 1~5 以外的其他整数，在匹配不到任何一个分支的时候那该怎么办呢？在使用 if 的时候，还有一个 else 能解决不符合条件的情况，那么在 switch 中有没有类似 else 的这种操作呢？当然是有的。那么我们就要接触到另外一个新的关键词，就是 default。

5.5 default 的用法

default 是在 switch 结构语句中，当没有分支可以匹配的时候才会被执行到的一个特殊的分支，来看下面的示例。

- Demo041 - default 写在 switch 的最后

```
#include <stdio.h>

/**
 * switch 分支结构的基础示例。
 * default 在 switch 中的作用。
 */
int main() {
    int num; // 定义一个整数类型的变量。

    printf("请输入一个 10 以内的整数: ");  // 提示信息。
    scanf("%d", &num);  // 从键盘输入一个整数并给 num 赋值。

    switch (num) {  // 用 num 作为分支的入口。
        case 1:
            printf("你输入了 1\n");
            break;
        case 2:
            printf("你输入了 2\n");
            break;
        case 3:
            printf("你输入了 3\n");
            break;
        case 4:
            printf("你输入了 4\n");
            break;
        case 5:
            printf("你输入了 5\n");
            break;
        default:
            printf("输入的值没有 case 可与其匹配\n");
    }

    printf("程序代码到这里就执行完了! ");

    return 0;
}
```

基于以上的示例，假设我们输入的是 9，则输出结果为：

输入的值没有 case 可与其匹配

程序代码到这里就执行完了！

在上面的示例中，我们把 default 写在了整个 switch 的最后。通过 9 作为入口进入 switch 的内部和所有的 case 分支进行匹配，发现没有任何一个可以与其匹配的分支，则会执行最后面的 default 中的代码。由于 default 中的代码写在了整个 switch 结构的最后，所以不需要再在这里添加 break 来退出 switch 结构。那么如果把 default 放在 switch 结构的前面呢？我们来看下一个示例。

- Demo042 - default 写在 switch 的前面。

```
#include <stdio.h>

/**
 * switch 分支结构的基础示例。
 * default 在 switch 中的作用。
 */
int main() {
    int num; // 定义一个整数类型的变量。

    printf("请输入一个 10 以内的整数：");  // 提示信息。
    scanf("%d", &num);  // 从键盘输入一个整数并给 num 赋值。

    switch (num) {  // 用 num 作为分支的入口。
        default:
            printf("输入的值没有 case 可与其匹配\n");
        case 1:
            printf("你输入了 1\n");
            break;
        case 2:
            printf("你输入了 2\n");
            break;
        case 3:
            printf("你输入了 3\n");
            break;
        case 4:
            printf("你输入了 4\n");
            break;
        case 5:
            printf("你输入了 5\n");
            break;
    }

    printf("程序代码到这里就执行完了！");

    return 0;
}
```

当把 default 写在 switch 结构的最前面的时候，假设现在输入的是 3，则输出结果为：

你输入了 3

程序代码到这里就执行完了！

我们发现从 case 3 完成了匹配所以得到了上面的结果，此时并没有执行到 default 中的代码，但是如果我们此时输入的是 9，这个时候没有 case 可以与 9 匹配成功，就会通过 default 进入 switch 中的代码向下运行，则输出结果为：

输入的值没有 case 可与其匹配

你输入了 1

程序代码到这里就执行完了！

我们看到在这里 case 1 中的代码也被执行到了，这是因为我们并没有在 default 后面执行到 break，则代码依然会继续向下运行。当执行完 case 1 中的代码之后，执行到了 break，这个时候才会跳出 switch 的语句块。如果在 default 中的代码执行完之后就跳出 switch，则也需要在这里添加 break 关键词。

5.6 综合代码示例

本节通过 4 个例子来展示分支结构的使用。

5.6.1 成绩等级划分

- Demo043 - 成绩等级划分。

```
#include <stdio.h>

/**
 * switch 实现成绩等级划分。
 * 程序功能：根据用户输入的成绩，判断成绩所属的等级。
 * A - 90 ~ 100
 * B - 80 ~ 89
 * C - 70 ~ 79
 * D - 60 ~ 69
 * E - 0 ~ 59
 */
int main() {
    int score; // 定义一个变量用来存储程序。

    printf("请输入你的成绩："); // 输出提示信息。
    scanf("%d", &score);     // 输入一个整数类型数值为 score 赋值。

    // 先处理非法的成绩值。
    if (score < 0 || score > 100) {
        printf("你输入的成绩非法！ \n");
    } else {   // 如果成绩合法，则进入 switch 结构判断成绩等级。
        switch (score / 10) {
            case 0:
            case 1:
            case 2:
            case 3:
            case 4:
            case 5:
                printf("%d 分 - E\n", score);
                break;
```

```
            case 6:
                printf("%d 分 - D\n", score);
                break;
            case 7:
                printf("%d 分 - C\n", score);
                break;
            case 8:
                printf("%d 分 - B\n", score);
                break;
            case 9:
            case 10:
                printf("%d 分 - A\n", score);
                break;
        }
    }

    return 0;
}
```

在上面的程序中我们使用 score/10 的值作为匹配条件，目的是减少分支的数量。我们将 case 0~5 写在了一起，也就是说，与 0~5 任意一个分支匹配成功都会执行到 case 5 中的代码。我们把 case 9~10 写在了一起也是相同的逻辑。

5.6.2 简易计算器

- Demo044 - 简易计算器。

```
#include <stdio.h>

/**
 * switch 实现简易计算器功能。
 */
int main() {
    // 定义三个整数类型的变量，num01 和 num02 分别用于存储两个参与计算的操作数，
    // res 变量用于存储计算之后的结果。
    double num01, num02, res;
    char operator; // 定义一个字符型变量，用于存储用户输入的运算符。

    printf("请输入第一个数：");
    scanf("%lf", &num01);
    printf("请输入第二个数：");
    scanf("%lf", &num02);
    fflush(stdin);
    printf("请输入你希望对上面两个数要做的运算（+、-、*、/）：");
    scanf("%c", &operator);
    // 通过键盘获取用户将要操作的信息，注意不同的数据类型要使用不同的占位符。

    // 通过用户输入的运算符作为分支入口，下面通过 case 依次匹配四种不同的运算。
    switch (operator) {
        case '+':
            res = num01 + num02;
```

```
            break;
        case '-':
            res = num01 - num01;
            break;
        case '*':
            res = num01 * num02;
            break;
        case '/':
            if (!num02) { // 判断除数是否为 0，(!num02) 等价于 (num02 == 0)
                printf("除零错误，除数不能为 0! ");
                return 1;
                // 直接退出整个程序的运行，其中数值 1 只是一个代码，
                // 从语法角度这个 1 可以替换为任意整数类型的值。
            } else
                res = num01 / num02;
            break;
        default:
            printf("运算符错误，你输入了不支持的运算! ");
            return 1;    // 如果运算符错误也直接退出程序运行。
    }

    // 输出最终的计算结果。
    printf("%lf %c %lf = %lf\n", num01, operator, num02, res);

    return 0;
}
```

这是一个简易计算器的功能实现，目的是让你对于 switch 结构更加熟悉，当然写法也并不是唯一的。在这里面我们要注意除法运算时，我们要对除数为 0 的情况进行特殊处理。

5.6.3 某月有多少天

- Demo045 - 根据用户输入的年份和月份判断这个月有多少天。

```
#include <stdio.h>

/**
 * switch 实现判断用户输入的一个月份有多少天。
 */
int main() {
    // year 存储年，month 存储月，
    // res 用于存储结果，即天数。
    int year, month, res;

    // 输出提示信息并获取年月日信息。
    printf("请按照格式输入年月(ex: YYYY-MM): ");
    scanf("%d-%d", &year, &month);

    // 判断输入的年份和月份是否合法。
```

```
    if (year < 0 || month < 1 || month > 12) {
        printf("输入的年份或月份不合法! ");
    } else {
        switch (month) {
            case 1:
            case 3:
            case 5:
            case 7:
            case 8:
            case 10:
            case 12:
                res = 31;
                break;
            case 4:
            case 6:
            case 9:
            case 11:
                res = 30;
                break;
            case 2:
                res = 28 + (!(year % 4) && (year % 100) || !(year % 400));
                /**
                 * 2 月份由于平闰年的关系，可能会有不同的天数，如果是闰年则会比平年多 1 天。
                 * 所以我们可以用基础的 28 天再加上平闰年的判断结果。我们知道在 C 语言中，
                 * 逻辑运算符判断结果如果是真，则结果为 1，我们可以直接利用这个值参与计算。
                 */
                break;
        }
        printf("%d 年 %d 月 有 %d 天\n", year, month, res);
    }

    return 0;
}
```

通过上面的示例我们可以计算出某一个年份中的某一个月份有多少天，接下来我们可以将难度升级，利用类似的思路去计算一下凯撒日期。我们继续看下一个示例。

5.6.4 凯撒日期

根据用户输入的年月日，计算这一天是当前年份的第多少天。

在这个示例中，我们几乎可以用到之前学习过的所有知识点。那么我们就用这个示例作为一个阶段性的学习成果验证，在知道了程序需要实现的功能之后，我建议先自己尝试用学习过的内容去自行完成。学习编程一定要经历这个过程，即先把需求和实现的流程梳理清楚，然后自己尝试着用代码去实现。如果你能实现功能，那么可以对比下面的写法，看看我们写的有什么不同。如果发现自己实现不了，我的建议是先把我写的看一遍，了解思路和逻辑之后，再去尝试自己完成，一定不要拿着我的代码照抄。学编程第一学的是语法，第二学的是逻辑，千万不要让编码练习变成了打字练习。

- Demo046 - 凯撒日期。

```
#include <stdio.h>

/**
 * switch 实现凯撒日期。
 * 功能描述：用户输入一个年月日，用程序计算出这一天是这一年中的第几天。
 */
int main() {
    // year 存储年，month 存储月，date 存储日期。
    // monthOfDate 用于存储这一年当前月份的天数，先初始化为 0。
    // sumOfDays 用于存储结果，即天数，先初始化为 0。
    int year, month, date, monthOfDate = 0, sumOfDays = 0;

    // 输出提示信息并获取年月日信息。
    printf("请按照格式输入年月日(ex：YYYY-MM-DD)：");
    scanf("%d-%d-%d", &year, &month, &date);

    // 判断输入的年份和月份是否合法。
    if (year < 0 || month < 1 || month > 12) {
        printf("输入的年份或月份不合法！");
        return 1;
    } else {
        switch (month) {
            case 1:
            case 3:
            case 5:
            case 7:
            case 8:
            case 10:
            case 12:
                monthOfDate = 31;
                break;
            case 4:
            case 6:
            case 9:
            case 11:
                monthOfDate = 30;
                break;
            case 2:
                monthOfDate = 28 + (!(year % 4) && (year % 100) || !(year % 400));
                break;
        }
    }

    // 判断输入的日期是否合法。
    if (date < 1 || date > monthOfDate) {
        printf("输入的日期不合法！");
        return 1;
    }

    /**
```

```
 * 我们通过上面的代码判断输入的日期是否合法，
 * 首先判断年份和月份，这个相对比较容易。
 * 但是我们要判断输入的日期是否合法就必须要知道每个月都有多少天，
 * 尤其是 2 月份需要做单独的处理，我们在之前的示例中做过具体的解释，这里不再多说。
 * 当代码执行到这里如果还没有通过任何一个 return 1 退出程序的运行，
 * 那么就说明这个日期是合法可用的，下面就是我们计算凯撒日期的步骤。
 */

/**
 * 我们用 month - 1 的值作为分支的入口，
 * 假设我们输入的是 3 月 27 日，
 * 那么我们要计算的就是 1 月份和 2 月份的天数总和，
 * 在加上当前月份也就是 3 月份的 27 天。我们知道 3 月份一共有 31 天，
 * 但是我们并不需要把 31 天都累加到结果中，我们有用的就只有 27 这个值。
 * 我们只需要计算前两个月的天数总和，所以这里我们用 month - 1 作为入口。
 */
switch (month - 1) {
    /**
     * 我们利用 switch 不遇到 break 就不会退出的特性，
     * 将月份逆序地作为分支的匹配条件，那么不管你输入的是几月份，
     * 我们都将从你输入的前一个月一直执行到 1 月份。
     * 当然 case 当中的代码作用也很简单，就是把具体的天数累加到结果里就可以了。
     * 注意，我们不需要写 case 12 这个分支，因为即使你输入了 12 月，
     * 但是我们的入口是 month - 1，最大也只可以取到 11，
     * 所以我们的分支从 case 11 开始就可以了。
     */
    case 11:
        sumOfDays += 30;
    case 10:
        sumOfDays += 31;
    case 9:
        sumOfDays += 30;
    case 8:
        sumOfDays += 31;
    case 7:
        sumOfDays += 31;
    case 6:
        sumOfDays += 30;
    case 5:
        sumOfDays += 31;
    case 4:
        sumOfDays += 30;
    case 3:
        sumOfDays += 31;
    case 2:
        // 2 月份的天数计算方法和之前判断每个月有多少天的部分是一样的。
        sumOfDays += 28 + (!(year % 4) && (year % 100) || !(year % 400));
    case 1:
        sumOfDays += 31;
}

// 别忘了把当前月份的天数累加到结果中。
```

```
    sumOfDays += date;

    // 输出最终的结果。
    printf("%d 年 %d 月 %d 日 是 %d 年的 第 %d 天", year, month, date, year, sumOfDays);

    return 0;
}
```

5.7 本章小结

- switch 入口处只能使用整型、字符型、枚举型的表达式，其实际对应的值都是整数类型。
- case 在 switch 结构中的数量没有限制，可以是一个或者多个，甚至一个都不写，但是这样使用 switch 就没有了意义。
- 在 switch 结构中，一旦通过某一个 case 匹配到了符合入口表达式的值之后将会进入后面的代码，其他的 case 分支条件将不会再做继续的匹配，并且如果不遇到 break 关键词，则代码将会一直运行到遇到 break 关键词，或者结束整个 switch 结构为止。
- 在 switch 结构中，default 用于执行当入口表达式没有匹配到任何 case 分支的情况，通常会把 default 写在整个 switch 的最后面。

switch 通常用于处理一些相对简单的逻辑判断，进行分支形式的匹配，如果是相对比较复杂的，比如需要逻辑运算符参与运算的判断，我们通常会选择使用 if 和 else if 这种形式再进行处理。

第6章 C 语言中的流程控制——循环

6.1 循环结构简介

本节将对循环结构进行详细介绍。

6.1.1 什么是循环结构

循环实际上指的就是在一定的条件下重复地做同一件事儿，在代码中也就是要重复地执行某一部分的代码。那么在 C 语言中一共有三种循环，分别是 while、do…while 和 for，这三种循环都有属于自己的使用场景，而且语法结构上也会有所不同。在这个章节中我们就针对每一种循环结构依次地做出讲解。

6.1.2 为什么要使用循环

在用代码处理逻辑问题的时候，经常会遇到需要反复执行的部分，那么使用循环就可以让我们的代码变得更简洁，同时也增强了代码的可读性。

另外从一定程度上讲，我们使用的每一个软件都是一个大的循环体，因为你可以对它做各种重复性的操作，比如在游戏中，你可以控制你的角色一直向前走；你可以一直使用音乐播放器播放音乐，甚至是循环地播放；你可以一直使用聊天软件等待别人给你发送消息，你也可以一直使用它向别人发送消息，虽然消息的内容不同，但是对于软件而言，实际的操作步骤却是相同的。所以循环这部分内容是每一门编程语言中的重中之重，后续我们也会用各种丰富的示例来让你对循环结构的使用更加熟练。

6.2 while 循环

6.2.1 while 标准语法

```
while(循环条件表达式) {
        循环语句块;
}// 当满足循环条件的时候，循环体内的代码块会被从上到下反复地执行
```

循环体代码块外部的一对大括号使用方法和 if 结构类似，如果语句块中只有一条语句，则循环体的大括号可以省略不写。

6.2.2 while 的流程图

while 循环的流程图如图 6-1 所示。

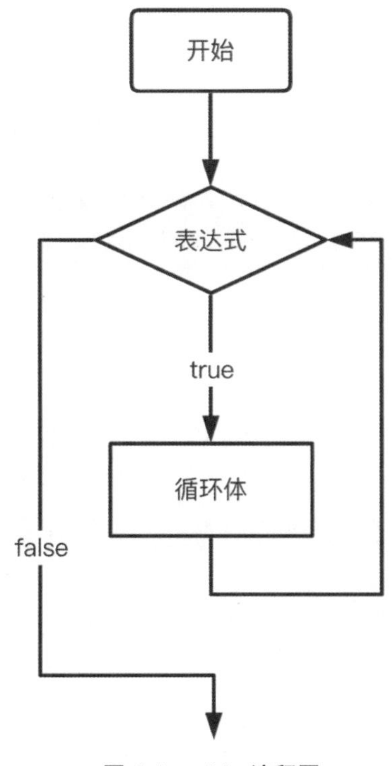

图 6-1 while 流程图

通过流程图可以看出，在使用 while 循环结构的时候，需要先进行条件表达式的判断，通过判断的结果来决定是否进入循环体的内部执行其对应的代码，如果在进入循环的最开始就发现条件表达式不成立，则不会执行循环体内部代码，而是直接跳过循环，向下执行后面的代码。我们习惯性地把 while 循环称为“当”型循环，也就是说当某一个条件成立的时候才会执行循环体，当条件不成立的时候就退出循环体。

6.2.3 while 的基本使用示例

- Demo047 - 不使用循环输出 10 次“Hello 小肆”。

```
#include <stdio.h>

/**
 * 在不使用循环的时候我们要输出 10 次 "Hello 小肆"，代码必须写成下面的形式
 */

int main() {
    printf("Hello 小肆 ");
    printf("Hello 小肆 ");
    printf("Hello 小肆 ");
    printf("Hello 小肆 ");
    printf("Hello 小肆 ");
    printf("Hello 小肆 ");
    printf("Hello 小肆 ");
    printf("Hello 小肆 ");
    printf("Hello 小肆 ");
    printf("Hello 小肆 ");

    /**
     * 这段代码没有什么意义，只是想告诉你类似这种重复性的操作，都可以通过循环的方式处理。
     * 你或许会觉得十次好像也不是很多呀，但是 100 次或者 1000 次呢?
     * 所以我们需要一种流程控制接口可以帮我们解决这种重复的操作，
     * 循环结构就是为了这个需求而来的。
     */

    return 0;
}
```

- Demo048 - 使用 while 循环输出 100 次“Hello 小肆”。

```
#include <stdio.h>

/**
 * 使用循环输出 100 次 "Hello 小肆",
 * 当然你可以输出任意次，只要修改循环条件即可实现。
 */

int main() {
    int n = 0; // 定义一个变量用于记录循环次数，这里我们习惯性地把它叫作 "循环变量"。

    while(n < 100){  // 当 n 小于 100 的时候执行循环体。
        printf("Hello 小肆\n");    // 每次循环的时候都输出一个字符串。
        n++;                       // 将 n 的值自增 1，记录循环次数。
    } // 当循环条件不满足的时候跳出循环，程序继续向下运行。

    printf("当跳出循环时 n 的值是 : %d\n", n);    // 输出结果为 100。
    /**
     * 当 n 的值被累加到 100 的时候，
```

```
     * 此时就不满足 n < 100 这个循环条件，
     * 将跳出循环继续向下运行。
     */

    return 0;
}
```

在以上示例中，我们可以通过循环结构来实现一些需要重复的操作。但是仅仅输出一些字符串好像没有什么具体的逻辑，也没有什么意义，那么接下来我们就尝试用循环来计算一下 1~100 的累加和，看看我们是如何操作的。

- Demo049 - 通过 while 循环计算 1~100 的累加和。

```
#include <stdio.h>

/**
 * 使用 while 循环计算 1~100 的累加和。
 */

int main() {
    // 定义循环变量 n，初始化为 1，定义 sum 变量，用于存储累加和，并初始化为 0。
    int n = 1, sum = 0;

    // 因为我们要计算的是 1~100 的累加和，所以我们把 n 的值控制在 100 以内。
    while(n <= 100) {
        // 每次循环的时候把 n 的值累加到 sum 变量中。
        // 当循环了 100 次以后，sum 的值就是 从 1 到 100 的累加和。
        sum += n;

        // 每次循环之后让循环变量 n 的值自增 1。
        n++;
    }

    // 输出程序结果。
    printf("1~100 的累加和为：%d\n", sum);

    return 0;
}
```

以上就是我们通过 while 循环结构来计算 1~100 累加和的过程，上面的代码是更符合我们逻辑的写法，但是不够简洁。我们可以尝试将代码进行进一步的优化，如下：

- Demo050 -1~100 的累加和优化版。

```
#include <stdio.h>

/**
 * 使用 while 循环计算 1~100 的累加和。
 */

int main() {
    /**
```

```
     * 我们在这里将循环变量 n 初始化为 0，这与上一个示例不同，
     * 具体原因，需要看下面的循环条件表达式。
     */
    int n = 0, sum = 0;


    /**
     * 在这个循环条件表达式中，我们依然是要将 n 的值控制在 100 以内，
     * 因为每次循环之前都要执行循环条件式，所以我们可以把循环变量自增写在这个表达式里。
     * 上面代码中将 n 的值初始化为 0，那么在这里第一次进入循环的时候，
     * 由于 ++ 运算符前置，就是先自增再取值，所以第一次循环得到的 n 值为 1，
     * 我们要的取值区间正好是从 1 到 100。这也是上面为什么初始化的时候将 n 的值初始化为 0，
     * 就是为了这个循环条件表达式做准备。
     * 这样写的话我们就可以不用在循环体内做循环变量的自增了，
     * 我们可以直接通过循环条件表达式来控制循环的次数。
     */
    while(++n <= 100)
        sum += n;

    // 输出程序结果。
    printf("1~100 的累加和为：%d\n", sum);

    return 0;
}
```

Demo049 和 Demo050 两个代码的功能是相同的，由于代码的功能与逻辑也都很简单，所以运行效率上不会有明显的区别，相比之下 Demo049 似乎更加容易理解。平时你喜欢写成哪一种都无所谓，现阶段只要做到能看懂，能写出来就可以。未来使用熟练了之后，就可以随心所欲地优化自己的代码。

6.3 do…while 循环

6.3.1 do…while 标准语法

```
do {
  循环语句块;
}while(循环条件表达式);
```

do…while 和 while 在使用上有一定的区别，我们要注意的是，do…while 循环是先执行循环体然后再进行循环条件的判断。也就是说无论循环条件是否成立，循环体都会被执行到一次，我们在使用的时候一定要注意这一点。相对而言，do…while 的应用没有 while 那么多，但是它也有属于它自己的应用场景，所以我们也需要掌握 do…while 的用法。

6.3.2 do…while 的流程图

do…while 循环的流程图如图 6-2 所示。

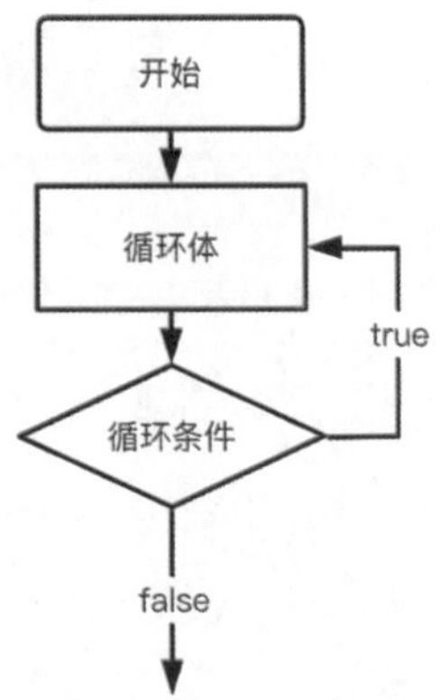

图 6-2 do…while 流程图

通过流程图我们可以更直观地看出，在使用 do…while 循环结构的时候，是先执行循环体中的内容，如果判断条件成立之后，会继续返回去执行循环体。如果循环条件不成立，才会跳出循环。所以我们要注意的是，在使用 do…while 的时候，不论循环条件是否成立，都一定会执行一次循环体内的代码内容。

6.3.3 do…while 的基本使用示例

- Demo051 - do…while 至少执行一次循环体。

```
#include <stdio.h>

/**
 * do…while 在循环条件不成立的情况下仍然会执行一次循环体。
 */

int main() {

    do { // 循环体在循环条件判断的前面，所以至少会执行一次循环体。
        printf("这行代码至少会执行一次");
    } while (0);    // 注意在 do…while 的结构后面要有一个分号。

    return 0;
}
```

上面的示例只是为了告诉你 do…while 循环结构的特殊性，下面我们也可以用 do...while 结构来解决之前计算过的 1~100 累加和的问题。代码如下：

- Demo052 - 用 do…while 计算 1~100 的累加和。

```
#include <stdio.h>

/**
```

```
 * do…while 在循环条件不成立的情况下仍然会执行一次循环体。
 */

int main() {
    int n = 1, sum = 0;

    do {
        sum += n;
    } while (++n <= 100);

    printf("1~100 的累加和是: %d\n", sum);

    return 0;
}
```

在正常使用的情况下，循环条件表达式的写法都是一样的。因为 do…while 的循环体被写在了循环判断条件的前面，所以无论如何都会执行一次循环体。当我们遇到类似的逻辑需求的时候，优先选择 do…while 结构来解决相关的问题。

6.4 for 循环

6.4.1 for 循环标准语法

for 循环结构的语法与 while 和 do…while 相比有些复杂，但是实际上，在已知循环次数的时候，这个结构会让代码的可读性更好，所以 for 循环通常会用于已知循环次数的情况。具体的语法结构如下：

```
for (表达式 1; 表达式 2; 表达式 3){
        循环语句块;
}
```

在 for 循环结构中一共有三个表达式，我们在这里要知道这三个表达式运行的规则，只要掌握了这个规则，在使用 for 循环的时候就会非常清晰地知道这个循环要执行多少次。具体规则如下：

- 表达式 1：循环变量的初始化，根据程序中的逻辑需求给循环变量设置一个初始值，表达式 1 只在第一次进入循环的时候被执行一次。
- 表达式 2：循环的判断条件，通常是根据循环变量的值来控制循环的次数，表达式 2 在每次执行循环体之前都会被执行一次。
- 表达式 3：循环变量值的修改，通常是自增或自减，表达式 3 在每次执行完循环体后会被执行一次。

注意：在 for 循环结构中，表达式 1、2、3 均可以省略不写。但是括号内的两个分号是固定格式，不可以省略。具体的变形形式我们会在后面的示例中进行讲解。

6.4.2 for 循环的流程图

for 循环的流程图如图 6-3 所示。

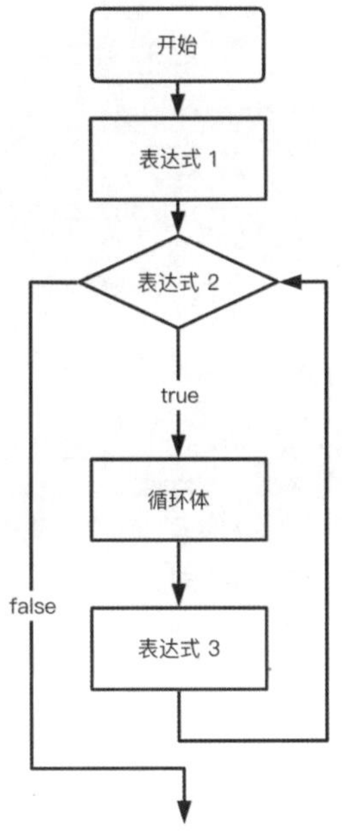

图 6-3 for 循环的流程图

在以上的流程图中，我们可以清晰地看到表达式 1、2、3 在 for 循环结构中的执行规则。正如上文所说的那样，只要了解了这三个表达式的执行规则，后面使用 for 循环来处理已知循环次数的逻辑需求是非常容易的。下面我们就通过几个示例来具体学习 for 循环结构的用法。

6.4.3 for 的基本使用示例

- Demo053 - 用 for 循环输出 10 次“Hello 小肆！”。

```
#include <stdio.h>

int main() {
    // 在 C99 之前的标准中，变量必须定义在程序的最上方，包括循环变量的定义。
    int i;

    /**
     * 表达式 1：将循环变量 i 初始化为 0。
     * 表达式 2：将循环变量 i 的值控制在从 0 到 9，一共循环 10 次。
     * 表达式 3：每次循环体执行结束之后将 i 的值自增 1。
     */
    for (i = 0; i < 10; i++) {
        printf("Hello 小肆！\n");
    }
```

```
    return 0;
}
```

- Demo054 - C99 标准之后我们可以这样写。

```
#include <stdio.h>

int main() {
    /**
     * 如果你使用的是 C99 标准之前的编译器，那么这个代码将会报错。
     * 因为旧的标准比如 C89 就要求我们必须在程序的起始位置定义后面要使用的变量。
     * C99 标准之后，我们可以在不破坏语法结构的前提下，在使用变量之前在任意处定义即可
     */

    printf(" 在 C99 标准之后，定义变量可以不必一定写在程序的最上方 ");

    // 如果你使用的是 C99 标准之后的编译器，则可以在下方的表达式 1 中直接定义循环变量并为其初
始化。
    // 在循环体的表达式中定义的变量为局部变量，在循环体的外部不能使用。
    for (int i = 0; i < 10; i++) {
        printf("Hello 小肆! \n");
    }

    /**
     * 如果你使用的是 C99 标准之后的编译器，可以尝试编译以下语句，编译器会报错，
     * 提示并没有定义 i 变量，因为 i 为 for 结构的局部变量，
     * 它的生存期和作用域只在 for 结构中有效。
     * 如果我们想在 for 循环结构外仍然访问这个变量，
     * 还是需要将变量定义在循环体之外，比如将其定义在最上面。
     * 注意：关于“局部变量”与“全局变量”的内容会在后面我们学习到“函数”的时候做具体的讲解。
     */
    // printf("i = %d\n", i);

    return 0;
}
```

C 语言的编译器在不同的版本上会遵循不同的执行标准。表 6-1 中列出一些常见的执行标准。

表 6-1　C 语言编译器的执行标准

C 语言执行标准	主要特性和不同支持	常见开发工具使用的执行标准
C89	- 基本的 C 语言特性，如 int、char、float 等数据类型	Visual Studio 等 IDE
	- void 函数返回类型	
	- auto、register、static、extern 等存储类型	
	- typedef 关键字定义新类型	
	- struct 和 union 复合数据类型	

续表

C 语言执行标准	主要特性和不同支持	常见开发工具使用的执行标准
	- enum 枚举类型定义	
C99	- 新的数据类型：_Bool、long long 等	GCC、Clang、Code::Blocks
	- 可变参数宏：<stdarg.h> 中的宏 va_copy	
	- 单行注释：支持 // 形式的单行注释	
	- 布尔类型支持：<stdbool.h> 中的 bool、true 和 false	
	- 复合字面量：在单个表达式中定义复合字面量	
	- 快速注释移除：预定义宏 __LINE__ 和 __FILE__ 等	
	- 复杂数支持：引入 _Complex、_I 等关键字	
	- 可变长度数组：声明变长数组，数组长度在运行时确定	
C11	- _Alignas 和 _Alignof 关键字：指定数据的内存对齐方式和查询对齐要求	GCC、Clang、Visual Studio
	- _Generic 泛型选择表达式：根据参数的类型选择相应的表达式	
	- _Noreturn 函数属性：声明函数不返回	
	- static_assert 关键字：静态断言检查	
	- 多线程支持：引入原子操作、线程、互斥体等多线程编程支持	
C17	- static_assert 关键字：引入静态断言，用于在编译时验证条件	GCC、Clang
	- alignas 和 alignof 关键字：用于指定数据对齐方式和获取数据对齐方式	
	- 原子类型：引入 _Atomic 关键字和类型修饰符，用于指定原子类型	
	- 支持新的 _Generic 语法	
	- 新增的库函数和头文件	

表 6-1 大概列出了各个 C 语言执行标准的主要特性和不同支持情况。不同的标准版本具有不同的特性和功能，并且在不同的开发工具和编译器中可能有不同的支持程度，所以我们在选择开发工具的时候最好了解清楚当前开发工具具体使用的是哪一种执行标

准。本书中的知识点与示例大多数以 C89 为基础，因为各种执行标准都是向下兼容的，以 C89 为基础可以保证代码在各种编译器内都可以顺利地运行。本书中也会适当穿插一些其他执行标准的内容作为学习过程中的知识扩展。当我们真正掌握了 C89 执行标准之后，对于其他执行标准中的内容我们也就具备了自学以及自主编写代码测试的能力，在这不做过多赘述。

- Demo55 - for 省略结构中的三个表达式。

```
#include <stdio.h>

int main() {
    /**
     * 由于表达式 1，在 for 循环结构中的执行规则是:
     * 在进入循环之前被执行一次，并且只执行一次，
     * 所以我们在省略了表达式 1 的时候，
     * 可以将相同功能的代码写在循环结构的前面，得到同样的效果。
     */
    int i = 0;

    /**
     * 在这个示例中我们先不在 for 循环结构中省略表达式 2，
     * 后面我们学习到在循环结构中使用 break 的时候再尝试省略表达式 2。
     */
    for (; i < 10;) {
        printf("Hello 小肆! \n");
        /**
         * 表达式 3 的执行规则是，在执行完循环体之后被执行一次，
         * 所以我们可以在省略了循环结构的表达式 3 之后，
         * 将这个相同功能的代码写在整个循环体的最后，得到相同的效果。
         * 当然在改变循环变量值的时候我们可以写成各种的形式，
         * 比如: i += 1; i += 5; 甚至是 i *= 9 等，只要符合循环要求即可。
         */
        i++;
    }

    return 0;
}
```

在上述示例中可以看到，实际上 for 结构中的表达式是可以省略不写的，但是用来间隔表达式的分号是绝对不能省略的，这个是硬性的语法要求，在这里再次强调。

- Demo056 - 用 for 循环实现 1~100 的累加和

```
#include <stdio.h>

int main() {
    // 定义循环变量 i，用于存储累加和的变量 sum，并将 sum 初始化为 0
    int i, sum = 0;

    /**
     * 由于我们想要将 i 的值从 1 开始，一直取值到 100，
     * 所以我们在表达式 1 中将循环变量初始化为 1，
```

```
     * 在表达式 2 中将循环条件控制为 i <= 100，
     * 这样只要表达式 3 中每次让循环变量自增 1，
     * 我们就会得到 i 的取值范围为 1 到 100。
     */
    for (i = 1; i <= 100; ++i) {
        sum += i;
    } // 结束循环，当我们循环体内只有一条语句的时候，循环体外部的大括号也可以省略不写。

    printf("1 ~ 100 的累加和为：%d\n", sum);

    return 0;
}
```

我们通过上面几个示例可以看到，三种循环实际上都可以满足相同的逻辑需求，只是写法上有所不同。那么具体应该在什么时候选择使用什么样的循环结构，可以遵循以下原则：

- while 循环：当循环次数未知，并且在循环条件不成立的时候不想执行循环体的情况下使用。
- do…while 循环：当循环次数未知，并且在循环条件不成立的时候也想执行一次循环体的情况下使用。
- for 循环：当我们已知循环次数的情况下使用。

注意：使用循环的时候少不了要定义循环变量，我们在选择不同循环结构的时候，循环变量的名字尽量满足以下规则：比如当使用的是 while 或者 do…while 循环，我们的循环变量名尽量定义为 n 或者 m；当使用 for 循环的时候，我们的循环变量尽量定义为 i、j 或者 k。我们在定义变量名的时候都会以见名知意为标准，对于循环变量这种基础变量不值得用一个单词去描述，大多数程序员习惯用一个字母去表示循环变量。所以当我们在代码中看到了这些以特定的字母作为变量名的变量时，我们就知道这是程序代码中的循环变量。这并不是什么语法上的约束，仅仅是一种不成文的约定习惯，我们只要遵守这个规则就好了。

6.5 break 与 continue

6.5.1 break 在循环中的使用

break 在循环中的用法实际上和在 switch 中的用法类似，都是用于打破语句块的运行，直接跳出当前的语句块。也就是说我们可以在循环过程中，在满足某一个特定条件的时候使用 break 来手动地跳出循环，通常这个条件是与循环的条件不同的。具体运行流程如图 6-4 所示。

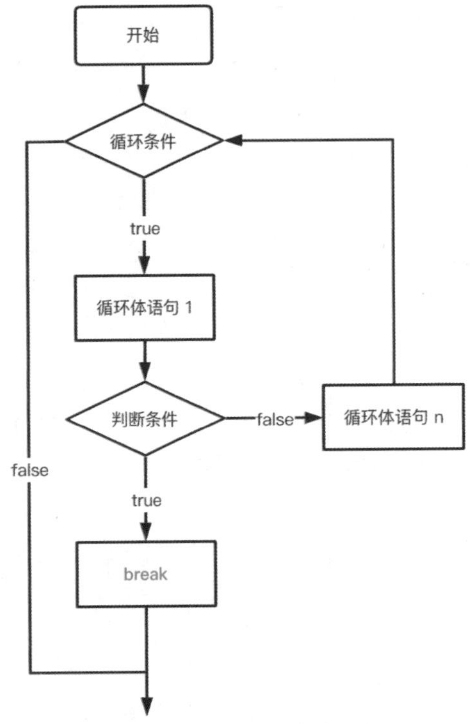

图 6-4　break 在循环中的运行流程

那么我们通过这样一个示例来讲解利用 break 跳出循环。

需求：用户手动输入一些数字，当输入 9527 的时候结束程序运行。

- Demo057 - 循环输入数据。

```
#include <stdio.h>

/**
 * 程序功能：循环输入数据，直到 9527 结束。
 */
int main() {
    // 定义一个整数变量用于存储用户输入的数值。
    int num;

    /**
     * 由于我们不知道用户会在什么时候输入 9527 结束程序，
     * 所以我们不知道循环次数，此时优先选择是使用 while 循环。
     * 这里的 while(1) 表示的是死循环，
     * 也就是说如果在这个循环体内执行不到 break，
     * 在没有特殊运行错误的情况下这个循环将永远不会退出。
     * 除非在循环的内部出现非法的内存访问，比如野指针这类的运行错误，
     * 此时程序会立即终止，但是这种情况属于是程序运行非法退出，
     * 并不是正常退出程序的运行。
     */
    while (1) {
        printf("请输入任意整数：");  // 输入提示文字信息。
        scanf("%d", &num);         // 从键盘获取一个整数类型的数据赋值给 num 变量。
```

```
        if (num == 9527){     // 判断 num 是不是结束的标识 9527。
            printf("输入结束! ");      // 如果满足判断条件则输出这行文字，表示程序结束。
            break;                    // 跳出循环体。
        }
        printf("您刚刚输入的是：%d\n", num);      // 输出刚刚输入的结果。
    }

    return 0;
}
```

break 在代码中的作用是跳出当前的语句块，如果 break 在 swtich 中，那么跳出的是 switch 语句块，如果在循环体中，那么就表示跳出循环语句块。基本原则就是检查哪一层语句块的大括号距离 break 关键词更近，那么 break 关键词就会直接作用于谁。

- Demo058 - 用 break 代替 for 循环的第二个表达式。

```
#include <stdio.h>

/**
 * 程序功能：用 for 循环计算 1 ~ 100 的累加和。
 * 省略 for 循环结构中的全部三个表达式。
 */
int main() {
    // 在定义循环变量的时候，直接对循环变量进行初始化可代替表达式 1。
    int i = 1, sum = 0;

    /**
     * 在定义 for 循环结构的时候省略表达式 2 相当于一个死循环，
     * 下面这种写法也等价于 while(1)。
     */
    for (; ;) {
        if(i > 100) // 在执行具体的循环体之前执行判断是否退出循环，
            break;  // 如果在这里判断退出了循环相当于代替表达式 2。
        sum += i;
        i++;      // 在执行完循环体之后再执行循环变量的自增相当于代替表达式 3。
    }

    // 输出计算结果。
    printf("1 ~ 100 的累加和为：%d\n", sum);

    return 0;
}
```

通过上述示例可以看到，只要我们了解了代码中的语法结构，实际上可以任意去修改代码结构，只要保证程序的执行顺序和逻辑正确就不会影响代码最终的运行结果。当然上述示例并不是一个值得提倡的写法，这是一个非常极端的示例。但是在实际开发的时候，有时候会在具体的需求面前，有条件地选择省略 for 循环结构中三个表达式中的几个。这个示例只是在告诉我们可以这样写，但是如果仅仅是这么简单并且逻辑清晰的代码，一定不要写成这样。

6.5.2 continue 在循环中的使用

continue 是我们之前并没有接触过的关键词，由于这个关键词只服务于循环结构，所以在本节才将其拿出来做具体的介绍。continue 的作用是结束本次的循环，不再执行当前循环体内 continue 关键词下方的代码，直接跳过本次的循环，并且继续执行下一次的循环。具体运行流程图如图 6-5 所示。

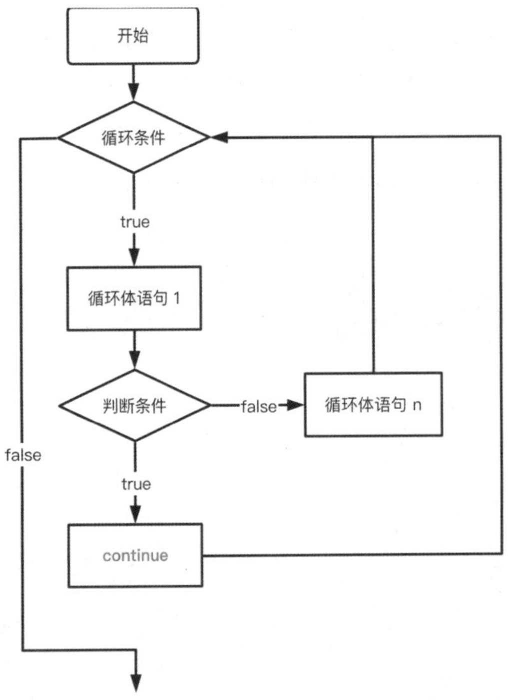

图 6-5 continue 在循环中的运行流程图

我们可以通过下面的示例来了解它的具体执行规则。

需求：计算 100 以内的偶数和

```
#include <stdio.h>

/**
 * 程序功能：计算 1 ~ 100 的偶数和。
 */

int main() {
    // 定义循环变量 i，用于存储累加和的变量 sum 并初始化为 0。
    int i, sum = 0;

    for (i = 1; i <= 100; ++i) {
        /**
         * 当 i % 2 的值不是 0 的时候为真，
         * 当这个表达式的值为真的时候，说明 i 的值是奇数。
         * 奇数将不参与偶数和的计算，所以我们将不再继续向下执行累加操作，
         * 直接跳到下一次的循环，如果条件不成立则不会执行到 continue。
```

```
        * 也就是说条件不成立的时候才会执行到累加的操作。
        */
        if (i % 2)
            continue;
        sum += i;
    }

    printf("1 ~ 100 的偶数和为: %d\n", sum);

    return 0;
}
```

break 和 continue 在使用时的注意事项：

- break 用于直接跳出当前的循环，不会再执行循环体内的任何语句。
- continue 用于结束当前的循环，本次循环不再执行 continue 下方的语句，继续下一次循环体的执行。
- break 和 continue 在循环中一定要和 if 配合使用，否则写在它们下面的代码将永远不会有机会被执行到。

6.6 循环的嵌套使用

循环的嵌套实际上就跟我们之间接触过的 if 嵌套差不多，都是从外部的语句块从上向下地运行，并且从外部的语句块向内部运行。只不过在执行的时候，我们需要将内部的循环体执行完毕之后才会跳出内部的循环。还是通过几个简单的示例来说明循环在嵌套过程中具体的执行轨迹。

- Demo060 - 用 * 星号输出一个 5 行 6 列的四边形。

```
#include <stdio.h>

/**
 * 程序功能：用 * 输出一个 5 行 6 列的四边形。
 */

int main() {
    // 用外循环控制将要输出的行数：
    for (int i = 0; i < 5; ++i) {
        // 用内循环控制每一行要输出多少个 *，也就是列数。
        for (int j = 0; j < 6; ++j) {
            // 输出 *。
            printf("* ");
        }
        // 每输出一行之后输出一个换行符。
        printf("\n");
    }

    return 0;
}
```

现在你要做的就是自己编写上面的代码，并通过运行结果和代码中的注释反推程序的执行轨迹，相信你自己总结得到的结论。下面我们会用其他几个示例去验证你刚刚得到的结论。

6.7 综合代码示例

- Demo061 - 输出所有的水仙花数。

水仙花数是一个个位的三次方加上十位的三次方再加上百位的三次方的总和，等于这个数本身的三位数。

```
#include <stdio.h>

/**
 * 程序功能：输出所有的水仙花数。
 */

int main() {
    /**
     * 定义循环变量 i，因为水仙花数是三位数，所以这里面我们初始化 i 为 100，也就是最小的三位数。
     * 再定义变量 g 用来存储个位，s 用来存储十位，b 用来存储百位。
     */
    int i = 100, g, s, b;

    /**
     * 这个 for 循环结构中我们省略了表达式 1，
     * 因为我们在定义循环变量 i 的时候已经完成了初始化，
     * 所以在这里我们定义循环的时候表达式 1 可以省略不写。
     * 由于水仙花数是三位数，所以我们把循环变量的值控制在 100 ~ 999 之间，
     * 这样可以访问到每一个三位数。
     */
    for (; i < 1000; ++i) {
        /**
         * 在这个循环里，i 的值可以从 100 访问到 999，我们可以把 i 作为假想目标，
         * 每次分别通过下面的算式计算出 i 这个数值的个位、十位和百位上的数值。
         */
        g = i % 10;          // 求 i 个位上的数值
        s = i % 100 / 10;    // 求 i 十位上的数值
        b = i / 100;         // 求 i 百位上的数值

        /**
         * 判断个位、十位、百位的立方和是否等于这个数本身，如果是，那就是我们要的水仙花数。
         */
        if (g * g * g + s * s * s + b * b * b == i){
            printf("%d\n", i);
        }
    }

    return 0;
}
```

- Demo062 - 用星号输出一个直角三角形。

利用循环的嵌套，在控制台输出一个用 * 组成的直角三角形。

```
#include <stdio.h>

/**
 * 程序功能：在控制台输出一个用 * 组成的直角三角形。
 */
int main() {
    // 定义两个循环变量。
    int i, j;

    // 外循环将循环次数控制为 9 次，相当于输出 9 行。
    for (i = 0; i < 9; ++i) {
        /**
         * 内循环的次数以外循环当前的循环变量值作为依据
         * j <= i，也就是让第 1 行输出 1 个 *，第 2 行输出 2 个 * ……，以此类推。
         */
        for (j = 0; j <= i; ++j) {
            printf("* ");
        }
        // 每输出一行之后输出一个换行符号。
        printf("\n");
    }
    return 0;
}
```

为了更好地熟练使用循环结构以及循环的嵌套，我们可以根据上面直角三角形的示例将难度进一步地提升，可以再输出等腰三角形，如图 6-6 所示。

```
     *
    * *
   * * *
  * * * *
 * * * * *
* * * * * *
```

图 6-6 等腰三角形

与直角三角形相比，输出等腰三角形实际上也就是在每一行输出 * 星号之前输出一定数量的空格。我们可以在动手编写这个代码之前先找到每一行前面空格数量的计算规律。比如我们可以先把这个图形换成图 6-7 的形式。

```
00000*
0000* *
000* * *
00* * * *
0* * * * *
* * * * * *
```

图 6-7 等腰三角形转换

通过上面的图形可以看出，用数字 0 体现空格的数量，更方便我们得到规律。这个示例是为了告诉你我们在遇到问题的时候尽量把问题具象化，这是学习方法，更是未来开发中最常用的逆向思维方法。得到结论之后我们再通过学习过的知识将其实现。

我们通过上面的具象化过程可以看得出来，如果我们要输出 6 行的 *，每一行 * 的数量跟行数相同即可。但是我们在第 1 行要输出 5 个空格，第 2 行 4 个空格，第 3 行 3 个空格，第 4 行 2 个 空格，第 5 行 1 个空格，第 6 行不需要空格，那么我们需要通过程序代码去根据这个规律控制内容的输出。上文分析的是输出 6 行的情况，实际上无论输出多少行，都可以使用这个规律，我们要学会举一反三。

在此我建议你先自己尝试用代码根据上面分析到的结果来实现这个程序功能，在思考中去尝试编写程序代码。当你有了自己的答案之后，再去和我的代码去对比。下面是我写的实例：

- Demo063 - 输出等腰三角形。

```
#include <stdio.h>

/**
 * 程序功能：在控制台输出一个用 * 组成的等腰三角形。
 */
int main() {
    // 定义两个循环变量。
    int i, j, k;

    // 外循环将循环次数控制为 9 次，相当于输出 9 行。
    for (i = 0; i < 9; ++i) {
        // 这个循环用于控制每一行输出的空格数量。
        for (k = 0; k < 9 - i - 1; ++k) {
            printf(" ");
        }

        for (j = 0; j <= i; ++j) {
            printf("* ");
        }
        // 每输出一行之后输出一个换行符号。
        printf("\n");
    }
    return 0;
}
```

有了以上的经验之后，实际上我们可以利用循环的嵌套输出各种各样的图形，比如可以输出一个倒置的直角三角形、倒置的等腰三角形、菱形、空心的四边形或者菱形等。你可以发挥你自己的想象力，具象化你的需求，然后动手尝试。每个程序员都要经历千锤百炼和不断地尝试。想到了就要去做，脑子到了手就要到，养成良好的习惯比什么都重要。

- Demo064 - 输出九九乘法表。

通过循环的嵌套，利用循环变量输出九九乘法口诀。

```
#include <stdio.h>

/**
 * 程序功能：在控制台输出九九乘法口诀表。
 */
int main() {
    /**
     * 从程序功能上分析，九九乘法口诀表实际上就是一个 9 行 9 列的直角三角形。
     * 我们之前的示例中已经完成了直角三角形的输出，
     * 只不过在这个图形中的每一个 * 我都要将其变成对应的算式。
     */
    int i, j;

    for (i = 1; i <= 9; ++i) {
        for (j = 1; j <= i; ++j) {
            printf("* ");
        }
        printf("\n");
    } // 这个循环执行结束之后我们可以得到一个 9 行 9 列的直角三角形。

    printf("分割线 ========================================\n");

    for (i = 1; i <= 9; ++i) {
        for (j = 1; j <= i; ++j) {
            /**
             * 我们只需要将上面三角形中输出的 * ，替换成下面的算式就可以了，
             * 在算式中我们可以将循环变量作为算式中的值，最终得到我们想要的结果
             */
            printf("%d * %d = %d\t", j, i, i * j);
        }
        printf("\n");
    } // 这个循环执行结束之后我们可以得到九九乘法口诀表。

    return 0;
}
```

- Demo065 - 输出前十个斐波那契数列。

斐波那契数列是自然界中一种常见的数列，其中每个数都是前两个数之和。斐波那契数列的前几个数是：0, 1, 1, 2, 3, 5, 8, 13, 21, 34, …… 接下来我们就用代码来实现。

```
#include <stdio.h>

int main() {
    int n = 10; // 要输出的斐波那契数列数量。
    // first：第一个数，second：第二个数，next：下一个数，i：循环变量
    int first = 0, second = 1, next, i;

    printf("前 %d 个斐波那契数列为：\n", n);

    for (i = 0; i < n; i++) {
        if (i <= 1) {
```

```
            // 如果 i 的值小于或等于 1，则直接将下一个值设置为 1
            next = i;
        } else {
            next = first + second;  // 下一个值等于前两个值相加的结果。
            first = second;         // 将第二个值赋值给第一个值。
            second = next;          // 将刚刚计算得到的值设置为第二个值。

            /**
             * 实际这个操作就相当于将这几个数值的位置整体向后移动，以便下一次的运算。
             */
        }
        printf("%d, ", next);   // 输出当前循环计算出来的值，即斐波那契数列中的其中一个。
    }

    return 0;
}
```

在这个示例中 n 的值就是要输出的个数，如果你想输出更多，可以将变量 n 的值赋值为更大的数值。

- Demo066 - 判断一个数是否为素数。

只能被 1 和自己本身整除的大于 1 的整数。

```
#include <stdio.h>

/**
 * 程序功能：判断用户输入的一个数是否是素数。
 * 素数：只能被 1 和自己本身整除的大于 1 的整数。
 */
int main() {
    /**
     * 定义两个变量。
     * num：用于存储用户输入的数值。
     * isPrime：用于判断是否是一个素数，默认初始化为 1，
     *          1 表示为真，表示为素数；
     *          0 表示为假，表示不是素数。
     */
    int num, isPrime = 1;
    int i; // 循环变量，作为除数使用。

    printf("请输入一个整数：");    // 输入提示。
    scanf("%d", &num);           // 从键盘输入一个值赋值给 num。

    if (num <= 1) {
        isPrime = 0; // 0 和 1 不是素数。
    } else {
        /**
         * i 作为除数，因为 1 不用除，所以初始化为 2，从 2 开始做除法运算，
         * 一直到 num - 1 结束，所以循环条件为 i < num，
         * 这样 i 的取值范围就是从 2 开始一直到 num - 1 结束。
         */
        for (i = 2; i < num; i++) {
```

```
            // if (num % i == 0) {     // 下面一行的代码功能等价于当前行，放在这里有助于
理解。
            if (!(num % i)) {    // 如果 num % i 的值是 0 说明能整除。
                isPrime = 0;
                // 如果能被 1 和其本身以外的数整除，则不是素数，将 isPrime 设置为 0。
                break;   // 只要发现不是素数了，就没有必要再往下继续做判断余数的操作了。
            }
        }
    }

    // 直接通过 isPrime 的值进行判断，如果是 1 是素数，如果是 0 不是素数。
    if (isPrime) {
        printf("%d 是素数\n", num);
    } else {
        printf("%d 不是素数\n", num);
    }

    return 0;
}
```

这个示例中的 isPrime 变量相当于是一个判断结果，可以理解为是一个用于标识某一种判断依据的变量。这种思维在很多的算法中都会涉及到，用一个变量来标识某一种程序状态，是一种非常常用的技巧。

通过上面的示例我们可以判断用户输入的一个数是否为素数，那么如果现在要输出 100 以内的所有素数能做到吗？自己动动脑筋，相信这一定难不住你。

- Demo067 - 求两个数的最大公约数。

最大公约数是指能够同时整除这两个数的最大正整数。

```
#include <stdio.h>

/**
 * 程序功能：计算用户输入两个数的最大公约数。
 */
int main() {
    /**
     * 定义两个整型变量 num1、num2，用于存储用户输入的两个数。
     * min 用于存储 num1 和 num2 中相对小的那个值。
     * i 为循环变量。
     */

    int num1, num2, min, i;
    int res = 1; // 假设结果为 1。

    printf("请输入两个整数：");              // 提示信息。
    scanf("%d %d", &num1, &num2);       // 输入两个整数用空格分隔，分别为 num1 和 num2
赋值。

    // 将 num1 和 num2 中相对小的值存储到 min 中。
    min = (num1 < num2) ? num1 : num2;
```

```
    /**
     * 在下面的循环中 i 作为除数，最大公约数就是能够同时被整除的除数。
     * 这个输出的最大值不能超过这两个数中较小的那一个，所以循环条件为 i <= min。
     */
    for (i = 1; i <= min; i++) {
        // 当 num1 和 num2 能够同时被整除的时候。
        // if (num1 % i == 0 && num2 % i == 0) { // 等价于下一行代码，为了方便理解故
此保留。
        if (!(num1 % i) && !(num2 % i)) {
            res = i; // 将 i 的值更新到 res 中。
        }
    }// 当退出这个循环时，res 中存储的为最大公约数。

    // 输出结果。
    printf("最大公约数是：%d\n", res);

    return 0;
}
```

- Demo068 - 求两个数的最小公倍数

最小公倍数是指两个或多个数共有的一个最小的倍数。换句话说，最小公倍数是能够同时整除这些数的最小正整数倍数。

```
#include <stdio.h>

/**
 * 程序功能：计算两个数的最小公倍数。
 * 求最小的能同时被这两个数整除的被除数。
 */
int main() {
    /**
     * num1、num2：用于存储用户输入的两个整型数据。
     * max：用于存储 num1 和 num2 中相对大的那一个。
     * lcm：最小公倍数，被除数。
     */
    int num1, num2, max, lcm;

    printf("请输入两个整数：");              // 提示信息。
    scanf("%d %d", &num1, &num2);      // 输入两个数，用空格作为分隔，分别为 num1 和 num2
赋值。

    // 用 max 存储两个数中相对大的那一个，并同时赋值给 lcm。
    lcm = max = (num1 > num2) ? num1 : num2;

    // 死循环，当执行到 break 的时候退出循环。
    while (1) {
        // 当 lcm 能同时整除 num1 和 num2 的时候输出结果并通过 break 退出循环。
        // if (lcm % num1 == 0 && lcm % num2 == 0) { // 等价于下一行代码，为了方便理
解故此保留。
```

```
        if (!(lcm % num1) && !(lcm % num2)) {
            // 输出结果。
            printf("最小公倍数是：%d\n", lcm);
            break;  // 退出循环。
        }
        /**
         * 因为我们要计算的是最小公倍数，所以这个数一定是能够整除这两个数中的任意一个，
         * 当然也能够整除这两个数中大的那一个，所以每次循环之后都将 lcm 的值自增一个 max 的值，
         * 一直到得到我们想要的结果。
         */
        lcm += max;
    }

    return 0;
}
```

6.8 本章小结

在任何的编程语言中，流程控制中的循环结构都是流程控制中最重要、最常用的，所以我们要务必掌握本章中三种循环结构的用法。

我们在使用循环的时候一定要注意每个的循环都有自己适用的场景，一定要根据具体的情况来选择使用哪一种循环：

- 未知循环次数，优先使用 while 循环。
- 未知循环次数，并且无论循环条件是否成立都要执行一次循环体，优先使用 do…while 循环。
- 已知循环次数，优先使用 for 循环。

上面的示例中，我们都是在适合的场景下选择了相应的循环完成了程序的功能，那么为了能够更好地使用循环结构，对各种循环结构更加的熟悉，可以尝试将上面的示例使用不同的循环结构再重新实现一次。通过具体的实践，相信读者也能够体会到在不同的情况下，使用不同的循环结构会让程序变得更加的简洁，提高代码的可读性。

如果觉得示例不太够，那也不要紧，因为在下一章中我们要学习的内容是数组，在数组的学习过程中，我们会大量使用循环结构来实现各种经典的程序算法。在此之前，对于本章的这些示例必须要烂熟于心。

第7章 C 语言中的数组

7.1 什么是数组

7.1.1 数组的简介

在学习 C 语言的现阶段数组是我们接触到的第一种衍生数据类型，所谓衍生数据类型就是由基本数据类型衍生而来的。数组在程序代码中是相同数据类型的变量组成的一个集合，我们可以把它看做是一个整体，通过这个整体可以访问到数组当中的每一个成员。我们可以把数组理解成部队里面的一个班、一个排或者是一个连，可以通过它来找到对应的战士，向其下达专属的作战任务。

那么对于这个集合，成员必须要有共同的属性，对于普通的变量而言，它们的属性就是数据类型，所以数组中的元素必须是相同的数据类型。比如男兵的连队中不可能出现女兵，反之同理，这样更方便管理。

这里我们额外强调一下，在强语法类型的编程语言中，数组是要遵循相同数据类型语法约束的，例如：C 语言、C++ 语言、Java 语言等。但是在弱语法类型的编程语言中则不同，某些弱语法类型的语言中数组是可以由各种不同的数据类型组成的，例如 JavaScript 等。

在 C 语言中，数组元素的个数也是固定的，一旦我们在定义的时候设定了数组的长度（数组中元素的个数），那么这个长度是不可以修改的。这就类似于部队的编制，一个班、一个排通常都是有固定编制的，数量不可以随意变化。所以我们在使用一个数组之前，在声明数组的时候就要固定好这个数组中元素的个数，不要出现因为数组长度太小导致不能存储全部数据或者数组长度太大根本存不满数据的情况。因为 C 语言的应用领域都是偏底层的，对于内存的管理是非常严格的，要尽量避免内存的冗余。

另外在 C 语言中，数组中的元素占用的是连续的存储空间，这就相当于一个班的战士都是生活在一起，队列、出操、吃、住或者战斗都是在一起，这样更方便管理。C 语言数组中的元素也是同样的道理，每个元素所占用的空间都是连续的，它们是紧挨着的。我们可以通过数组名和下标去访问数组中的每个元素，这一点我们会在后面讲到数组中元素引用的时候具体说明。

根据以上对于数组的介绍，我们可以总结数组具备以下特性：

- 数组中包含的所有元素必须是相同数据类型。
- 数组元素的个数在声明的时候就固定了，后期不可改变。
- 数组中的元素占用的是连续的存储空间。

7.1.2 为什么要使用数组

我们在程序代码编写的时候经常会处理一些相同数据类型的数据集合，例如当我们想要统计一个学校中学生的成绩时，就需要使用数据对这些成绩进行管理。通过数组可以更方便地对这些成绩进行整体的输入、输出甚至是统计，比如平均成绩、最高分、最低分、平均成绩以上有多少人、平均成绩以下有多少人等。对于类似的需求如果仅仅使用普通的数据类型变量去进行处理的话，先不说能不能实现，我想单单是起变量名这部分工作量就需要你几个日夜不眠不休地工作了。所以对于类似的需求，我们使用数组进行存储数据才是最合适的选择。

7.2 数组的声明与初始化

7.2.1 数组的声明

在 C 语言中，数组和普通变量一样，在使用之前需要先声明，告诉编译器我要使用一个多大的、什么类型的数组，这里面有两个关键点，分别是数组的长度和数组中存储数据的类型。那么我们来看一下定义数组时的标准语法结构。

```
// 标准语法结构：数据类型说明符  数组变量名 [ 数组的长度 ];
int array[10];
```

这样我们就可以得到一个用来存储整数类型数据的数组了。这个数组里面一共可以存储 10 个整数类型的数据，数组变量名是 array。

这里注意，数组定义之后在没有对其进行初始化或者赋值之前，数组中的每一个元素的值都是随机值。这和基本数据类型变量一样，在定义之后，如果没有初始化或者赋值，其中的值是随机值。毕竟数组中的元素实际上也是普通的变量，只不过数组把它们放在了一起而已。所以如果要使用数组，可以在声明的时候直接对它进行初始化，或者对其中的某一个成员进行赋值之后再使用。具体初始化方法，可以继续往下看。

7.2.2 数组的初始化

所谓数组的初始化就是在定义数组的同时对数组当中的成员进行初始化。

方法一：

```
int arr[10] = {1,2,3,4,5,6,7,8,9,0};
```

直接对数组中全部元素进行初始化，因为 arr 是一个数组，所以我们在初始化的时候，要将所有值用一个大括号括起来，需要用逗号将其分隔开。那么数组中从第 1 个成员到第 10 个成员的值都可以通过这样的方式一次性地分别初始化。注意初始化数据的数据类型要和定义在前面的数据类型说明符相同，否则将会出现语法错误。

方法二：

```
int arr[] = {1,2,3,4,5,6,7,8,9,0};
```

这种初始化方法和方法一类似，只不过我们省略了中括号里面的数组长度。这种直接初始化的数组长度是根据大括号里面初始化元素的个数来自动声明的。也就是说在大括号里初始化了多少个值，这个数组的长度就是多少。

方法三：

```
int arr01[10] = {9527};
int arr02[10] = {9527, 1024};
int arr02[10] = {9527, 1024, 4096};
```

这种定义并初始化数组元素的方式会有些特殊，因为我们定义了数组的长度为 10，但是只初始化了其中的几个元素，这种情况下，编译器会认为在初始化数组中的前几个元素。初始化时给了几个值，编译器就会默认为数组中对应的前几个元素进行初始化操作。在这里需要注意的是，如果使用这种方式对数组进行初始化，当给的值的个数小于数组元素的个数，那么对于没有被初始化到的元素，编译器会默认将它们的值初始化为 0。如果是浮点类型的数组，那么初始化的值就是 0.0，各种数据类型都有自己对于 0 的表现形式。后面可以在自己编写代码时，通过定义不同类型的数组，并对其进行这种形式的初始化，查看未被初始化的元素中存储的默认值，这样会对它记忆得更加深刻。后面我们学习到元素的引用之后，可以自行写代码测试。

方法四：

```
int arr[10] = {[2] = 9,[6] = 4};
```

这种形式的初始化和方法三类似，只不过是在初始化的时候指定了要初始化的元素，其中 [2] 表示数组中下标为 2 的元素，下标就是数组元素在数组中的位置，数组的下标从 0 开始，到数组的长度减 1 结束。也就是说，对于一个长度为 10 的数组，下标就是从 [0] 开始，到 [9] 结束。那么下标为 [2] 的元素实际上就是数组中的第 3 个元素。

刚开始你或许会觉得这样有些别扭，未来用多了数组，习惯了也就好了。毕竟 C 语言也是由外国人发明的，他们计数的习惯和我们不同，就比如人家计算星期几的时候是从星期日开始的，而我们却是习惯从星期一开始，这是东西方的文化差异，不必在这点上过分纠结，只要了解这个规律即可。

那么上面的这个初始化结果就是将第 3 个和第 7 个元素分别初始化为 9 和 4，其他未被指定值进行初始化的元素仍然遵循上面提到的原则，都会被默认初始化为 0。一般情况下除非必要，不然不建议这么去使用，有点儿自己难为自己的意思。

方法五：

```
int arr[10] = {[2] = 9,5,[6] = 4};
```

这种形式的初始化实际上是集合了方法三和方法四，有指定位置的初始化，还有不指定位置的初始化。其中对于下标为 [2] 和 [6] 的元素我们就不多说了，上文已经有了介绍。那么中间这个常量 5 应该给哪个元素进行初始化呢？正常的逻辑中，它是跟在了下标为 [2] 这个元素的后面，那么这个 5 就应该是为下标为 [3] 的元素进行初始化。没错，编译器也是这样的逻辑。所以有些时候还是可以按照正常的逻辑去推敲编译器的想法的。

注意：这种写法通常只会在一些考试题中出现，真正编码的时候不会有人这么难为自己。

方法六：

```
int arr[10] = {};
```

这种写法相当于把数组中所有的元素都初始化为 0，当然在其他数据类型的数组中就是其他类型表现形式的 0，比如浮点类型的 0.0 等。

注意：我们在对数组进行默认值初始化的时候，大括号里面的值可以不写，但是这个时候等号前面中括号里面的值是必须写的，因为在中括号里面必须定义数组长度。在这种写法中，在大括号里面没有数据，编译器无法通过元素的个数自动识别数组的长度，所以这个时候必须要在中括号里给出数组的长度，否则这也是严重的语法错误。

7.2.3 初始化以后的数组

接下来我们把声明并初始化后的具体的数组结构通过一张图来展示一下。

假设有如下的数组声明并初始化的代码：

```
int arr[] = {1,2,3,4,5,6,7,8,9,10};
```

那么我们就会得到像图 7-1 一样的存储结构。

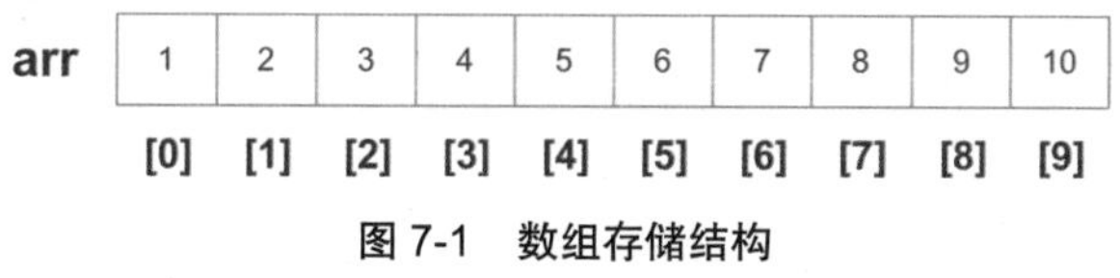

图 7-1 数组存储结构

其中 arr 是定义这个数组的时候为数组起的名字，实际上 arr 就是我们声明变量时为数组申请的这段内存的首地址，未来在学习指针的时候，我们可以直接把 arr 数组名当作地址来操作。表格里面的就是初始化后数组每个元素中存储的具体值，下面对应的中括号中标记了这些元素在数组中的位置，我们把它称作“下标”。下标具体的使用方法可以通过下文中的内容学习。

7.3 数组中元素的引用

7.3.1 元素引用方法

对数组中元素的引用方法其实很简单，实际上就是通过数组名和下标进行访问。只不过我们在访问数组中元素的时候需要注意以下几点：

- 数组的下标只能是正整数类型。
- 在访问数组元素的时候，下标的表现形式可以是常量、变量甚至是表达式。
- 数组的下标取值范围从 0 开始，一直到数组长度减 1 结束，不能越界访问，如果产生下标越界，编译时不会报错，但运行时会报错。

我们来通过一个简单的示例尝试使用数组当中的元素。

- Demo069 - 初始化一个数组后并访问数组中的成员。

```
#include <stdio.h>

/**
 * 程序功能：声明并初始化一个整型数组并输出数组中的成员。
 */
int main() {
    int arr[] = {1,2,3,4,5,6,7,8,9,10};

    printf("arr[0] = %d\n", arr[0]);
    printf("arr[1] = %d\n", arr[1]);
    printf("arr[2] = %d\n", arr[2]);
    printf("arr[3] = %d\n", arr[3]);
    printf("arr[4] = %d\n", arr[4]);
    printf("arr[5] = %d\n", arr[5]);
    printf("arr[6] = %d\n", arr[6]);
    printf("arr[7] = %d\n", arr[7]);
    printf("arr[8] = %d\n", arr[8]);
    printf("arr[9] = %d\n", arr[9]);

    return 0;
}
```

在以上的代码中，除了程序功能以外我并没有写任何一行注释，因为我相信里面的代码你都能看得懂。

我们唯一可能觉得陌生的应该也就是 arr[0] ~ arr[9]，没错，这就是在通过 数组名[下标] 的方式来访问数组中的元素。上面的程序功能就是在声明并初始化 arr 数组之后，再依次地将数组中的元素输出到控制台。

细心的你会发现，在代码中我们输出了 10 个元素，这 10 行代码几乎都是相同的，只有下标的数值有区别，那么我们是不是还有更简单的方法来实现数组元素依次访问的功能。我们通常把这个操作叫做数组的遍历。

7.3.2 数组的遍历

数组的遍历就是依次地访问数组中的每一个元素。

- Demo070 - 数组元素的遍历。

```
#include <stdio.h>

/**
 * 程序功能：声明并初始化一个整型数组并输出数组中的成员。
 * 通过循环遍历的方式实现。
 */
int main() {
    int i, arr[] = {1,2,3,4,5,6,7,8,9,10};

    /**
     * 由于在上面定义数组的时候没有给具体的数组长度，
     * 数组的长度是根据初始化数据的个数来自动识别的。
     * 通常情况下，使用这种形式初始化的时候，数据的来源可能是文件或者是数据库，
     * 数据的长度不固定，所以我们想通过循环来进行遍历的时候就需要计算数组的长度。
     * sizeof() 运算符适用于计算一个变量占用内存的字节数。
     * sizeof(arr) 可以得到整个数组在内存中占用多少个字节，
     * sizeof(arr[0]) 可以计算出数组中第一个元素在内存中占用的字节数，
     * 那么数组中的所有成员的数据类型又是相同的，
     * 我们就可以通过 arr 数组的总占用字节数除以其中一个元素占用的字节数，
     * 从而得到数组的元素个数。我们在下面 for 循环的表达式 2 中就使用了这种形式控制了循环次数
     */
    for (i = 0; i < sizeof(arr) / sizeof(arr[0]); ++i) {
        // 通过循环遍历数组，并输出下面的信息。
        printf("arr 中的第 %d 个元素是 : arr[%d] = %d\n", i + 1, i, arr[i]);
    }

    return 0;
}
```

我们通过以上的示例知道了想访问数组中的成员个数，我们只需要通过 数组名 [下标] 的方式访问元素即可。在很多的技术文献里，也有人习惯把“下标”称为“索引”，无论别人怎么称呼，对于我们自己而言，只要认识它，并且能够熟练地使用它即可。

在访问数组中成员的时候唯一需要注意的就是一定不要出现“下标越界”的问题，一定要在合法的范围区间去访问数组中的成员，如果出现了下标越界的问题，可能会对程序带来未知的、灾难性的致命错误。

7.4 多维数组

7.4.1 什么是多为数组

可以把多维数组理解成用数组作为成员而组成的新数组，例如：二维数组就是由多个一维数组构成的，三维数组就是由多个二维数组构成的，以此类推。在我们日常编码过程中，最常用的就是一维数组和二维数组，其他多维数组很少会被使用到。虽然说从语法结构上说，多维数组的维数没有上限，但是除非遇到极个别的情况，否则不会使用二维以上的数组来解决问题。

所以我们在本部分内容当中重点介绍的是二维数组，后面所提及到的内容也都是针对二维数组展开的。至于其他多维数组，从概念上和二维数组类似，未来如果需要使用，我们可以举一反三。

7.4.2 二维数组的定义与初始化

1. 直接定义空二维数组

```
int arr[3][4]; // 定义一个三行四列的空数组（数组中的元素均为随机值）。
```

通过上面的语句我们就已定义得到一个二维数组，我们可以把这个数组理解成是由 3 个长度为 4 的一维数组组成的数据集合，我们可以把它的结构具象化为图 7-2 的形式。

arr	[0]	[1]	[2]	[3]
[0]				
[1]				
[2]				

图 7-2　二维数组结构

我们通过这张结构示意图可以看出，在二维数组中有两组下标，分别是行和列。如果我们把这个三行四列的二维数组当作一维数组来看待的话，那就是由 3 个一维数组组成的另一个特殊的一维数组。因为这个数组中的每个元素，自己也是一个一维数组。其中每一行我们可以单独地把它看成是一个元素，那么这个二维数组中的第一个元素就是 arr[0]，也就是第一行；第二个元素就是 arr[1]，也就是第二行，以此类推。那么如果我们想访问这个数组中的单独一个元素，就需要在这个基础上继续添加列下标，比如第一行第一列的元素就是 arr[0][0]。关于二维数组元素的访问，后面我们也会详细介绍，这里我只要了解二维数组的结构。

2. 定义二维数组时直接初始化

方法一

```
int arr[3][4] = {{1, 2, 3, 4}, {5, 6, 7, 8}, {9, 10, 11, 12}};
```

定义二维数组的时候对其进行直接初始化，而且是对全部元素的直接初始化，那么这种初始化的结果如图 7-3 所示。

arr	[0]	[1]	[2]	[3]
[0]	1	2	3	4
[1]	5	6	7	8
[2]	9	10	11	12

图 7-3　二维数组的初始化结果

这就是执行上面的初始化语句后得到的二维数组结构，每行 4 个元素，一共 3 行。后续我们可以通过数组名配合行下标和列下标的方式访问数组中的任意一个元素。

方法二

```
int arr[3][4] = {{1}, {4, 5}, {7, 8}};
```

这种初始化方式与上一种类似，但是并没有完全地初始化数组中的全部元素。在外层的大括号表示整个二维数组的集合，内部的大括号表示的是二维数组中每一个一维数组的集合，那么我们通过上面的代码得到的初始化结果如图 7-4 所示。

arr	[0]	[1]	[2]	[3]
[0]	1			
[1]	4	5		
[2]	7	8		

图 7-4　二维数组的初始化结果

这就是通过上面的初始化语句得到的存储结构，对应图 7-4，我们可以看到每一行只初始化了其中的部分元素。在上图中没有数据的空白表格部分都会被默认初始化为 0，这个和我们在初始化一维数组的时候一样，没有被完全初始化的部分都会被默认初始化为 0。

方法三

```
int arr[3][4] = {1, 2, 3, 4, 5, 6, 7, 8, 9, 10, 11, 12};
```

这种初始化方法得到的初始化结果和方法一得到的结果是相同的，但是写法上有区别，这种写法是相当于把二维数组的初始化当作一维数组来进行了。毕竟在数组中的元素在内存中占用的是连续的存储空间，所以我们直接通过这种方式也一样可以对二维数组进行完全的初始化操作。当然这种写法也可以只初始化其中的一部分元素，初始化元素的顺序是从前向后的。

方法四

```
int arr[][3] = {{1, 2, 3}, {4, 5, 6}};
```

在定义二维数组的时候，第一个中括号里面的数字也是可以省略的，这个写法与一维数组初始化时省略数组长度的道理是一样的。如果想使用这种方式去定义二维数组，我们不需要对数组进行直接的初始化，正如之前所说，我们可以把二维数组当作多个一维数组的集合。所以我们在使用这种方式进行初始化二维数组的时候，只要依次地对每个一维数组进行初始化即可，编译器就会根据大括号里面的一维数组的个数对这个二维数组做定义和初始化的动作。当然在这种初始化方法中，我们也可以不完全初始化，比如在一维数组初始化的大括号中省略其中的元素值，但是用来表示一维数组集合的大括号不可以省略。比如：

```
int arr[][3] = {{1, 2}, {4}};
```

这样写也是允许的，那么这就是一个 2 行 3 列的二维数组，其存储结构如图 7-5 所示。

arr	[0]	[1]	[2]
[0]	1	2	
[1]	4		

图 7-5　2 行 3 列的二维数组初始化结果

图中空白处是没有手动初始化的元素，根据之前我们学习过的知识，我们可以推敲出，没有被手动初始化的元素默认初始化的值都为 0。关于这一点在之后的内容中不再做重复的强调。

方法五

```
int arr[][3] = {1, 2, 3, 4, 5, 6, 7};
```

这种写法与方法四类似，也是省略了第一个中括号里面的长度。但是在后面初始化值的时候，并没有在外层的大括号内部使用内层的大括号去对一维数组的初始化做分隔，但是这样做也是可以的。首先数组中的元素占用的是连续的存储空间，所以这里面的值会依次地为数组的每个元素进行初始化，另外在前面定义的语句中虽然省略了前面中括号里面的长度，但是后面中括号里面却指定了每一个一维数组中元素的个数，所以编译器会认为在后面给出的值中，每 3 个作为一组依次地向后存储。那么这个数组初始化之后的结构如图 7-6 所示。

arr	[0]	[1]	[2]
[0]	1	2	3
[1]	4	5	6
[2]	7		

图 7-6　3 行 3 列的二维数组的初始化结果

总结：二维数组的定义和初始化实际上也不仅仅有上面的 5 种方法。只要符合语法逻辑，我们还可以衍生出一些其他的写法，包括之前我们在一维数组的内容中所提到的指定元素下标进行初始化，实际上在二维数组中也是可以使用的。但是我们几乎用不到这种初始化的方式，所以并没有在这里占用篇幅去介绍，感兴趣的话可以自己编写代码进行测试。以上 5 种初始化方法是相对比较常见的，在日常编码过程中根据自己的实际需求，和编码习惯选择自己喜欢的方式即可。另外需要注意的是，C 语言中的二维数组列数是固定的。虽然我们可以把二维数组当作特殊的一维数组来看待，但是在 C 语言中，二维数组的每一个一维数组元素的长度是必须相同的，也就是说列数是固定的。因为在其他弱语法的开发语言当中存在列数不同的情况，所以在这里我们特别强调一下。

7.4.3 二维数组元素的引

二维数组中元素的引用实际上和一维数组也没有什么区别，我们上面就说过，可以把二维数组当作一个特殊的一维数组来看待。只不过二维数组中的每一个元素也是一个一维数组而已，那么我们假设有下面的二维数组定义以及初始化语句：

```
int arr[3][4] = {1,2,3,4,5,6,7,8,9,10,11,12};
```

那么我们将会得到图 7-7 中的结构。

arr	[0]	[1]	[2]	[3]
arr[0]	1	2	3	4
arr[1]	5	6	7	8
arr[2]	9	10	11	12

图 7-7　二维数组初始化后的结构

我可以看到这个特殊的一维数组中包含了三个元素，它们分别是 arr[0]、arr[1] 和 arr[2]，那么它们自己本身又是一维数组。我们知道在一维数组中想要访问数组中元素使用的方法是通过数组名 [下标] 的方式，那么现在的数组名分别是 arr[0]、arr[1] 和 arr[2]，我们只需要在后面再追加上对应的列下标即可。所以对上面这条初始化语句得到的二维数组访问可以参考图 7-8。

arr	[0]	[1]	[2]	[3]
arr[0]	arr[0][0] - 1	arr[0][1] - 2	arr[0]2] - 3	arr[0][3] - 4
arr[1]	arr[1][0] - 5	arr[1][1] - 6	arr[1][2] - 7	arr[1][3] - 8
arr[2]	arr[2][0] - 9	arr[2][1] -10	arr[2][2] -11	arr[2][3] -12

图 7-8　二维数组的访问

7.4.4 二维数组的遍历

通过上面的结构示意图我们知道了二维数组中元素的访问方法，那么接下来我们就用循环的方式来对二维数组进行遍历操作。

- Demo071 - 用循环遍历的方式为二维数组进行赋值，并遍历输出。

```
#include <stdio.h>

/**
 * 程序功能：用循环的方式遍历二维数组，对其进行赋值并输出。
 */
int main() {
    // 定义一个空的二维数组，此时这个二维数组中的元素均为随机值。
    // 变量 t 用于控制二维数组初始化时每个元素的值，
    // i 和 j 用于控制循环次数。
    int arr[3][4], t, i, j;

    // 通过循环的嵌套为二维数组进行初始化。
    for (i = 0, t = 1; i < 3; ++i) {
        for (j = 0; j < 4; ++j) {
            arr[i][j] = t++;
        }
    }

    // 分割线 ================================

    // 通过循环遍历二维数组并输出二维数组的结构。
    for (i = 0; i < 3; ++i) {
        for (j = 0; j < 4; ++j) {
            printf("arr[%d][%d] = [%d]     ", i, j, arr[i][j]);
        }
        printf("\n");
    }

    return 0;
}
```

在上面的代码中，我们通过循环嵌套的方式访问了二维数组中的每一个元素。在使用循环嵌套遍历二维数组的时候，外循环的循环次数为二维数组定义时第一个方括号里面的长度，我们可以把它理解为行数，那么内循环中控制的就是列数。外循环中的循环变量 i，控制的是行下标，内循环中的循环变量 j，控制的是列下标。这样完成整个循环结构之后就可以访问到二维数组中的每一个元素了。

在上面的为二维数组赋值的写法当中，我们发现 for 循环结构的表达式 1 中写了两个赋值表达式：i = 0, t = 1，这种写法在之前我们没有接触过，但是这种写法在代码中是被允许的。如果想给多个变量进行赋值，那么我们可以利用逗号将表达式分开，可以写一个变量赋值表达式或者是多个变量赋值表达式，当遇到了分号之后，才是一个完整的 for 循环结构中的表达式 1。

根据表达式 1 的写法，实际上我们的表达式 2 和表达式 3，也可以延伸出其他的写法，比如表达式 2 是用于控制循环次数的，我们只要保证最终表达式的值是用来控制循环次数的就可以，比如逻辑运算符的使用等。表达式 3 也是同理，表达式 3 在每次执行完循环体之后都会被执行一次，只要是在这个时候需要执行的代码都可以写在表达式 3 的位置，只要用逗号将其分隔就行了。例如上面对于二维数组赋值的环节我们也可以写成这样：

```
for (i = 0, t = 1; i < 3; ++i) {
   for (j = 0; j < 4; ++j, t++) {
       arr[i][j] = t;
   }
}
```

我们看到这里将 t++ 放到了内循环的表达式 3 的位置，这样写跟之前的写法实际上逻辑是相同的。只不过我们在使用自增的时候需要注意一下是先取值还是先自增。针对与当前这个代码而言，是先取值再自增，所以 ++ 运算符后置。至于循环变量 i 和 j，在当前这个代码当中前置和后置的运行结果没区别，我们并不用太在意。

7.5 综合代码示例

本节提供的都是一些比较经典的代码示例，建议读者先自己尝试着去阅读代码对应的功能需求，如果有能力尽量自己完成。这些示例用到的都是我们之前学习过的知识内容，没有超纲的部分。如果已经很好地掌握了之前学习过的内容，你现在具备的知识量绝对能够驾驭这些示例。当然如果你觉得目前自己还很难用代码完全地诠释自己的逻辑，那么也不要着急，学习编程是一定要经历这个过程的。但是你也一定要自己尝试着去写，不管你写了多少，带着问题去看我提供的示例代码，对照着看，这样才能慢慢地进步。日后的学习中也都要遵循这个规律，先自己尝试，再去看我写好的代码，相信你一定会慢慢地进步，最终成为别人眼中的“大佬”。

数组中寻找最大值。

- Demo072 - 在一个由随机值组成的数组中找到最大的值，并将其输出。

```
#include <stdio.h>

/**
 * 程序功能：在无序数组中寻找最大值并输出。
 */
int main() {
    // 随意初始化一个整型数组。
    int arr[] = {9, 5, 2, 7, 1, 6, 8};
    /**
     * i 作为循环变量控制数组下标，
     * max 用于存储找到的最大值，直接将其初始化为数组中的第一个元素。
     */
    int i, max = arr[0];
```

```
    // 先输出数组中的所有元素。
    printf(" 数组中存储的元素为：");
    for (i = 0; i < sizeof(arr) / sizeof(arr[0]); ++i) {
        printf("%d\t", arr[i]);
    }

    // 最大值寻找过程。
    /**
     * 通过循环遍历数组，访问数组中的每一个元素并对其进行大小的比较。
     * 在 for 循环结构的表达式 1 中，i 被初始化为 1，
     * 这是为了从数组的第 2 个元素开始比较，
     * 因为 max 变量被初始化为数组中的第 1 个元素，
     * 没有必要自己和自己比，所以从第 2 个元素开始比较就可以了。
     */
    for (i = 1; i < sizeof(arr) / sizeof(arr[0]); ++i) {
        // 如果发现数组中有一个值比当前 max 变量中存储的值还要大，
        if (arr[i] > max){
            // 那么就将这个值保存在 max 变量中。
            max = arr[i];
        }
    }// 当循环结束后，max 变量中存储的就是 arr 数组中最大的那个值。

    // 输出最终的结果。
    printf("\n 最大值为：%d\n", max);

    return 0;
}
```

上面这个示例是在查找数组中的最大值，那么如果我们要找的是最小值呢？或者说我想查找最大值所在的位置呢？思路都是类似的，我们在学习的过程中要学会思考，通过不断地思考，从而举一反三，掌握更多的编码技巧，这样你才会成为别人眼中的“大佬”。

1. 对一个无序的数组做升序排序 - 冒泡法

冒泡算法就是将数组的元素从前向后依次地做对比，发现大的就移动到后面。这个操作有点儿类似水烧开的时候，气泡从水底慢慢升到水面逐渐变大的过程，这是一种物理现象，和算法没什么关系，但是这个过程却和冒泡算法排序的过程很相似，所以这个算法被称为冒泡排序算法。这个排序算法是必须要掌握的，在高校的期末考试中是必考题。

接下来用一个生活中的实例来解释冒泡排序算法的实现过程，你需要和我一起在这个过程中寻找规律。

示例：假设现在有 4 个人要按照身高排队，他们的身高分别是 175cm、168cm、180cm 和 165cm，目前这是他们的默认排列顺序。我们假设这四个人都被蒙上了眼睛，他们看不到别人的身高，所以不能自己找到对应的位置，这个时候就需要你来帮助他们完成这个排队的任务，那么接下来我们就使用冒泡排序算法来对他们进行升序的排序操作。

首先我们要明确两个概念。因为在排序过程中我们要使用到循环，而且还是嵌套的

循环，所以用两个名词来分别代表外循环和内循环的次数：用“回”来代表外循环，用“次”来代表内循环。

下面我们要开始做排序动作了：

这个时候，需要拉着第 1 个人的手去和第 2 个人做第 1“次”的身高比较，谁比较高就往后移动一个位置。那么当比较 175cm 和 168cm 身高的时候，很明显发现前者大于后者，此时你需要将这二人的位置进行交换，此时得到的队列为：168cm、175cm、180cm、165cm。

完成第 1“次”比较之后我们就要开始进行第 2“次”的比较了，此时要比较的是 175cm 和 180cm，我们发现前者不大于后者，不需要做交换操作，所以此时队列的形态不需要发生变化，依然是：168cm、175cm、180cm、165cm。

接下来我们要做第 3“次”的比较，此时我们要比较的是 180cm 和 170cm，显然前者是大于后者的，我们要对这两个人做位置上的交换。此时队列的形态为：168cm、175cm、165cm、180cm。

上面这 3“次”比较之后，我们成功地从排头比到了排尾，我们把这个完整的比较过程称为比了 1“回”。那么现在就可以说，在我们对只有 4 个元素的数组做冒泡排序算法操作的时候，需要在第 1“回”比较的过程中比较 3“次”。

但是排序还并没有真正地完成，此时我们只是把高的那个人移动到了队列的最后。那么下 1“回”我们从前向后比的时候，我就没必要再去比最后一个元素了，因为它已经是最大的那个了，所以我们在第 2“回”比较的时候就可以少比 1“次”。我们得到的规律就是：每多从排头依次比较到排尾 1“回”，那么下 1“回”从排头向排尾比较的时候就少比较 1“次”。

针对当前 4 个人升序排序队列的示例，这个规律可以总结为表 7-1。

表 7-1　冒泡排序的规律

第几“回”（外循环）	比几“次”（内循环）	队列状态
第 1“回”	比 3“次”	168、175、165、180
第 2“回”	比 2“次”	168、165、175、180
第 3“回”	比 1“次”	165、168、175、180

那么可以总结得到的规律就是：外循环的次数是要比较的人数减 1，内循环的次数是要比较的人数减去外循环已经循环过的次数之后再减 1。当我们得到了这个规律之后，剩下的就是比较和交换的工作了，这就相对容易很多。我们可以学习如下的代码，代码中我们比较 8 个元素的数组。

- Demo073 - 对一个无序的数组做升序操作，使用冒泡算法。

```
#include <stdio.h>

/**
 * 程序功能：将一个无序数组进行升序排序，使用冒泡算法实现。
 */
```

```
int main() {
    // 随意初始化一个整型数组。
    int arr[] = {9, 5, 2, 7, 1, 6, 8};
    /**
     * i,j 作为循环变量控制循环次数，
     * tmp 作为交换变量时使用的临时变量，
     * len 用于存储数组长度。
     */
    int i, j, tmp, len = sizeof(arr) / sizeof(arr[0]);

    // 输出数组排序前的存储结构。
    printf(" 数组排序前的存储结构为：");
    for (i = 0; i < len; ++i) {
        printf("%d\t", arr[i]);
    }

    printf("\n 分割线 ============================================\n");

    // 冒泡排序算法
    // 外循环次数为数组长度减 1。
    for (i = 0; i < len - 1; ++i) {
        // 内循环次数为数组长度减去外循环已经循环的次数再减 1。
        for (j = 0; j < len - i - 1; ++j) {
            // 如果发现当前正在访问的元素大于后面的一个元素，
            if (arr[j] > arr[j + 1]){
                // 以下三行代码为交换算法，将当前元素和下一个元素进行交换。
                tmp = arr[j];
                arr[j] = arr[j + 1];
                arr[j + 1] = tmp;
            }
        }
    }

    // 输出数组排序后的存储结构。
    printf(" 数组排序后的存储结构为：");
    for (i = 0; i < len; ++i) {
        printf("%d\t", arr[i]);
    }

    return 0;
}
```

根据上面的代码，结合之前总结出来的理论，将数值带入到代码当中尝试用逻辑还原整个排序过程。当你完全理解了这种排序的算法之后，对于数组如何结合循环控制下标能有一个更深的理解。

2. 对一个无序的数组做升序排序 - 选择法

有了冒泡法排序的基础之后，我们对其他的排序方法的理解相对会更加的容易，比如选择法排序也是相对比较常见的一种排序算法。

选择排序的基本思想实际就是每次找到一个最大的或者是最小的数值，将其放到指定的位置，其他的值不需要每次都比较或者是交换。例如我想要找到最大的数值并放到最后一个元素的位置，那么我每次只需要将数组中的每一个元素和最后一个比较，只要发现某一个元素比最后一个大，那么就将这个元素和最后一个进行交换，这样比过 1“回”之后，最后一个元素一定是最大的那个值。下 1“回”比较的时候就把其他元素中最大的数值放在倒数第 2 个元素的位置，依次类推，这样就实现了排序。当然我们也可以使用降序或者把最小的数值放在数组的最前面等方法，逻辑都是一样的，只不过我们需要通过程序代码将下标和要交换的元素控制好来实现想要的逻辑。具体的操作可以参考以下的 Demo074 代码，当然我还是希望你能够先尝试根据我上面提供的逻辑自己去编写代码，然后再去参考我写的代码，带着问题去做对比和学习你将进步得更快。

- Demo074 - 对一个无序的数组做开序排序—选择法。

```
#include <stdio.h>

/**
 * 程序功能：将一个无序数组进行升序排序，使用选择算法实现。
 */
int main() {
    // 随意初始化一个整型数组。
    int arr[] = {9, 5, 2, 7, 1, 6, 8};
    /**
     * i,j 作为循环变量控制循环次数，
     * tmp 作为交换变量时使用的临时变量，
     * len 用于存储数组长度。
     */
    int i, j, tmp, len = sizeof(arr) / sizeof(arr[0]);

    // 输出数组排序前的存储结构。
    printf("数组排序前的存储结构为：");
    for (i = 0; i < len; ++i) {
        printf("%d\t", arr[i]);
    }

    printf("\n分割线 =============================================\n");

    // 选择排序算法。
    // 外循环次数为数组长度减 1，
    for (i = 0; i < len - 1; ++i) {
        // 内循环次数为数组长度减去外循环已经循环的次数再减 1。
        for (j = 0; j < len - i - 1; ++j) {
            /**
             * arr[len - i - 1] 在第 1 次外循环的时候表示这个数组的最后 1 个元素。
             * 外循环每增加 1 次，则 i 的值会 +1，len - i - 1 的值会减小 1，
             * 相当于目标下标前移 1 位，也就是说第 2 次外循环的时候，
             * arr[len - i - 1] 表示的就是数组中的倒数第二个元素，依次类推。
             * 每次我们都用数组中的每一个元素和指定那一个位置的元素进行比较，
             * 如果发现有元素比这个位置所存储的值大，那么就进行交换。
             * 这样当所有的循环都退出之后，就完成了所有的比较和交换，
             * 我们就可以得到一个升序的数组。
             * 如果需要的是一个降序的数组，我相信你也一定知道应该改动程序中的哪一个部分，
```

```
                 * 想到了就动手去尝试，验证你想到的结果。
                 */
                if (arr[j] > arr[len - i - 1]){
                    tmp = arr[j];
                    arr[j] = arr[len - i - 1];
                    arr[len - i - 1] = tmp;
                }
            }
        }

        // 输出数组排序后的存储结构。
        printf(" 数组排序后的存储结构为：");
        for (i = 0; i < len; ++i) {
            printf("%d\t", arr[i]);
        }

        return 0;
}
```

实际上排序的逻辑还有很多，比如折半排序、快速排序等。本节中介绍的两种排序方法是最基础也是相对比较容易理解的排序方法，这两种排序的算法也是在传统教育体制内的考试中最容易出现的两种，必须掌握。如果你不想挂科，我给你的建议是即使背也要把它一字不差地背下来。书读百遍其义自见，如果你能背下来，相信你对其中的逻辑也一定会理解得更加深刻。

- Demo075 - 在数组中找到用户输入的值

我们定义一个数组，然后用户输入任意一个值，我们在数组中查找这个值是否存在，如果存在的话，我们就输出这个值以及它所对应的下标位置，否则输出“不存在”。

这个示例的逻辑相对比较简单。从数组的第一个元素开始一直向后依次地用每一个元素和用户输入的值做对比：如果对比成功了，则记录下位置并输出结果。我们可以通过循环退出时变量 i 的数值来去确定是否找到了匹配的结果。具体的实现过程，我们可以参考下面的代码。

```
#include <stdio.h>

/**
 * 程序功能：查找用户输入的一个数在数组中是否存在，
 * 如果存在则输出这个数以及这个数的所在位置。
 */
int main() {
    // 初始化一个整型数组。
    int arr[] = {9, 5, 2, 7, 1, 6, 8};
    /**
     * i 作为循环变量，控制数组下标，
     * num 用于存储用户输入的数。
     */
    int i, num, len = sizeof(arr) / sizeof(arr[0]);

    // 输出数组原始的存储结构。
```

```
    printf("数组的原始存储结构为：");
    for (i = 0; i < len; ++i) {
        printf("%d, ", arr[i]);
    }

    printf("\n请输入一个整数：");
    scanf("%d", &num);

    // 遍历数组中的每一个元素。
    for (i = 0; i < len; ++i) {
        // 如果数组中的当前元素与用户输入的值相等，
        if (num == arr[i]) {
            // 直接退出循环，此时变量 i 的值就是对应的下标位置。
            break;
        }
    }// 当退出循环的时候可以通过 i 的值来判断是否找到了想要的结果。

    /**
     * 上面的循环将会有两种退出方式。
     * 第一种：通过 break 关键词退出循环，那么就说明在上面的循环过程中，
     * if 判断的条件是满足的，也就是找到了对应的值，此时 i 的值一定是满足循环条件的。
     * 也就是说如果通过 break 退出了循环，那么 i 的值就一定是小于 len 的。
     * 第二种：没有通过 break 关键词退出循环，
     * 当 i 的值自增到循环条件不成立的时候退出循环。
     * 那么这就说明没有找到匹配的值，此时 i 的值一定是不满足循环条件的。
     * 那么当 i < len 的时候是满足条件的，
     * 相反不满足的表达式就是 i >= len。
     * 所以我们可以通过这个条件来判断是否找到了匹配的值。
     */
    if (i >= len){
        // 如果满足 i >= len 说明没有通过 break 退出循环，也就是没找到匹配的值，直接输出结果。
        printf("您输入的数据在数组中不存在！\n");
    } else{
        /**
         * 相反如果上面的条件不成立，说明 i 的值是小于 len 的，
         * 这时 i 的值是满足上面的循环条件的，也就是说一定是通过 break 退出的循环体，
         * 那么这时 i 的值就是目标值所对应的下标，输出结果即可。
         */
        printf("您输入的数据在数组中被存储在了 arr[%d] 的元素位置！arr[%d] = %d\n", i,
i, arr[i]);
    }

    return 0;
}
```

这是众多查找算法中最基础的一种顺序查找的方法，相对容易理解一些。当然还有一些其他效率相对更高的查找方法，但我们在这个章节中的学习目的是能够熟练地通过循环来控制数组的下标，其他复杂的数学逻辑不是我们在这个阶段重点研究的方向，因此在本章节中不做过多介绍。

- Demo076 - 一维数组的逆向存储。

将一个一维数组中的数据做逆向的存储操作，注意这里指的是修改数组的存储结构，并不是将数组的元素从后向前逆序地输出一遍。我们还是先寻找规律，然后再动手编写代码。

实际上逆序的规律非常简单，就是将第 1 个元素和最后 1 个元素交换，再将第 2 个元素和倒数第 2 个元素进行交换，依此类推，一直到整个数组中相对中间的最后两个元素。具体的实现方法可以参考以下代码。

```
#include <stdio.h>

/**
 * 程序功能：数组的逆向存储。
 */
int main() {
    // 随意初始化一个整型数组，这里设定数组的长度为 10。
    int arr[10] = {1,2,3,4,5,6,7,8,9,0};
    // 定义循环变量和交换算法中需要的临时变量。
    int i, tmp;

    printf("逆序之前数组的存储结构：");
    for (i = 0; i < 10; ++i) {
        printf("%d, ", arr[i]);
    }

    printf("分割线 ================================================\n");

    // 逆序算法
    /**
     * 通过数组两端对应位置交换的方式实现逆序，
     * 那么我们就需要总结出需要交换的次数。
     * 如果我们有 10 个元素，则需要交换 5 次，
     * 即使我们有 11 个元素，我们仍然只需要交换 5 次，
     * 因为中间位置的值不做任何操作也不会影响逆序结果。
     * 所以我们这里控制循环次数的时候使用的是输出长度除以 2，取到的整数部分，
     * 即使长度是 11 我们取得的整数部分依然是想要的结果。
     */
    for (i = 0; i < 10 / 2; ++i) {
        /**
         * 下面交换的就是两端对应位置的元素。
         * arr[i] 在第 1 次进入循环的时候就是数组中的第一个元素，
         * arr[10 - i - 1] 在第一次进入循环的时候就是数组中的最后一个元素。
         * 之后每次循环的时候 i 的值都会自增 1，
         * 那么 arr[i] 就相当于每次向后移动了一个位置，
         * 而 arr[10 - i - 1] 就相当于每次向前移动了一个位置。
         */
        tmp = arr[i];
        arr[i] = arr[10 - 1 - i];
        arr[10 - 1 - i] = tmp;
    }

    printf("逆序之后数组的存储结构：");
    for (i = 0; i < 10; ++i) {
        printf("%d, ", arr[i]);
```

```
    }
    return 0;
}
```

- Demo077 - 向一个有序的数组中插入一个值后保证数组仍然有序。

自定义一个一维数组并对其进行有序的初始化，用户输入任意一个值，然后将其插入到这个数组当中，要保证插入之后数组仍然有序。

这是一个经典的插入算法，实现这个插入算法的方法也有很多种，这里先介绍其中的一种逻辑。我们可以先找到用户输入的这个值应该在的位置，并把这个位置记录下来，然后再将用户输入的这个值放到这个位置上去。但是聪明的你应该也会发现，如果我们直接这么做，用户输入的值就会覆盖掉原来数组对应位置的元素值，那么原来的数组就不成立了。那么我们就应该想办法将对应位置的值进行保留，并且将目标位置后面的值依次地向后移动。你可以先自己尝试去通过代码完成这个逻辑，经过思考之后再参考以下的代码实现过程。

```
#include <stdio.h>

/**
 * 程序功能：向一个有序的数组中插入一个数，
 * 插入之后保证数组仍然有序。
 */
int main() {
    /**
     * 我们先有序地初始化一个一维数组，这里我们需要注意的是，
     * 数组的长度是在定义了之后就不可变的，所以我们在定义数组的时候定义的长度是 10，
     * 但是我们初始化的时候又初始化了 9 个值，如下。
     * 这样做的目的是为了给我们将要插入的值保留一个元素的空间。
     * 这样初始化的结果，前 9 个元素是有效的数据，最后一个元素我们没有对其进行初始化。
     * 那么最后一个元素的默认值就是 0，后续当我们插入并移动了数组中元素之后这个值会被覆盖掉。
     */
    int arr[10] = {1,2,3,4,5,7,8,9,10};
    /**
     * num：用户输入的值，
     * i：循环变量，
     * tmp：用于交换的临时变量。
     */
    int num, i, tmp, index;

    printf(" 请输入一个数值：");
    scanf("%d", &num);

    /**
     * 下面这个循环用于寻找 num 应该插入的位置。
     * 前 9 个元素是有效数据，所以我们将循环的次数控制在 9 次，
     * for 循环的表达式 2 的位置我们使用了 10 - 1。
     * 因为这个数组本身就是有序的，所以我只需要从左到右，
     * 找到第一个比用户输入的数值大的那个元素，
     * 这个元素的所在位置就是这个数据应该插入的位置。
     * 当我们找到对应位置的时候直接通过 break 退出循环就可以了，
     * 此时循环变量 i 的值就是这个数据应该插入的下标位置。
```

```
     * 当然如果在现有的数组里面没有找到对应位置，
     * 那就是说明用户输入的这个值要大于数组中所有的元素，
     * 那么这个用户输入的这个数值就应该插入到数组的最后。
     * 当没有通过 break 退出循环的时候，i 的值也正好是指向了最后。
     */
    for (i = 0; i < 10 - 1; ++i) {
        if (arr[i] > num) {
            break;
        }
    } // 当退出了这个循环之后 i 的值就是 num 应该插入的位置。

    /**
     * 下面的循环用于将输入数值插入到数组。
     * 这里面我们省略表达式 1，因为上面我们已经找了要插入的位置，
     * 这次循环就从这里开始就可以了。
     * 这里要注意的是，这一次表达式 2 的位置使用了 10，
     * 因为要插入数据，一直到数组的最后一个元素都要进行移动。
     */
    for (; i < 10; ++i) {
        // 我们先将要被覆盖掉的元素记录在临时变量中。
        tmp = arr[i];
        // 将要插入的数值直接存储在指定位置的数组元素中。
        arr[i] = num;
        /**
         * 再将刚才记录下来的原数组中的值存储在 num 中，
         * 在下一次循环的时候我们可以把 num 再次当作要插入的数据。
         * i 的值也后移了，这也就相当于是循环地在插入新的值，
         * 一直到这个循环完全退出，完成整个插入和数据后移的动作。
         */
        num = tmp;
    }

    // 输出当我们数据插入之后数组的结构。
    printf("插入后的存储结构为：");
    for (i = 0; i < 10; ++i) {
        printf("%d  ", arr[i]);
    }

    return 0;
}
```

- Demo078 - 二维数组矩阵转置。

矩阵转置指的是将一个 3 行 3 列的二维数组，行和列上的元素进行互换，如图 7-9 所示。

1	2	3
4	5	6
7	8	9

〉〉〉

1	4	7
2	5	8
3	6	9

图 7-9　矩阵转置

我们需要根据这个效果在其中寻找规律，将每个元素的下标代入到这个结构图中将会得到如图 7-10 所示的效果。

	[0]	[1]	[2]
[0]	1	2	3
[1]	4	5	6
[2]	7	8	9

	[0]	[1]	[2]
[0]	1	4	7
[1]	2	5	8
[2]	3	6	9

图 7-10　将元素下标代入矩阵转置结构图

通过上图可以看到，我们只需要将除空白表格以外的相同色块的元素进行交换就能得到想要的结果。我们将要交换的元素下标分别为：[0][1] 和 [1][0]、[0][2] 和 [2][0]、[1][2] 和 [2][1] 这三组，其他的则不需要交换。那么从中可以发现，要交换的元素组行下标和列下标正好是相反的，并且我们还会发现，行下标和列下标相同的元素是不需要处理的。那么我们得到了结论之后就可以通过代码来实现它。

```
#include <stdio.h>

/**
 * 程序功能：3×3 矩阵转置。
 */
int main() {
    // 定义并直接初始化一个 3×3 的二维数组
    int arr[3][3] = {1,2,3,4,5,6,7,8,9};
    /**
     * i、j：循环变量，用于控制行下标和列下标，
     * tmp：用于交换的临时变量。
     */
    int i, j, tmp;

    printf("转置之前的存储状态：\n");
    for (i = 0; i < 3; ++i) {
        for (j = 0; j < 3; ++j) {
            printf("%d  ", arr[i][j]);
        }
        printf("\n");
    }

    printf("分割线 ========================================\n");

    // 转置过程，外循环的循环次数定义为 3 次。
    for (i = 0; i < 3; ++i) {
        /**
         * 我们要对内循环的次数进行额外的控制，
         * 如果在这里将其也定义为 3 次，那么这个交换的过程将会执行 2 次，
         * 也就是说这个值被换过去之后还会被换回来，
         * 这样的话原来的数组存储形式将不会发生变化。
         * 但是这并不代表程序没有执行，而是多换了一次。
```

```
        * 根据之前总结的规律，我们要交换的行列下标值是相反的，
        * 行列下标相同的时候又不需要交换。
        * 所以在内循环当中只需要让循环条件为 j < i，
        * 这样的话当 j < i 的时候会执行循环体，
        * 会执行一次交换，当 j ≥ i 的时候就不会再次执行循环体做交换了，
        * 这样就避免了交换 2 次的情况。
        */
        for (j = 0; j < i; ++j) {
            tmp = arr[i][j];
            arr[i][j] = arr[j][i];
            arr[j][i] = tmp;
        }
    }

    printf("转置之后的存储状态：\n");
    for (i = 0; i < 3; ++i) {
        for (j = 0; j < 3; ++j) {
            printf("%d  ", arr[i][j]);
        }
        printf("\n");
    }

    return 0;
}
```

- Demo079 - 杨辉三角。

所谓杨辉三角就是一个叫杨辉的人发明的一个三角形，这似乎是本书中说的唯一一句废话，但是这也的确是实话。这个三角形当中包含着一些数学逻辑，如果将这个三角以二维数组的形式进行存储，具体的存储形式如图 7-11 所示。

	[0]	[1]	[2]	[3]	[4]	[5]	[6]
[0]	1						
[1]	1	1					
[2]	1	2	1				
[3]	1	3	3	1			
[4]	1	4	6	4	1		
[5]	1	5	10	10	5	1	
[6]	1	6	15	20	15	6	1

图 7-11　杨辉三角形的二维数组

如图我们可以看出这个三角形的存储形式，这个三角形除了最左边竖着的一条边，和斜边上面的数值是我们手动复制的，其他位置的数值都是根据竖边和斜边上的数值计算得到的。每一个元素的值都等于自己上一行当前列的值加上上一行上一列的值。根据

这个规则，再重新解读一次这个三角形，你就能发现运算规律，当然这个三角形可以是 7 行，也可是 70 行。所以我们要做的就是通过程序的编写计算出三角形中除竖边和斜边以外其他单元格内的数值，我们暂时不考虑斜边以外的数值，默认值均为 0。那么如何用代码实现这个杨辉三角的编写呢？老规矩，先自己尝试，再带着问题对比我的代码，进一步学习。

```
#include <stdio.h>

/**
 * 程序功能：杨辉三角。
 */
int main() {
    // 定义一个 7 行 7 列的二维数组，并将所有元素都初始化为 0。
    int arr[7][7] = {0};

    /**
     * i、j：循环变量，用于控制数组的行下标和列下标，
     * num：三角形竖边以及斜边上的数字。
     */
    int i, j, num;

    printf("请输入三角形斜边上的数字：");
    scanf("%d", &num);

    // 初始竖边和斜边上的数字。
    for (i = 0; i < 7; ++i) {
        arr[i][0] = num;    // 竖边
        arr[i][i] = num;    // 斜边
    }

    // 计算竖边和斜边中间部分区域的元素值。
    /**
     * 计算的元素应该是从行下标为 [2]，列下标为 [1] 的位置开始，
     * 所以外循环的循环变量初始化为 2，内循环的循环变量初始化为 1。
     */
    for (i = 2; i < 7; ++i) {
        /**
         * 每一行当中需要计算的数值应该到斜边的前一个元素结束，
         * 所以内循环的循环条件是 j < i。
         */
        for (j = 1; j < i; ++j) {
            // 当前元素的值 = 当前元素上一行当前列的值 + 当前元素上一行前一列的值
            arr[i][j] = arr[i - 1][j] + arr[i - 1][j - 1];
        }
    }

    // 输出这个通过计算之后的二维数组，即杨辉三角。
    for (i = 0; i < 7; ++i) {
        for (j = 0; j <= i; ++j) {
            /**
```

```
            * printf 里使用 %02d 格式，
            * 其中的 2 表示用两位宽度显示整数类型（不够两位宽度补齐为两位宽度），
            * 其中的 0 表示不够两位宽度的位置用 0 补齐，
            * 这是 printf 格式化输出的一种使用技巧，
            * 后续我们在学习字符串的时候会再次详细介绍一些关于 printf 的占位符使用方法。
            */
            printf("%02d ", arr[i][j]);
        }
        printf("\n");
    }

    return 0;
}
```

- Demo080 - 二维数组中寻找鞍点数。

在一个二维数组中，鞍点数就是在当前行最小并且在当前列又是最大的那个值。当然有时候我们需要的或许是在当前行最大当前列最小的值，实际上针对于这个算法在逻辑上是没什么区别的。在这里我们按照当前行最小当前列最大值来计算。这样的数在一个二维数组中可能存在，当然也可能不存在，我们把这个特殊的值称为鞍点数。那么我们接下来就在一个二维数组中寻找是否存在这样的数。

```
#include <stdio.h>

int main() {
    // 定义一个 6 行 6 列的二维数组，并直接初始化。
    int arr[6][6] = {
            {1, 2, 3, 4, 5, 6},
            {7, 8, 9, 10, 11, 12},
            {13, 14, 15, 16, 17, 18},
            {19, 20, 21, 22, 23, 24},
            {25, 26, 27, 28, 29, 30},
            {31, 32, 33, 34, 35, 36}
    };

    /**
     * row：行，
     * col：列，
     * is_saddle：是否有鞍点数，初始化为 1 默认为没有找到，
     * max_in_col：当前列的最大值，
     * min_in_row：当前行的最小值，
     * col_of_min：最小值所在列的索引（下标），
     * i：循环变量。
     */
    int row, col, is_saddle = 1, max_in_col, min_in_row, col_of_min, i;

    // 遍历每行。
    for (row = 0; row < 6; row++) {
        // 假设当前行的第一个元素是当前行的最小值。
        min_in_row = arr[row][0];
        // 假设最小值所在的列下标是 0。
```

```
        col_of_min = 0;

        // 找出当前行的最小值和其列索引。
        /**
         * 我们初始化了 col_of_min 为 0,
         * 所以我们在下面的循环表达式 1 中将 col 初始化为 1,
         * 因为自己本身不用和自己做比较。
         */
        for (col = 1; col < 6; col++) {
            // 如果发现当前的元素比 min_in_row 小,
            if (arr[row][col] < min_in_row) {
                min_in_row = arr[row][col]; // 记录这个值,
                col_of_min = col;    // 记录这个值的列下标。
            }
        }

        // 再次假设第 1 行中列下标为 col_of_min 的元素为当前列的最大值。
        max_in_col = arr[0][col_of_min];

        // 找出当前列的最大值。
        /**
         * 循环变量初始化为 1,
         * 是因为上面假设了第 1 行为最大值, max_in_col 被初始化为 0,
         * 后面比较的时候为了不和自己比较,
         * 所以循环变量初始化为 1, 也就是从第 2 行开始做比较。
         */
        for (i = 1; i < 6; i++) {
            // 如果发现当前行的 col_of_min 列中的元素大于了我们假设的当前列最大值,
            if (arr[i][col_of_min] > max_in_col) {
                // 那么我们就将这个值更新记录在 max_in_col 中。
                max_in_col = arr[i][col_of_min];
            }
        }

        // 判断找到的数是否为鞍点数, 如果是则输出位置和值。
        // 如果我们上面找到的列最大和行最小的值是相同的, 说明这个数就是鞍点数
        if (max_in_col == min_in_row) {
            // 我们直接输出这个鞍点数, 并同时输出这个鞍点数的所在位置。
             printf("鞍点数为: %d, 位于第 %d 行第 %d 列。\n", max_in_col, row + 1,
col_of_min + 1);
            // 将用于标记是否找到鞍点数的变量标记为 0, 表示找到了。
            is_saddle = 0;
        }
    }

    // 输出结果, 如果没有找到鞍点数则输出提示信息。
    if (is_saddle) {
        printf("该矩阵没有鞍点数。\n");
    }

    return 0;
}
```

这个示例在目前阶段算是相对比较复杂的一个示例，在未来的考试中未必会考到这样的题型，但是掌握了相应的逻辑，并能够通过程序代码去实现这套逻辑对于编程学习将会有很大的帮助。当然，在二维数组中寻找鞍点数的方法也不仅仅只有这一种，或许你的实现方法比我的更巧妙，我在这也是抛砖引玉，希望你能够通过上述的示例进行更多的思考，从而对循环和数组的结合使用更加熟练。

7.6 本章小结

在本章中我们主要介绍了数组的使用方法，本章的示例当中均采用了 int 类型作为数组元素的类型，这并不代表只能使用 int 类型去定义数组，其他数据类型同样可以定义数组。如果我们想存储的数据是身高，那么就可以使用浮点类型，比如 float 或者 double；如果我们想存储的数据是姓名，也可以使用字符类型，比如 char。在后面的章节我们将会单独地介绍字符串的使用，因为字符串是一种特殊的字符数组，所以在这里不做过多的介绍。总而言之，我们在使用数组之前首先要考虑好要存储的数据类型到底是什么，然后就是需要多大的空间才够存放我们想要存储的数据，这也就是数组的长度。

以下总结了一些我们在使用数组的时候需要注意的事项：

- 数组就是相同数据类型变量的集合，方便我们对拥有共同属性的变量做统一的管理。
- 数组的长度在定义之后就不能改变，数组的长度必须是正整数。
- 数组中的元素占用连续的内存空间，我们可以通过数组名 [下标] 的方式访问数组元素。
- 数组除了在定义的时候可以被直接初始化做整体的赋值，在其他情况下不可以整体赋值，但是可以通过遍历数组实现赋值。
- 在使用多维数组的时候，我们通常使用循环的嵌套来访问数组中的元素，外循环控制行，内循环控制列。
- 数组元素的下标从 0 开始，到数组长度减 1 结束，访问数组元素的时候不要出现下标越界的问题，否则会带来灾难性的错误。

第8章 C语言中的字符串

8.1 字符数组

我们在上一个章里面学习了数组，针对数组介绍的时候重点使用了 int 类型，那是因为 int 类型更方便计算，通过计算可以实现更多我们熟悉的算法和逻辑。其实普通的字符也可以存储在数组当中，也就是所谓的字符型数组。但是通常我们在编程语言中使用字符的时候，要么是使用单个的字符表示某一种含义，要么就是使用字符串的形式来描述信息，字符数组形式其实在平时开发过程中使用的并不是很多。当然这种类型的数组也是存在的，使用的方法和之前我们学习的普通类型数组没有任何区别，从定义到数组中元素的引用都是一样的。比如可以利用字符数组来存储你的名字，如下：

- Demo081 - 用字符数组存储你的名字。

```
#include <stdio.h>

/**
 * 程序功能：用字符数组存储你的名字。
 */
int main() {
    char name[] = "小肆"; // 直接用字符串去给字符数组初始化。
    int i; // 循环变量

    printf("直接输出字符串的形式为：%s\n", name);

    printf("分割线 ====================\n");

    // 字符数组的长度和你想的是否一样?
    printf("这个字符数组的长度是：%d\n", sizeof(name));

    // 通过循环遍历字符数组中的每一个元素，输出的结果和你想的是否一样?
    for (i = 0; i < sizeof(name) / sizeof(name[0]); ++i) {
        printf("%c, ", name[i]);
    }
```

```
    return 0;
}
```

上面的示例就是用字符数组去存储你的名字。如果单独地看代码，还没通过编译运行看到运行结果的时候，这个代码对于学习过数组的你来讲应该也不是很难。但是当你真的编译运行了之后，或许就会有一系列的问题，比如数组的长度为什么会是 5 或者是 7 ？通过循环遍历输出的内容中为什么会出现乱码？那么接下来我们这个章节就是要为你说明这些问题，并通过本章节的学习让你更熟练地使用字符数组以及字符串。

8.2 字符串

8.2.1 字符串的定义

字符串实际上就是一个特殊的字符数组，也就是说可以把字符串完全当作字符数组来进行操作。只不过在 C 语言的字符串中结尾有一个特殊的、我们看不见的字符，那就是‘\0’。

在 C 语言当中，我们把由‘\0’作为结束字符的集合称为字符串。

- 普通的字符数组

```
char c_array[] = {'H', 'e', 'l', 'l', 'o'};
```

- 字符串形式的字符数组

```
char str[] = {'H', 'e', 'l', 'l', 'o', '\0'};
```

通过上面的代码段可以看出，实际上字符数组和字符串的区别只在于字符数组中是否存在‘\0’字符，因为在 C 语言当中是通过‘\0’字符来识别一个字符串是否结束的。可以像上面的代码段一样，把‘\0’放在字符数组的最末端，当然也可以把它放在字符数组的中间任意位置，那么此时 C 编译器会认为‘\0’后面的字符是无效字符，在我们想整体访问字符串的时候，‘\0’后面的字符将不会被统计在字符串内。

这里我们需要注意的是，不包含‘\0’的普通字符数组是不能像包含‘\0’的字符串那样被进行整体访问的。如果对不包含‘\0’的普通字符数组进行整体访问，虽然编译运行时不会报错，但是访问结果会有问题，例如下面的代码段：

- Demo082 - 对普通字符数组和字符串的整体访问

```
#include <stdio.h>

/**
 * 程序功能：对字符数组和字符串的访问。
 */
int main() {
    // 定义并初始化一个不包含 '\0' 的普通字符数组。
    char c_array[] = {'H', 'e', 'l', 'l', 'o'};
```

```
    // 定义一个包含 '\0' 的字符串。
    char str[] = {'H', 'e', 'l', 'l', 'o', '\0'};
    // 定义循环变量。
    int i;

    printf("%s\n", c_array);    // 将字符数组当作字符串整体输出时会出现不可控的乱码。
    printf("%s\n", str);        // 对字符串可以整体访问输出。

    printf(" 分割线 ======================\n");

    // 对字符数组的正确访问方式就是普通数组的遍历方式。
    /**
     * 由于 char 类型占用 1 个字节的存储空间，
     * 所以如果字符数组中存储的是英文字符的话，
     * 直接使用 sizeof() 就可以得到数组中字符的数量。
     */
    for (i = 0; i < sizeof(c_array); ++i) {
        printf("%c", c_array[i]);
    }

    return 0;
}
```

上面的写法实际上就是在定义字符数组。因为字符串本身就是一种特殊的字符数组，那么我们在用字符数组的形式去表示字符串的时候，就是用在数组中是否存在‘\0’为标准去判断这个字符数组是否是一个有效的字符串，是否允许我们把它当作字符串去直接进行访问。

我们在上文也提到在字符串中‘\0’出现的位置表示一个字符串到这里就结束了。那么在字符数组中，‘\0’的后面依然有其他字符元素是一种什么情况呢？我们来一起看一下这段代码 Demo083：

- Demo083 - 字符数组中，‘\0’的后面依然有其他字符元素

```
#include <stdio.h>

/**
 * 程序功能：当 '\0' 字符出现在一个字符数组的中间时，会出现什么情况。
 */
int main() {
    // 定义一个包含 '\0' 的字符串。
    char str[] = {'H', 'e', 'l', 'l', 'o', '\0', 'x', 's'};
    int i;

    printf("%s\n", str);        // 对字符串可以整体访问输出。

    printf(" 分割线 ======================\n");

    // 遍历这个字符数组。
    for (i = 0; i < sizeof(str); ++i) {
        printf("%c, ", str[i]);
    }
```

```
    return 0;
}
```

这段代码的输出结果为：

```
Hello
分割线 ======================
H, e, l, l, o, \0, x, s,
```

通过这段代码可以看出，如果在一个字符数组的中间位置出现‘\0’，那么编译器就认为这个字符串到‘\0’所在位置就结束了，所以我们通过 printf 利用 %s 占位符输出字符串的时候就只输出的‘\0’前面的部分内容。但是这个字符数组中实际存储的内容不仅仅只有这一部分，如果我们想要访问剩余部分，依然可以通过普通字符数组的访问方式对其进行访问。

注意：针对上面输出结果中的‘\0’，我是为了让你更直观地看见它，所以手动把它写在了上面。在你的 IDE 中运行得到的结果可能是个空字符，或者是一个带有斜线的方块，这是单独输出‘\0’字符时它对应的形态。通常我们在使用字符串的时候‘\0’是不会跟随字符串内容被访问到的，‘\0’只是一个结束标识而已。

以上都是在用字符数组的方式去定义并初始化一个字符串。实际上字符串也有属于自己的定义和初始化方法，在 C 语言当中我们把使用一对双引号括起来的字符集合称为字符串。那么我们就可以通过双引号的方式来定义一个字符串，比如：

```
char str[] = "IT LaoXie";
```

这是定义字符串的时候最经常使用的一种方法。实际上等号前面还是在定义字符数组，但是后面初始化的时候使用的是字符串常量。这个字符串中的有效字符一共有 9 个，其中包括一个空格。但是这个字符数组的长度实际上是 10 个，因为编译器会默认在这个字符串的后面追加一个‘\0’作为字符串的结束标识。当使用 szieof(str) 的时候，就会清楚地看到这个字符数组的长度是 10。在很多的笔试题当中也容易用这个去考查你对字符数组和字符串的理解，这里一定要注意。

这只是定义并初始化字符串变量的其中一种方式，注意我这里说的是字符串**变量**，这里把变量两个字加粗了。因为后续我们通过指针的方式去定义字符串的时候，指针所指向的字符串就是常量而不是变量。指针在后面的章节中还会具体地讲解，在这里我们只简单地了解即可。我们通过下面的代码 Demo084 对指针形式定义的字符串有个初步的认识。

- Demo084 - 指针形式定义字符串

```
#include <stdio.h>

/**
 * 程序功能：用字符数组和指针的方式去定义字符串。
 */
int main() {
    char str01[] = "IT LaoXie";
    char *str02 = "IT LaoXie";

    printf("str01 = %s\n", str01);
    printf("str02 = %s\n", str02);
```

```
    return 0;
}
```

在上面的代码中，str01 和 str02 都能被成功地定义和输出，但是这两个变量在内存中的形式却有很大的区别。str01 实际上是一个数组，我们定义这个字符串的时候实际上就是把每个字符常量赋值到数组的每个元素中，str01 这个字符数组的长度是 10 个字节，能够存储这些数量的字符常量。那么这些常量在计算机中都存在了哪里呢？你可以把它们的存储位置当作是系统自动分配给我们的，我们习惯性地把它称之为“常量池”，这个池子是不能自己随意去分配使用的。定义的过程我们可以通过一张结构图来帮助我们理解，如图 8-1 所示。

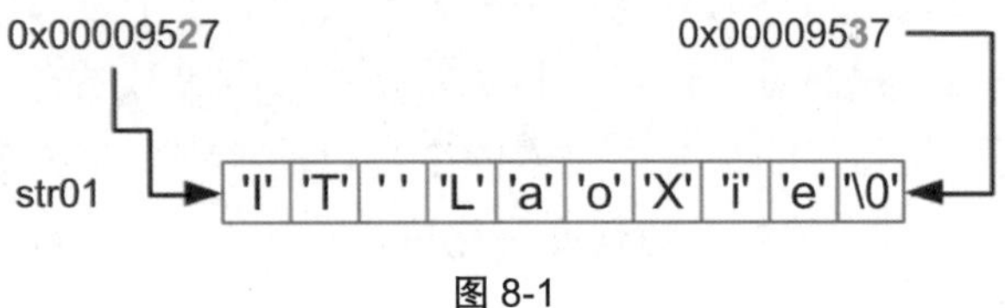

图 8-1

我们在定义 str01 的时候是向系统要了 10 个字节的存储空间，假设我们申请的这段内存的首地址是 0x00009527，那么 10 个字节的长度结束位置就是 0x00009537，这 10 个字节的内存空间对于开发者而言是可控的。我们可以任意修改这段内存中的内容，也就是这个字符数组中的元素，这和我们操作普通的数组实际上没有任何区别。但是如果我们通过字符指针的方式去定义字符串就不一样了，如图 8-2 所示。

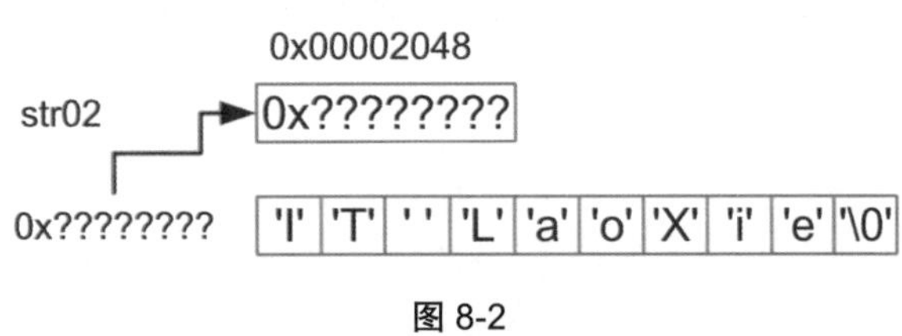

图 8-2

如上图，我们定义了一个名为 str02 的字符指针类型变量。在前面我们介绍数据类型的时候对指针也有了初步的认识，在 C 语言当中任何类型的指针都占用 4 个字节的存储空间。因为在 C 语言当中是由 32 个二进制位来表示地址的，所以 4 个字节正好够存。也就是说 str02 只有 4 个字节的存储空间是可以支配的，那么怎么利用 4 个字节的存储空间存储一个这么长的字符串呢？“IT LaoXie”是一个字符串常量，那么它就应该被放在内存的“常量池”当中，常量池中的常量当然也有属于自己的内存地址，但是这个地址是我们不可控的。虽然我们不可以控制常量池中地址具体存储了什么，但是却可以访问到指定地址的内容。我们只需要将这个字符串常量在常量池中的地址存储在 str02 这个变量当中就可以了，这样我们一样可以通过 str02 指针变量来访问这个字符串。

注意：虽然我们可以用这种方式来访问这个字符串，但是我们都知道变量的值是可以改变的，常量的值是不可以改变的。比如我们可以通过 str01，也就是字符数组的形式修改这个字符串中的任意一个元素，但是如果针对 str02 的话就不可以这样做，我们只可以让这个指针指向另外段内存地址。str02 可以指向其他的字符串常量，但是常量池中原有的字符串常量不会发生任何变化，所以通过字符数组和通过字符指针去使用字符串的时候我们一定不要混淆。

8.2.2 字符串的初始化

- 方法一：用字符数组的初始化方式对字符串进行初始化。

```
char str01[] = {'H', 'e', 'l', 'l', 'o', '\0'};
char str02[] = {'H', 'e', 'l', 'l', 'o', '\0', 'W', 'o', 'r', 'l', 'd', '\0'};
char str03[1024] = {'H', 'e', 'l', 'l', 'o', '\0'};
```

我们在使用这种方式初始化的时候，实际上就是在利用字符类型的常量为数组中的每个元素进行赋值，当然我们可以在定义和初始化字符串的时候省略中括号中的字符数组长度，根据后面直接初始化的集合中元素的个数自动地识别字符数组的个数。当然我们也可以像 str03 一样指定字符数组的长度，然后再对其进行初始化，只要我们实际初始化的元素个数不超过中括号里面定义的数值就没有问题。

这里我们需要注意的事项之一是，在使用这种方式进行初始化的时候，如果在字符元素中出现‘\0’就说明这个字符串已经结束了。比如在 str02 中，我们看到这个字符数组的第 6 个元素就是‘\0’，那么后面的字符就不属于 str02 这个字符串的有效字符了。虽然后面也有其他的字符，甚至又出现了一个‘\0’，但是这些字符都是多余字符，是 str02 字符串中的无效字符。所以我们可以说 str02 的有效字符串长度是 5，但是 str02 字符数组的有效长度是 12 个元素。这一点一定要搞清楚，这也是在字符串相关章节考试中容易出现的考点，别在这上面翻车。

- 方法二：直接用双引号括起来的字符串进行初始化。

```
char str01[] = "Hello ITLaoXie";
char str02[1024] = "Hello ITLaoXie";
```

这种初始化的方式实际上也是利用了指针来实现的。虽然我们现在还没有系统地去学习指针，但是根据之前的接触，也并不会觉得指针特别的陌生。其实在 C 语言中，数组名就是地址，我们也可以说数组名就是指针。我们用这种方式定义字符串，实际上就是在利用指针的原理对字符数组进行初始化，这种写法是相对最方便的字符串变量定义方法。

这种写法除了等号后面的部分以外，其他部分和方法一类似。在这种方法中可以指定字符数组的长度，也可以不指定长度，如果不指定长度，则会将双引号里面的有效字符串字符数量外加‘\0’字符的总和作为字符数组的长度。也就是说 str01 字符串的有效字符数量是 13，但是实际的字符数组长度是 14，因为在其中包含了一个看不见的‘\0’字符。

str02 中指定了字符数组长度，但是初始化的字符串并没有超过指定的字符数组长度，所以这样做也是可以的。

- 方法三：直接使用指针变量定义字符串。

```
char *str01 = "Hello ITLaoXie";
```

注意，在这里我们定义的字符型指针 str01 是一个指针类型的变量，它只占用 4 个字节的存储空间，等号后面的“Hello ITLaoXie”是一个字符串常量，它被存储在了内存的常量池中。这是一段我们不可以随意操作的内存空间，这也是我们为什么不可以修改常量的原因。这种初始化的方式仅仅是让这个指针变量存储了这个字符串常量在内存的常量池中所占用的内存地址，我们在访问字符串的时候实际上访问的也是这个地址，所以在想要输出字符串的时候，就可以直接通过 str01 这个字符指针访问到这个字符串常量。如果完整地对这种定义字符串的方式进行描述，就是：定义一个字符型指针指向了一个字符串常量，用这字符指针变量存储了一个字符串常量的地址。

如果想改变 str01 的值，可以通过让它指向另一个字符串常量的地址。此时我们只是修改了 str01 这个指针类型变量中存储的地址，并不是修改了字符串，因为“Hello ITLaoXie”这个常量依然在常量池中，下一次如果我们要使用这个常量，依然会用到这个地址。所以当修改了 str01 的时候，或许会觉得是字符串发生了变化，但是实际变化的只是 str01 中的地址，而并不是“Hello ITLaoXie”这个字符串常量。这一点我们一定要清楚，对于这个观点，我们通过一段代码 Demo085 来一起验证一下：

- Demo085 - 用字符指针存储字符串的首地址。

```
#include <stdio.h>

/**
 * 程序功能：用字符指针存储字符串的首地址。
 */
int main() {
    char *str01 = "Hello LaoXie";    // 定义字符指针并初始化指向一个字符串常量。
    char *str02 = NULL;              // 定义指针并初始化为 NULL 避免野指针的产生

    /**
     * 在下面的代码运行结果中我们可以看到很多的地址，
     * 通过输出的内容我们一一地核对，
     * 一定要分清楚什么是指针变量自己占用的地址、
     * 指针变量中存储的地址以及指针变量中存储的地址中所存储的字符串。
     * 注意：printf 使用的占位符，其中 %p 表示输出地址，%s 表示输出字符串。
     */

    printf("str01 变量自己的地址是 = %p\n", &str01);
    printf("str01 中存储的地址是 = %p\n", str01);
    printf("str01 指向的字符串是 = %s\n", str01);
    printf("\"Hello LaoXie\" = %p\n", "Hello LaoXie");

    /**
     * 通过上面的 4 行代码，我们可以分别看到：
     * - str01 指针变量自己占用的地址；
     * - str01 指针变量中存储的地址；
     * - str01 指针变量中存储的地址中所存储的字符串常量的内容；
     * - "Hello LaoXie" 这个字符串常量所占用的地址。
     */

    printf("分隔线 ====================\n");
```

```
str01 = "Hello XiaoSi";

printf("str01 变量自己的地址是 = %p\n", &str01);
printf("str01 中存储的地址是 = %p\n", str01);
printf("str01 指向的字符串是 = %s\n", str01);
printf("\"Hello LaoXie\" = %p\n", "Hello LaoXie");
printf("\"Hello XiaoSi\" = %p\n", "Hello XiaoSi");

/**
 * 通过上面的 5 行代码我们分别可以看到:
 * - str01 指针变量它自己占用的地址;
 * - str01 指针变量中存储的地址;
 * - str01 指针变量中存储的地址所存储的字符串常量的内容;
 * - "Hello LaoXie" 这个字符串常量所占用的地址;
 * - "Hello XiaoSi" 这个字符串常量所占用的地址。
 *
 * 在输出这些内容之前 str01 中存储的地址已经发生了改变,
 * 它存储了另一个字符串常量在常量池中的地址,
 * 所以我们在使用 str01 输出字符串内容的时候发现字符串内容也发生了变化。
 * 但是我们再次输出原来的"Hello ITLaoXie"这个字符串常量在常量池中的地址时,
 * 发现这个字符串常量的地址依然没有发生变化,
 * 也就是说它依然在常量池中存在,那么我们是不是可以继续使用这个地址来访问这个字符串常量呢?
 * 继续在下面用代码来进行进一步的测试。
 */

printf("分隔线 ====================\n");

str02 = "Hello LaoXie";
printf("str01 变量自己的地址是 = %p\n", &str01);
printf("str01 中存储的地址是 = %p\n", str01);
printf("str01 指向的字符串是 = %s\n", str01);
printf("str02 变量自己的地址是 = %p\n", &str02);
printf("str02 中存储的地址是 = %p\n", str02);
printf("str02 指向的字符串是 = %s\n", str02);
printf("\"Hello LaoXie\" = %p\n", "Hello LaoXie");
printf("\"Hello XiaoSi\" = %p\n", "Hello XiaoSi");

/**
 * 通过上面的 8 行代码我们分别可以看到:
 * - str01 指针变量它自己占用的地址;
 * - str01 指针变量中存储的地址;
 * - str01 指针变量中存储的地址所存储的字符串常量的内容
 * - str02 指针变量它自己占用的地址;
 * - str02 指针变量中存储的地址;
 * - str02 指针变量中存储的地址所存储的字符串常量的内容;
 * - "Hello LaoXie" 这个字符串常量所占用的地址;
 * - "Hello XiaoSi" 这个字符串常量所占用的地址。
 *
 * 我在输出这些信息之前给 str02 进行了赋值,
 * 让 str02 指针变量指向了"Hello ITLaoXie"这个常量,
```

```
    * 此时 str02 中所存储的是 "Hello ITLaoXie" 这个常量在常量池中的地址。
    * 对比 str01 在没有重新赋值之前存储的内容，我们会发现，
    * 这个常量的地址从我们开始使用到现在一直都没有发生过变化。
    * 我们虽然修改了 str01 的值，但是修改的只是指针变量里面存储的常量池中常量所在的内存地址，
    * 在这个过程里，常量池中的常量所占用的内存地址中存储的常量值一直都没有发生过变化。
    */

    return 0;
}
```

在上面的代码中字符串中使用了转义符，我们在 printf 功能函数中想在字符串中输出双引号，但是在代码当中，编译器会将双引号中的内容理解成是字符串中的内容。如果代码中直接出现双引号的话，默认情况下会和之前的双引号直接进行匹配。所以如果我们想在双引号括起来的字符串中去输出双引号，就需要通过转义符的方式来实现，也就是 \"，通过这样的方式可以在字符串输出的时候输出双引号。

下面这是老邪针对上面这部分代码的运行结果：

```
str01 变量自己的地址是 = 0x16af67580
str01 中存储的地址是 = 0x104e9be70
str01 指向的字符串是 = Hello LaoXie
"Hello LaoXie" = 0x104e9be70
分隔线 ====================
str01 变量自己的地址是 = 0x16af67580
str01 中存储的地址是 = 0x104e9bf1b
str01 指向的字符串是 = Hello XiaoSi
"Hello LaoXie" = 0x104e9be70
"Hello XiaoSi" = 0x104e9bf1b
分隔线 ====================
str01 变量自己的地址是 = 0x16af67580
str01 中存储的地址是 = 0x104e9bf1b
str01 指向的字符串是 = Hello XiaoSi
str02 变量自己的地址是 = 0x16af67578
str02 中存储的地址是 = 0x104e9be70
str02 指向的字符串是 = Hello LaoXie
"Hello LaoXie" = 0x104e9be70
"Hello XiaoSi" = 0x104e9bf1b
```

注意：我的运行结果和你的未必是相同的，因为我们计算机在分配内存的时候所给出的内存地址肯定是不一样的，但是逻辑和整体的效果却是一样的。这里要你做的就是，根据自己的运行结果来结合代码中给出的注释，一一地去对比每一个输出的内容在什么时候发生了变化，哪些值是一直存在而且从未发生过变化的。这个过程一定要亲力亲为。只要你认认真真地经历过一遍，相信你一定会有所收获，而且通过这个示例你也一定能对指针的理解更上一个台阶。

8.2.3 字符串的输入输出

在 C 语言中我们想针对字符串进行输入、输出都需要使用到系统的功能函数，比如

scanf()，当然也有一些其他的方式，只不过现在的我们对 scanf() 更加地熟悉，并且使用的也是最多的，所以这里重点强调 scanf() 功能函数针对于字符串的使用方法。我们一起来看一下 Demo086：

- Demo086 - 字符指针存储字符串的输入与输出。

```
#include <stdio.h>

/**
 * 程序功能：字符串的输入与输出。
 */
int main() {
    // 我们定义一个空的字符数组，用作存储输入的字符串。
    char str[128];

    printf("请输入一个字符串：");

    // 注意：我们在输入字符串的时候，字符串变量前面不使用 & 符号。
    scanf("%s", str);

    printf("你输入的字符串是：%s\n", str);

    return 0;
}
```

注意：我们在使用 scanf() 对普通变量进行输入的时候，都要使用 & 符号对普通的变量进行取地址的操作，但是在针对字符串进行输入的时候则没有写 & 符号。那是因为字符数组的数组名本身就是这个数组的首地址，所以我们不需要对其进行再次的取址操作。这里是我们一定要注意的。另外需要注意的是，我们输入的字符串长度一定不能超过我们定义的字符数组长度，不然的话也会出现一些不可预见的错误。

8.3 综合代码示例

- Demo087 - 计算字符串的长度。

用户输入一个字符串，通过程序计算这个字符串的有效长度。

```
#include <stdio.h>

/**
 * 程序功能：计算用户输入的字符串的有效长度。
 */
int main() {
    // 我们定义一个空的字符数组，用作存储输入的字符串。
    char str[128];
    // 定义循环变量用作计数。
    int n = 0;

    // 提示用户输入一个字符串并将用户输入的字符串赋值给 str 数组。
    printf("请输入一个字符串：");
```

```
    scanf("%s", str);

    // 计算字符串的长度。
    while(str[n++]);

    /**
     * 上面的这种写法相信你肯定没有见过，
     * 即使你之前在其他的某些领域接触过 C 语言或者是其他的编程语言，
     * 也未必接触过这样另类的写法。当然想要计算字符串的长度会有可读性更好的写法，
     * 在这里我只是想通过这个示例告诉你循环实际上也未必一定要有循环体。
     * 如果我们可以在循环的条件表达式里就达到逻辑目的，
     * 那么我们完全可以将循环体省略掉，只需要在循环的后面加上分号结束这个循环结构即可。
     *
     * 接下来我们就来说一下这个计算的逻辑，实际上也非常简单。
     * 字符串的结束标识符是字符 '\0'，在之前我们学习循环的时候已经知道了。
     * 在 C 语言的循环结构中，任何非 0 且非 NULL 的值都为真。
     * 字符 '\0' 也是 C 语言中 0 的一种表现形式，它对应的字符编码就是 0。
     * 所以在字符串中任意的字符只要不是 '\0'，我们就可以继续循环，
     * 一直判断到 '\0' 的时候，也就是循环条件为假的时候退出循环。
     * n 作为循环变量，这个值一直都在循环条件中自增，
     * 当 n 作为下标访问到了字符 '\0' 的时候，循环就结束了。
     * 此时 n 的值是包含了字符 '\0' 的长度，所以我们在输出字符串有效长度的时候只要对应地 -1 即可。
     */

    printf("%s 字符串的有效长度是：%d\n", str, n - 1);

    return 0;
}
```

- Demo088 - 判断用户输入的一个字符串是否是回文。

用户输入一个字符串，判断用户输入的这个字符串是不是回文。

“回文”就是正序读和倒序读都是一样的字符串，比如：“12321”“abccba”这样的字符串。这个算法是一个历届 C 语言二级考试中出现频率相对较高的字符串相关的算法。

```
#include <stdio.h>

/**
 * 程序功能：判断用户输入的一个字符串是否是回文。
 */
int main() {
    char str[128];
    int n = 0, i;

    printf("请输入一个字符串：");
    scanf("%s", str);

    while(str[n++]);
    n--; // n 的值 -1 相当于减掉 '\0' 占用的长度。

    /**
     * 以上部分是在获取字符串并计算字符串的长度。
```

```
     * 变量 n 为字符串长度。
     */

    /**
     * 判断回文的逻辑实际上和之前我们接触过的数组逆序存储类似，
     * 都是要操作数组两端的数据。之前我们做逆序存储的时候是将两端的数据做交换，
     * 依次地向中间做交换的操作一直到达中心点为止。
     * 那么判断回文实际上就是判断两端的数据是否相同，如果相同则继续向中心判断，
     * 如果有不同的数据就说明不是回文，直接输出结果并退出程序就可以了。
     */
    for (i = 0; i < n / 2; ++i) {
        // 判断两端的数据是否不同。
        if (str[i] != str[n - i - 1]){
            // 如果发现不同，直接输出结果。
            printf("%s 不是回文 \n");
            // 通过 return 0 退出当前程序的运行。
            return 0;
        }
    }

    /**
     * 如果没有通过上面的 return 0 退出程序，
     * 在上面的循环结构中 if 的条件始终都没有成立，
     * 那也就是说对比的结果都是相同的，
     * 这样程序就会运行到下面的输出语句。
     */

    printf("%s 是回文 ");

    return 0;
}
```

- Demo089 - 字符串复制。

将一个字符串复制到另一个字符数组中。

```
#include <stdio.h>

/**
 * 程序功能：实现字符串的复制。
 */
int main() {

    // 声明两个字符数组，用于存储用户输入的两个字符串，最大长度为 128。
    char str1[128] = "Hello XiaoSi", str2[128];

    // 初始化一个整型变量 n，用于控制下标。
    int n = 0;

    /**
     * 有了之前我们计算字符串长度的积累，
     * 对于下面这种没有循环体的写法相信你也不会觉得陌生了，
     * 但是针对下面的循环条件表达式我觉得还是有必要重点说一下。
```

```
    * 在下面我们要做的事是将 str1 中的每个元素，
    * 按照顺序依次地复制给 str2 中对应位置的元素，
    * 从而达到字符串拷贝的效果。
    * 在下面的表达式中我们一共使用了两个运算符，
    * 一个是复制运算符，一个是自增运算符。
    * 我们要考虑这两个运算符的运算顺序和方向，
    * 也就是我们所说的运算符优先级问题。
    * 首先我们在这里要做的事是赋值运算，
    * 运算方向是从右向左，
    * 也就是说编译器会先看等号右面的内容，
    * 然后才会去看等号左边的内容。
    * 所以我们要把 str1[n] 写在等号的右边。
    * 然后在等号左面我们使用了一个 n++ 的运算，
    * 这里面 ++ 运算符是后置的，所以这里的运算是先取值再自增。
    * 那么也就是说先运算的是 str2[n] = str1[n]，
    * 这就是我们要实现的对应位置元素的赋值操作。
    * 但是每次赋值之后还要让循环变量自增，
    * 所以我们将 ++ 运算符后置，做到先取值再自增。
    * 这里我们需要格外注意的是，这个 ++ 运算符一定要写在等号前面的下标中，
    * 因为赋值运算符的运算方向是从右向左的，如果写在的等号后面，
    * 那么在取值之后就会直接自增，等号前面的下标也会随之变化。
    * 这样就会导致赋值过程中下标对应不上而出现问题。
    */
    while(str2[n++] = str1[n]);

    printf("str1 = %s\n", str1);
    printf("str2 = %s\n", str2);

    return 0;
}
```

通过上面的代码可以看出来，很多时候将代码写得简洁看起来似乎代码量是少了，但是可读性就一定会受到相应的影响，这对于一个程序员的基本功是非常有考验的。其实上面的 while 循环如果写成下面的样子，相信读起来就会更加的清晰。

```
while(str1[n] != '\0'){      // 如果没有访问到 str1 中的 '\0'，也就是说明 str1 没有结束
就要继续循环。
      str2[n] = str1[n];    // 将 str1 中的元素按照相同的下标位置赋值给 str2。
      n++;                               // 下标自增，
}
```

我相信如果代码写成这样，就会很容易看懂，其实代码的精简都是通过一步一步优化而得到的，比如我第一步优化可以如下。

```
/**
* 首先我们可以优化循环条件，因为原本非 0 且非 NULL 的值就为真，所以我没有必要判断元素是否等
于 0。
* 如果 str1[n] 不是 '\0' ，自然就是真，可以继续循环，相反当访问到 '\0' 的时候就是假，自然就
退出循环了。
*/
while(str1[n]){
      str2[n] = str1[n];
      n++;
}
```

如果我们想继续优化，就可以做第二步优化。既然我们在循环的结尾想做自增运算，那么就根据 C 语言的语法来判断 n 变量应该在什么时候自增。我们发现它是在赋值结束做自增的。那么我们就可以将这段代码再次优化成如下所示。

```
while(str1[n]){
        str2[n++] = str1[n];
}
```

通过上面的优化，就可以实现在赋值结束之后让 n 的值进行自增操作。但是在这段代码中我们还可以发现，其实循环的条件就是字符串中的每个字符。我们在循环体里面要做的操作就是字符串拷贝的工作，那么也就是说每次赋值和判断访问到的字符串中的元素都是相同的。而且我们又是通过每次访问的字符串中的值来判定是否要继续下一次循环的，那么我们就再次将代码进行第三次的优化，将其直接写成如下所示。

```
while(str2[n++] = str1[n]);
```

这就是字符串赋值的核心功能代码部分。所以我们写代码的时候不能通过代码量来判定一个功能是否复杂，或者说某个需求是否容易或者困难，更不能根据代码的行数来判定某个功能是否完整。在编程的世界里所谓调优，调整的都是算法和逻辑，目的是提高程序的运行效率，或者是释放内存的占用率等，这要根据编码时的具体需求而定。至于当前的这个代码，你写成哪种形式都无所谓，只要你理解了它的逻辑。当你熟悉了 C 语言的语法结构之后，相信你也能随心所欲地写出合理的代码形式。

- Demo090 - 连接两个字符串。

将两个字符串连接在一起。

```
#include <stdio.h>

/**
 * 程序功能：实现两个字符串的连接。
 */
int main() {

    // 声明两个字符数组，用于存储用户输入的两个字符串，最大长度为 128。
    char str1[128], str2[128];

    // 初始化两个整型变量 n1 和 n2，用于记录字符串的长度。
    int n1 = 0, n2 = 0;
    int i, j;

    // 提示用户并获取两个字符串。
    printf("请输入第一个字符串：");
    scanf("%s", str1);

    printf("请输入第二个字符串：");
    scanf("%s", str2);

    // 分别计算两个字符串的长度。
    while (str1[n1++]);
    while (str2[n2++]);
```

```
    n1--;
    n2--;

    // 将第二个字符串连接到第一个字符串的末尾。
    /**
     * 将 i 的初始化为 str1 的长度，
     * 也就相当于将 i 设置为了这个字符串最末尾的位置，
     * 字符串的连接操作也就是从这个位置开始的。
     * 初始化 j 变量的值为 0，这是为了连接动作从 str2 的第一个元素开始进行，
     * 字符串连接实际上就是将另一个字符数组中的元素依次赋值到当前字符串的末尾进行追加，
     * 所以循环的次数就是第二个字符串的长度。
     */
    for (i = n1, j = 0; j < n2; i++, j++) {
        // 将对应下标位置的元素依次地进行复制操作。
        str1[i] = str2[j];
    }

    // 添加末尾空字符。
    str1[i] = '\0';

    // 输出连接后的字符串。
    printf("连接后的字符串：%s\n", str1);

    return 0;
}
```

- Demo091 - 比较两个字符串的大小。

用户输入两个字符串，比较这两个字符串的大小。

```
#include <stdio.h>

/**
 * 程序功能：比较两个字符串的大小。
 */
int main() {
    // 定义两个字符串，最大长度为 128。
    char str01[128], str02[128];
    /**
     * n：用于控制下标。
     * m：用于记录两个字符串中相对短的字符串长度，用于控制循环次数。
     * len01、len02：分别用于记录 str01 和 str02 的有效字符长度。
     * res：判断依据，
     *       大于 0 表示 str01 更大；
     *       小于 0 表示 str02 更大；
     *       等于 0 表示 相等。
     */
    int n, m, len01 = 0, len02 = 0, res = 0;

    // 提示用户并分别获取两个字符串。
    printf("请输入第一个字符串 str01：");
    scanf("%s", str01);
    printf("请输入第一个字符串 str02：");
```

```
    scanf("%s", str02);

    // 计算两个字符串的长度。
    while (str01[len01++]);
    while (str02[len02++]);
    len01--, len02--;

    // 将两个字符串中长度较短的长度值记录在 m 中
    m = len01 < len02 ? len01 : len02;

    /**
     * 控制循环次数为较短字符串的字符串长度值,
     * 因为字符串比较实际上就是比较每一个字符的大小,
     * 在 C 语言中字符的存储实际上就是字符编码,
     * 所以我们只需要针对字符编码的值做操作就可以了。
     * 那么针对这个比较的过程，如果假设其中一个字符串只有 3 个字符长度,
     * 另外一个字符有 30 个长度，那么即使前面的字符都相等，我们也没有必要继续向下比较。
     * 所以我们的循环次数要控制在较短的字符串所对应的字符串长度。
     */
    while (n <= m){
        /**
         * 由于字符编码实际上就是数值，而且是整型数值,
         * 所以我们直接做减法操作就可以很直观地通过计算结果看出它们的关系。
         * 如果计算结果大于 0，那就是前者大;
         * 如果计算结果小于 0，那就是后者大;
         * 如果计算结果等于 0，那就说明当前对应位置的字符是相同的。
         */
        res = str01[n] - str02[n];
        // 我们判断这个计算结果，如果发现不是 0，那就说明这两个字符一定不相等。
        if (res)
            break;  // 这个时候我们可以直接退出循环，不再继续循环。
        n++;     // 下标自增。
    }

    // 当退出循环之后我们来通过 res 的值判断比较结果。
    if (res > 0){    // 如果大于 0 ，说明前者大。
        printf("%s 大于 %s\n", str01, str02);
    }else if (res < 0){ // 如果小于 0，说明后者大。
        printf("%s 小于 %s\n", str01, str02);
    } else{ // 如果等于 0，说明退出循环的时候依然没有比出大小，那么这两个字符串就一定是相
等的。
        printf("%s 等于 %s\n", str01, str02);
    }

    return 0;
}
```

在这个示例里面我们利用计算的方式来判断字符串的大小，当然你也可以通过关系运算符来比较每个元素的大小，从而得到最终我们想要的结果。还是这个原则，具体的实现办法并不是唯一的，只要能够满足程序的需求，找到最适合自己的实现逻辑就可以。当然你或许会认为我这种方法做起来好像有点“鸡肋”，但是在这里我选择使用这样的逻

辑来实现这个功能肯定有原因。在后文中讲到系统功能函数的时候，你就会发现，C 语言中的库函数使用的逻辑就是我现在使用的逻辑。这里算是抛砖引玉，先让你对这个逻辑有个初步的认识，更有利于你学习后面的知识。

8.4 本章小结

通常情况下我们可以把字符串当做是一个特殊的字符数组，当然有些时候也可以把它当作是地址来操作。

在使用字符串的时候一定要注意以下的事项：

- 字符串是一个特殊的字符数组，必须有‘\0’作为结束的字符数组才是字符串。
- 对于拥有字符‘\0’的字符数组，在‘\0’的后面依然可以有字符存在，只是它们不被统计在字符串内。
- 字符串的有效长度不包括‘\0’字符。
- 我们可以使用字符型指针去描述一个字符串，但是描述的仅仅是一个字符串常量在常量池中的地址而已。
- 我们可以通过字符数组的数组名，或者字符类型的指针变量直接访问字符串。
- 字符串不可以进行整体的赋值运算，这一点在操作上和普通数组类似，需要通过循环依次操作每一个元素。
- 字符串在比较大小的时候比较的是字符数组中对应位置元素字符编码的大小，并非仅仅是字符串的长度。
- 使用字符串存储中文的时候，中文占用的内存空间字节数取决于使用的中文字符编码，ASCII 编码为 2 个字节，UTF-8 编码为 3 个字节。

第9章 C 语言中的函数

9.1 什么是函数

9.1.1 函数的简介

在编程领域中的函数和我们在数学中接触到的函数是不同的，在编程领域中的函数是实现某个具体功能的代码块，通常情况下不同的编程语言都会提供一些直接可以使用的系统函数，我们也可以自己去定义一些功能函数，当然自定义函数的功能和逻辑需要自己去定义。这样说起来好像有点抽象。那么接下来老邪告诉你，就把自己想象成是一个函数就可以了。不信看下面的分析。

编程领域中函数的概念就是能够完成某一个独立功能的代码块。那么这和你又有什么关系呢？首先你如果不是连体人，那么你就一定是一个独立的个体，这一点肯定是没问题的。另外，你一定也能完成某一项独立的功能，比如：吃、喝、拉、撒、睡等。最后一条要满足的条件就是代码块。如果你能坚持看这本书到现在，那么说明你未来很可能就是要靠编码的方式来养活自己。那么代码就一定是你每天都要写的，所以说自己就是代码块，这也是没有问题的。那么现在说你就是一个函数，相信你也不会有什么意见。

9.1.2 函数的基本概念

我们在本章重点介绍自定义函数，也就是说如何自己组合逻辑去实现某一项功能。在此之前我们要先明确一些概念。

前文已经确认了函数的概念，自己就是函数，那么现在就结合自己来明确一些关于函数的概念。

比如现在需要你计算一下两个 10 以内的整数相加的结果，我相信这个功能你一定能够实现。虽然我相信你能做到，但是现在也需要你自己再次确认一下，你真的能做到吗？能？你确定你真的能？我再给你五秒钟考虑，你真的能吗？好，你既然还认为你能做到，那么现在就算吧。赶紧算一下！你怎么还不算呢？你在等什么？我用了将近 50 字的篇幅来灵魂拷问你就是为了让你对下面我要说的话能够有更深的印象。现在的你心里或许已经开始在骂街了。老邪是不是脑壳坏掉了。什么跟什么呀就让我算？我算什么呀？对，这就是我的目的，如果我让你算两个数相加的结果，那么首先需要我给你提供两个数才能算下去。那么你记住，要实现某个功能的时候所需要的介质，在编程领域的自定义函数中，我们就将其称为“参数”。

知道了参数还不够，参数也分为“形参”和“实参”，就比如我给了你两个整数，那么这两个整数是在我脑子里的，我说给你听，我说的就是“实参”，你听到了，把听到的记到了你的草纸上或者是你的脑子里，那么你记下来的就是“形参”。你在接收我给你参数的过程就是一个用实参给形参赋值的过程，这个过程叫作“传参”。

那么现在是谁在帮我做这个加法运算的工作呢？全中国有十几亿人，我总不能让所有人帮我去做这项工作吧。所以怎么才能让我指定一个具体的人？肯定是通过名字。在代码中我们想指定一个具体的变量，使用的是变量名，那么想指定一个具体的函数时，也一定需要一个具体的名字。你现在就是这个函数，那么我就把你的名字“小肆”的全拼“xiaoSi”当作是“函数名”。

当我指定了你去帮我完成这个具体的运算工作之后，并且也给了你两个整数，比如：6 和 7。此时的你就要做运算的动作了。不管是用笔在纸上算，还是头脑灵活直接口算，这个计算的过程都是你自己完成的，那么这个过程我们把它叫作“函数体”。

我相信你现在已经很轻易地得到了计算的结果。那么此时的你应该向我反馈一些什么呢？你帮我算完了就一定会给我一个反馈的结果，你给我的这个反馈的结果我们把它称为“返回值”，你给我反馈这个结果的数据类型我们把它称为“返回值类型”。

那么接下来你可能会想这么简单的事老邪你自己都不做或者都不会做，还要寻求你的帮助来完成。老邪也太会使唤人了，那么我这个使唤人的过程就是在做“函数的调用”。包括上面提到的“传参”的过程都是在函数调用的时候完成的。

根据上面的例子大概明确了一些概念如下：

- 函数名：函数的名字，需要满足 C 语言中的标识符命名规则。
- 参数：想实现某些具体功能时候所需要的必要条件介质，分为形参和实参。
    - 形参：在函数定义时用来接收实参的变量。
    - 实参：在函数调用时提供给函数的具体数据。
- 返回值：实现了功能之后要反馈给调用处的具体数据。
- 函数的调用：通过函数名和参数去使用某一个具体的功能函数。
- 传参：在调用函数时向函数的形参列表赋值的过程。

9.1.3 为什么要使用函数

当我们在代码中需要反复使用某一段代码的时候，函数的出现就会让我们的程序代码变得更加的优雅和简洁，也可以提高我们代码的可读性。比如你有 500 行代码实现了一个功能，我们再假设这个功能的名字叫做“开门”，我们将函数命名为“openDoor”。那么如果在整个项目中要多次使用到“开门”这个动作，在我们没有学习函数之前，你就不知道要写多少次这 500 行代码。而且在上万行甚至是几十万行的代码当中每次看见这 500 行代码的时候，能很清晰地看出这 500 行代码的前后边界吗？能很容易地看得出这 500 行代码的具体功能是什么吗？很显然这是做不到的。因为在项目代码中，这样的 500 行代码可能会有很多个，你根本无法分清谁是谁。但是如果我们使用函数就可以通过函数名很容易地区分现在正在做什么。

另外，使用函数除了可以提高代码的可复用性和代码的可读性以外，还可以提高代码的可维护性。比如这 500 行代码在项目上线之后已经跑了一年多了，发现有些地方存在 bug 或者是可优化的。那么如果没有函数的话，我们要修改的地方不知道要有多少，甚至根本就找不到修改位置。但是如果有了函数，我们只需要修改函数就可以了，其余代码中调用函数的位置都会同步得到功能上的更新。所以函数的出现是很有必要的。

我可以负责任地说，如果不会自定义函数，那么一定不会写好代码，更别说成为一个程序员。

9.2 函数的定义

由于每一个函数都有一个独立的功能，所以函数的定义是不可以嵌套的。之前编写的代码都是在 main() 函数中的，这也是一个程序的入口，我们也把它称为主函数，这个之前已经介绍过。我们在 main() 函数中写代码，其实就是在用自己的方式去实现 main() 函数的功能。如果我们想要再额外定义一个函数，那么这个函数必须写在 main() 函数的外面，可以写在同一个 .c 文件里，也可以写在其他的 .c 文件里。这样我们只需要在调用这个函数之前声明一下就可以了。接下来我们就来一起学习如何定义一个自定义函数。

9.2.1 带参函数带返回值

按照之前的示例，实现一个 10 以内的整数加法运算，我们来通过函数实现这个功能，看看我们要如何定义。

```
// 语法结构

返回值类型 函数名 (形参列表……) {
        函数体;
}

// 具体代码实现
/**********************************
```

```
 * 函 数 名：xiaoSi
 * 形参列表：num01、num02 两个数
 * 返 回 值：计算结果
 ********************************/
int xiaoSi(int num01, int num02){
        return num01 + num2;
}
```

以上就是一个完整的函数定义，这里面包含了函数定义时需要的所有元素。当然这些元素在定义函数的时候也未必一定都需要存在。

我们来看一下这个函数为什么要定义成这样。首先因为你就是这个函数，所以用你在本书学习过程中的名字“小肆”的全拼“xiaoSi”作为函数的名字。你在计算的时候需要两个整数类型的数据，所以需要两个参数，那么就有了形参列表 int num01 和 int num02 注意多个参数之间需要使用逗号分隔。当你完成计算之后要给我反馈，这里我们需要使用关键词 return 将你计算的结果返回给调用处。最终这个自定义函数的定义也就完成了。

在这段代码的最后使用了 return 关键词。这个关键词的作用就是将一个具体的值返回到这个函数被调用的位置，就好像我让你帮我计算这两个数相加的结果你就要把这个结果告诉我，而不是去告诉隔壁老王。

9.2.2 无参带返回值

在有些时候我们使用函数未必一定要传参，或许我们只需要这个函数帮我们实现一个固定的功能，并且只要返回相同的值就可以了。比如现在有一个门铃，使用的时候只需要按动这个门铃就可以了，并不需要提供什么值。按动就是在调用门铃的过程，此时的门铃只需要发出“叮咚”的声音就可以了。那么我们就可以将函数定义成这样：

```
char[] xiaoSi(){
        return "叮咚";
}
```

这就是一个没有参数的函数，因为每次我只需要门铃发出“叮咚”的声音，门铃只要给我反馈了。就说明这个门铃是有效的。

9.2.3 带参无返回值

当然也可以传入参数但是不要返回值。假设我现在让你去帮我把垃圾扔了，我需要把垃圾给你，你只需要把垃圾拿走扔掉就可以了，并不需要再给我带回来点什么。这种需求实际上就是传入参数而不需要返回值的。或者当输出一个欢迎页面时，需要知道我们要欢迎的是谁。只需要知道要欢迎的人的名字就可以了，剩下的就是输出这个页面，这也可以使用带参无返回值的定义方法。那么我们就可以将函数定义成这样：

```
void xiaoSi(char name[]){
        printf("欢迎 %s 回来", name);
}
```

在这里函数体内用到了参数，但是并不需要把什么数据返回给调用处，只需要直接输出这个信息就可以了。就好像你帮我扔了垃圾之后就随便愿意做什么就做什么，不需要回来向我报告。

这里的 void 是空数据类型，在函数定义的时候这就表示没有返回值的数据类型，所以我们就不需要使用 return 返回任何数据。

9.2.4 无参无返回值

最后就是参数和返回值都不需要的场景。假设你是酒店或者是商场的迎宾，那么你每天需要做的事就是对着进来的客人说："欢迎光临"。你并不需要知道他们每个人的名字，当然也不会有人告诉你。对于这种非常简单又不需要反馈的工作我们就可以将函数定义成这样：

```
void xiaoSi(){
        printf("欢迎光临");
}
```

这种无参无返回值的自定义函数使用的场景并不多，如果你需要这么简单的功能，那么也可以尝试这样去使用函数。

9.3 函数的调用

上文介绍了如何去定义一个函数，那么定义好的函数要如何去调用呢？其实学习到这里的时候已经无数次地调用过函数了，比如每次我们使用 printf() 和 scanf() 的时候，实际上都是在调用函数。只不过这些是系统的 stdio.h 头文件为我们提供的已经定义好的系统函数，并不是我们自定义的。其实我们调用自定义函数的方法和调用系统函数的方法是没有任何区别的，只需要通过函数名和传递参数就可以使用函数中的具体功能了。那么下面就用计算数学题的示例来说明一下如何正确地调用函数。

- Demo092 - 自定义函数并调用。

```
#include <stdio.h>

/**
 * 计算两个数相加的结果并返回。
 * @param num01：第一个加数
 * @param num02：第二个加数
 * @return 两数相加之和
 */
int xiaoSi(int num01, int num02){
    return num01 + num02;
}
```

```
int main() {
    int a, b, sum;

    printf(" 请输入第一个加数: ");
    scanf("%d", &a);
    printf(" 请输入第二个加数: ");
    scanf("%d", &b);

    /**
     * 调用自定义函数，因为函数有一个 int 类型的返回值，
     * 所以我们可以直接把这个函数的调用当作一个 int 类型的值来使用。
     * 这里也就相当于我们用一个 int 类型的值给一个 int 类型的变量赋值。
     * 在调用函数的时候根据形参列表中需要的数据向函数内传参，
     * 这里面我用了 a, b 两个变量，当然也可以使用常量，
     * 但是需要注意的是数据类型一定要能对应的上，
     * 如果对应不上出现了隐式类型转换的情况可能会损失精度。
     */
    sum = xiaoSi(a, b);

    // 输出结果
    printf("%d + %d = %d\n", a, b, sum);

    return 0;
}
```

我们在上面的示例中看到。在同一个 .c 文件中定义多个函数的时候，每个函数都是独立的，比如这个示例中的 main() 函数是独立的，xiaoSi() 这个自定义函数也是独立的，它们不允许写成嵌套的形式。当我们将函数的定义写在调用之前的时候，我们可以直接在函数定义的后面，或者说是下面的位置对函数进行调用。Demo092 中就是前面定义了函数，所以在后面可以直接调用。如果函数的定义在调用处的后面，我们要在调用之前做好函数的声明。例如下面的代码：

- Demo093 - 调用函数之前先声明。

```
#include <stdio.h>

// 函数的声明需要写在函数调用处的上方。
// 函数的声明格式: 返回值类型 函数名 ( 形参列表……);
int xiaoSi(int num01, int num02);

int main() {
    int a, b, sum;

    printf(" 请输入第一个加数: ");
    scanf("%d", &a);
    printf(" 请输入第二个加数: ");
    scanf("%d", &b);

    sum = xiaoSi(a, b);

    // 输出结果
```

```
    printf("%d + %d = %d\n", a, b, sum);

    return 0;
}

/**
 * 计算两个数相加的结果并返回。
 * @param num01: 第一个加数
 * @param num02: 第二个加数
 * @return 两数相加之和
 */
int xiaoSi(int num01, int num02){
    return num01 + num02;
}
```

Demo093 示例中的代码和 Demo092 中的几乎相同，只是函数定义的位置发生了变化。如果函数的定义是在调用处的后面，我们就必须要在函数调用处上方对这个函数进行声明的动作。函数声明的语法结构在 Demo093 的函数声明处已经用注释的形式展示了，其实很简单，就是定义函数时除了大括号函数体以外的内容，另外结尾需要添加一个分号。这个动作有点像我们在使用变量之前需要声明变量一样，先声明后使用同样也适用于函数。

当然你也许也会发现，我们在使用 printf() 函数或者 scanf() 函数的时候也没在前面写过什么所谓的函数声明语句呀。没错我们的确是没有写，那是因为这两个函数的定义和声明部分都被写在了 stdio.h 这个头文件当中。我们在代码的最上方写了 #include <stdio.h> 这个预处理语句去包含这个头文件，实际上就相当于是把这个定义和声明的部分已经完成了。当然后续我们也会接触到如何将函数定义在 .h 文件中，还有如何在一个项目中使用多个 .c 源文件和 .h 头文件来一起编译程序。

9.4 全局变量与局部变量

接下来我们要在这里介绍一个不算新的概念，那就是全局变量和局部变量。在之前的章节里我们仅仅提了一下，相当于是留了一个扣子，那么这个扣子我就要在本节帮你解开。因为只有我们学习到了函数或者说是多文件的划分的时候，全局变量和局部变量的存在才算是真正的有意义。那么什么是全局变量，什么又是局部变量呢？

- 全局变量：在当前的 .c 文件中都可以使用的变量，我们可以把这个变量叫作当前 .c 源文件的全局变量。
- 局部变量：在某一个语句块内的变量，我们称之为局部变量，这个语句块可以是循环体或者函数体等。

那么这两种变量在使用的时候有什么不同呢？其实主要区别就在于它们的生存期和作用域，具体详见表 9-1。

表 9-1　全局变量和局部变量的区别

特征	全局变量	局部变量
作用域	整个程序中可见，可以在任何函数中访问	仅在定义它们的语句块中可见，只能在该语句块中访问
存储位置	存储在静态存储区域	存储在栈内存中
生命周期	程序运行期间一直存在	语句块执行时分配内存，语句块结束时销毁
默认初始化	全局变量默认初始化为 0 或 NULL	局部变量默认不初始化

参考以上特征，我们一一编写代码来验证上述的结论是否正确。

关于存储位置的区别我们没有办法通过代码得到很直观的结论，但是通过生命周期的区别我们可以侧面地验证关于存储位置的区别。在静态存储区内的变量必然会一直存在，在栈内存中的变量也就是动态存储区中的变量当代码执行过后，也就随语句块结束一同销毁了。我来看下面的代码。

注意：老邪的书的确是用来帮助你学习 C 语言语法知识的，但是我认为更是教你如何学习技术的，这要比学习某一个知识点本身更加的重要。在你向下看我写的代码之前，我希望你自己能够动脑筋思考，如果你现在拿到了以上的这些结论，然后你自己编写测试代码去验证以上的理论，你会怎么去写，或者你会想出什么样的代码去推翻上述的这些结论，这才是你真正应该学会的。

- Demo094 - 作用域的区别。

所谓作用域也就是变量的作用范围，一个变量定义之后，在哪可以用，在哪不可以用。下面这个示例就是用来测试作用域的，包括当全局变量和局部变量发生变量名冲突的时候，哪个作用域优先级会更高，在下面的代码中均有体现。

```
#include <stdio.h>

int num = 9527;

void method01(){
    int m1 = 666;
    printf("在 method01 函数中访问全局变量 num = %d\n", num);
    printf("在 method01 函数中访问局部变量 m1 = %d\n", m1);
    // 在 method01 中无法访问 method02 中的局部变量。
    // printf("在 method01 函数中访问局部变量 m2 = %d\n", m2);
}

void method02(){
    int m2 = 999, num = 250;
    // 当前函数内的 m2 可以直接在当前函数中被访问，但是其他函数无法访问。
    printf("在 method02 函数中访问局部变量 m2 = %d\n", m2);
    // 当前函数中也定义了 num，这个变量名和全局变量重名，
    // 此时局部变量的作用域更近，所以会覆盖全局变量的作用域，
    // 所以这里输出的结果将会是 250。
    printf("在 method02 函数中访问局部变量 num = %d\n", num);
}
```

```
int main() {
    printf("在 main 函数中访问全局变量 num = %d\n", num);
    // 尝试在 main() 函数中访问 method01() 和 method02() 中的局部变量均不会成功。
    // 自己尝试测试时可将下面两行注释的代码打开参与编译，编译时会直接报错。
    // printf("在 main 函数中访问 method01 中的局部变量 m1 = %d\n", m1);
    // printf("在 main 函数中访问 method02 中的局部变量 m2 = %d\n", m2);
    method01(); // 调用自定义函数。
    method02(); // 调用自定义函数。

    return 0;
}
```

- Demo095 - 生命周期的区别。

所谓生命周期就是当一个变量被定义之后能存活多久，全局变量的生命周期是整个程序运行期间，但是局部变量的生命周期就只在自己所在的语句块内，比如函数体内。在上面的示例中也能看出，在一个函数体内声明的变量离开了这个函数体就不能用了，编译器根本不知道它的存在。其实循环体也是同样的道理，下面我们就在循环体内定义一个局部变量来测试一下。

```
#include <stdio.h>

int num = 9527;

int main() {
    /**
     * 我们试图在循环结构内声明一个循环变量，这个变量就是局部变量，
     * 它的生存期和作用域都在这个循环结构之内。
     * 之前我们声明的循环变量都是在循环体以外，整个 main() 函数的最上方。
     * 这首先是为了兼容低版本的 C 语言编译器，
     * 另外一个原因是在我们没有真正接触局部变量这个概念的时候，避免混淆。
     * 在我们学习了局部变量的概念之后，我们定义循环变量的时候可以将它定义在循环体之内。
     * 当然在循环体内定义的其他变量也是局部变量，都是同一个道理。
     */
    for (int i = 0; i < 10; ++i) {
        printf("%d\t", i);
    }

    /**
     * 在循环体内我们可以正常输出 i 的值，
     * 但是在循环体外我们就不能访问到 i 这个变量了，
     * 因为当上面的循环结构语句块运行结束之后，i 变量就被释放了，
     * 也就是说它的生命周期结束了。
     * 你可以将下面这行代码的注释打开，这种方法去测试局部变量。
     */
    // printf("循环结构内的局部变量 i = %d\n", i);

    /**
     * 全局变量 num 可以被访问，因为它的生命周期是整个 .c 源文件，
     * 只要 main() 函数没有运行结束，也就是说程序没有结束，num 就一直存在。
     */
```

```
    printf("全部变量 num = %d\n", num);

    return 0;
}
```

- Demo096 - 初始化的区别。

相信不用我多说你也知道初始化就是在一个变量定义之后它的初始值。全局变量的初始值会被初始化成各种数据类型对应的 0 的表现形式，而局部变量则不会有任何的初始化，局部变量的初始值都是随机值。我们通过下面的代码来验证这个结论。

```
#include <stdio.h>

int i;
float f;
double d;
char c;

int main() {
    int ii;
    float ff;
    double dd;
    char cc;

    printf("全局变量 i = %d\n", i);
    printf("全局变量 f = %f\n", f);
    printf("全局变量 d = %lf\n", d);
    printf("全局变量 c = %c\n", c);

    printf("分割线 ==================\n");

    printf("全局变量 ii = %d\n", ii);
    printf("全局变量 ff = %f\n", ff);
    printf("全局变量 dd = %lf\n", dd);
    printf("全局变量 cc = %c\n", cc);

    return 0;
}
```

上面的代码很简单，仅仅是定义了变量并且没有对其进行初始化和任何的赋值，然后直接输出它们的值来验证上面的结论，我们可以通过输出的结果发现，全局变量的值都被默认初始化为了各种数据类型对应的 0，但是局部变量的值每次运行之后得到的结果都是不同的，也就是我们所说的随机值。

那么这样我们就通过了一系列的代码测试验证了之前表格当中总结的结论。未来在学习过程中如果你有了属于自己的结论，想验证它们的时候，就可以像我现在一样，用一系列简单的示例去验证自己的想法是否正确。这样你未来的学习效率也会越来越高。

另外我们在最开始学习常量与变量的章节中接触了一个关键词叫做 static ，表示静态。接下来你就可以运用上面我们测试局部变量以及全局变量生存期、作用域的方式，自己测试当使用 static 关键词修饰了局部变量或者全局变量之后的区别。例如：static int num = 9527，经过测试之后从而得到属于你自己的总结。现阶段你还只能在一个源代码文件中做测试、分析和总结。未来当我们学习多文件编译的时候，你还可以在多个文件中测试用过 static 修饰的变量、函数或者结构的作用范围。

9.5 函数的传参

9.5.1 如何传参

函数的传参指的是在调用函数的时候，向函数内部传递值的过程，这个过程我们把它叫作传参。

我们知道参数分为形参和实参，函数在定义时小括号里面形参列表定义的变量叫做形参，我们在函数调用的时候所传递的具体值叫作实参，实参可以是常量、变量、表达式，甚至也是可以是另外一个函数的调用。那么我们就来看一个具体的例子。

- Demo097 - 函数的传参。

```
#include <stdio.h>

// 函数的声明
void method(int num);
int sum(int a, int b);

int main() {
    int num = 9527;
    // 定义三个变量用于存储函数的返回值。
    int res01, res02, res03;

    // 向 method() 函数中传递变量的值。
    method(num);
    // 向 method() 函数中传递常量的值。
    method(9528);
    // 向 method() 函数中传递表达式的值。
    method(9528+1);

    // 向 sum() 函数中传递常量值。
    res01 = sum(1, 2);
    // 向 sum() 函数中传递 sum() 函数调用后的返回值和另外一个常量。
    res02 = sum(sum(1, 2), 3);
    // 向 sum() 函数中传递 sum() 函数调用后的返回值。
    res03 = sum(sum(1, 2), sum(3, 4));

    // 输出结果
    printf("res01 = %d\n", res01);
    printf("res02 = %d\n", res02);
    printf("res03 = %d\n", res03);
```

```
    /**
     * 我们从上面的代码中可以看到，实际上函数在调用的时候是可以嵌套的。
     * 因为函数本身是具有返回值的，那么我们就可以将函数的返回值直接作为参数进行函数的传参，
     * 就像 res02 和 res03 返回值接收时的调用那样。
     * 函数的嵌套调用不仅仅可以调用与自己相同的函数，
     * 实际上可以调用任何其他的函数，比如我们可以直接调用 printf() 去输出 sum() 的计算结果
     * 代码如下：
     */

    printf("6 + 7 = %d\n", sum(6, 7));

    /**
     * 在上面的 printf() 格式化输出时，使用了 %d 为一个整数类型的值进行占位
     * 那么我们只需要在后面使用对应的整数类型值就可以了。
     * sum() 函数的返回值也是整数类型的值，所以我们可以直接在这里调用 sum() 函数，
     * 将 sum() 函数的返回值作为 printf() 函数的参数进行传递，这样就可以完成输出。
     * 那么当我们学习了函数相关的知识以后，我们知道 printf() 也是一个函数，
     * 这个函数具备两组参数，第一组参数是双引号内括起来的输出格式，
     * 第二组参数是前面占位符所对应的值，有多少个占位符就要对应传递多少个参数。
     */

    return 0;
}

/**
 * 输出传递进来的具体参数值。
 * @param num 传递进来的参数
 */
void method(int num){
    printf("你传递进来的参数是：%d\n", num);
}

/**
 * 计算两个数相加之和并返回。
 * @parama：第一个加数
 * @paramb：第二个加数
 * @return 返回值
 */
int sum(int a, int b){
    return a + b;
}
```

在上面的示例中我们介绍了 C 语言中参数的传递方法。实际上传参的过程就是用实参给形参赋值的过程，形参也是函数体内的局部变量，它的生存期和作用域都只在函数体内才有效。当函数被调用的时候被声明，当函数执行结束之后就被释放。

我们也通过上面的示例，进一步地了解了 printf () 的具体使用方法。我们也发现很多的东西越学到后面才会变得越清晰，这是一个循序渐进的过程。试想，如果在我们第一天写“Hello 小肆”的时候我就跟你说什么是函数、什么是参数、什么是返回值等，想必这本书你也看不到现在。所以学习编程的过程就是这样循序渐进的，有些东西没有必要

在刚看见它的时候就知道它的原理，当我们慢慢接触的东西多了，之前很多的疑惑都会随之清晰起来。就像我们介绍的局部变量以及全局变量一样，在没有函数的知识点作为铺垫之前，如果在常量变量相关的章节就拿出来给你讲，想必你也没有办法通过上面这种示例来验证书中所说的结论，所以在不适当的时候去试图了解一些不应该去了解的知识点实际上是事倍功半的。在老邪的书或者是课程中，每个知识点出现的位置都是经过精心设计的，这也是与市面上其他传统教学资料不同的地方。我真心的希望你能通过这本书高效地学好这门编程语言，我们一起加油。

9.5.2 传参顺序

- Demo098 - C 语言中函数传参的顺序。

在 C 语言当中，在调用函数的时候参数的传递实际也是有顺序的，这个通常会被忽视，甚至很多的教学资料中也没有提及，在这里我认为有必要重点强调一下。很多时候在考试中，这种边缘类的知识点容易出现在拔高的题中。我们一起通过下面的代码来推敲一下这个传参的顺序到底是什么。

```
#include <stdio.h>

int main() {
    int i = 4;

    printf("%d, %d, %d, %d\n", ++i, i += 2, i -= 3, i += 5);

    return 0;
}
```

我们来看上面的代码，是不是觉得很简单，无非就是根据一个输入依次输出了四个整数而已，但是没看下面的程序运行结果之前，你自己得到的结果大概率是错误的。不卖关子，直接看下面的结果：

```
5, 7, 4, 9
```

以上就是程序运行之后的输出结果，和你预想的是否不同？那么如果我告诉你函数的传参顺序是从右向左的，这样你是不是就能想得通了。i 的值初始化为 4，右边第一个参数的表达式是 i += 5，这样这个表达式的结果就变成了 9，同时 i 的值也同步变成了 9，之后的一系列传参我相信不用每一个带着你算下去了吧，自己把数带进去，最终得到的答案就是输出的结果。

注意：如果让我出一套题去考试，我一定会出一道类似的题，计算方法一点儿都不难，但是这个运算顺序是非常容易被人忽略的。

9.6 递归调用

9.6.1 递归的使用

函数的递归调用指的就是在函数体的内部调用自己的一种特殊调用的方法。这种调用方式在日常开发中使用得并不多，但是我们也得知道它是怎么使用的。通过下面的一个示例来了解一下递归的调用过程。

- Demo099 - 函数的递归调用。

```
#include <stdio.h>

void speak(int num) {
    printf(" 在刚刚进入函数时, num = %d\n", num);

    if (num > 1)
        speak(num - 1);

    printf(" 在即将退出函数时, num = %d\n", num);
}

int main() {
    speak(3);

    return 0;
}
```

在上面的代码中并没有添加任意一行注释，这里有两个目的，首先自己尝试根据代码的结构来预估输出的结果，如果你预估的结果和我下面给出的输出结果是相同的，那么后面关于递归调用的篇幅你可以直接跳过。但是如果你预估的结果和我不同，甚至根本无法预估这个程序输出的结果，那么后面的内容你必须一字不落地看至少 3 遍，因为你每一次看都会有新的认识，有助于你理解到底什么是递归调用。以上代码的运行结果为：

```
在刚刚进入函数时, num = 3
在刚刚进入函数时, num = 2
在刚刚进入函数时, num = 1
在即将退出函数时, num = 1
在即将退出函数时, num = 2
在即将退出函数时, num = 3
```

如果你是第一次学习编程，第一次接触函数和函数的递归调用，并且能够成功地预估代码的运行结果，一定要通过读者群或者其他任何你能联系到我的方式告诉我，因为我实在是想多认识几个天才做朋友。其他的闲话不多说，如果你没有成功地预估到结果，那么接下来我们一起分析一下这个程序的调用过程。

我们在主函数中调用了 speak() 函数，并且向函数内传递实参 3，即将一个整数 3 赋值给了函数的形参，那么紧接着进入到函数体内。

- 第一次进入函数体。

```
void speak(int num) {        // 第一次进入函数体时，num 的值是 3。
    // 在这里会正常地输出下面的这句话，此时输出的 num 的值为 3。
    printf(" 在刚刚进入函数时，num = %d\n", num);

    // 这里有一个判断条件，目前 num 的值是 3 ，当然满足 > 1 的条件。
    if (num > 1)
    // 因为满足条件，所以会再次调用这个函数，
    // 并且将 num - 1 也就是 2 作为参数传递，
    // 接下来会再次进入这个函数体，这次的调用是 speak(2)。
        speak(num - 1);

    // 注意：在第一次进入循环体时，
    // 下面这条输出语句在 if 当中的 speak(2) 调用没有结束之前不会被执行到，
    // 下面的这条输出语句需要等 speak(2) 调用结束之后才会被执行到。
    /**
     * 注意：这块注释部分的内容在第二次进入函数体运行结束之后，回来再看！
     * 这和之前的运行顺序是一样的，在第二次进入函数体运行结束之后，程序会返回到当前调用的
位置，
     * 程序会继续向下运行，执行最后的这一条输出语句，
     * 此时在这个函数体内 num 的值是 3，所以会输出 3，
     * 这一次函数的调用是在 main() 函数中进行调用的，那么我直接返回到 main() 函数中即可。
     */
    printf(" 在即将退出函数时，num = %d\n", num);
}
```

当上面的函数体内再次调用了 speak(2) 的时候我们将再次进入循环体，继续向下看。

- 第二次进入函数体

```
void speak(int num) {        // 第二次进入函数体时 num 的值是 2。
    // 在这里会正常地输出下面的这句话，此时输出的 num 的值为 2。
    printf(" 在刚刚进入函数时，num = %d\n", num);

    // 这里有一个判断条件，目前 num 的值是 2 ，当然满足 > 1 的条件。
    if (num > 1)
        // 因为满足条件，所以会再次调用这个函数，
        // 并且将 num - 1 也就是 1 作为参数传递。
        // 接下来会再次进入这个函数体，这次的调用是 speak(1)。
        speak(num - 1);

    // 注意：在第二次进入循环体时，
    // 下面这条输出语句在 if 当中的 speak(1) 调用没有结束之前不会被执行到。
    // 下面的这条输出语句需要等 speak(1) 调用结束之后才会被执行到。
    /**
     * 注意：这块注释部分的内容在第三次进入函数体运行结束之后，回来再看！
     * 第三次函数体的运行结束之后会返回到上面函数调用的位置，这个时候程序会继续向下运行。
     * 此时才会执行到下面的这条输出语句。当前函数体内 num 的值是 2 ，所以将会输出 2。
     * 这个函数体当执行完最后一条输出语句之后，整个的递归调用过程也就结束了。
     * 因为这次函数体的运行是在第一次的函数体中调用的，那么此时就要回到第一次进入函数体时的调
```

```
用处。
     * 那么在这里再次返回到上面我们第一次调用进入到函数体的位置。
     */
    printf(" 在即将退出函数时，num = %d\n", num);
}
```

当上面的函数体内再次调用了 speak(1) 的时候我们将再次进入循环体，继续向下看。

- 第三次进入函数体。

```
void speak(int num) {        // 第三次进入函数体时 num 的值是 1。
    // 在这里会正常地输出下面的这句话，此时输出的 num 的值为 1。
    printf(" 在刚刚进入函数时，num = %d\n", num);

    // 这里有一个判断条件，目前 num 的值是 1，此时不满足 > 1 的条件。
    if (num > 1)
        speak(num - 1);        // 不满足条件则不会执行 if 里面的递归调用部分，程序将继续向下
运行。

    /**
     * 在上面没有递归调用自己或者其他函数的时候，代码才会正常地向下运行。
     * 那么也就是在第三次进入了函数体的时候下面的这条语句才会第一次被执行到。
     * 此时是在第三次进入这个循环体，这个时候 num 的值为 1，所以将会输出 1 的值。
     * 当下面这行语句执行完了之后，整个调用过程并没有结束。
     * 因为这是递归调用时第三次进入这个函数体，
     * 调用结束之后需要返回第二次调用的函数体内的函数调用位置继续向下运行。
     * 那么我们返回到上面第二次进入函数调用的代码块中。
     */
    printf(" 在即将退出函数时，num = %d\n", num);
}
```

在上面的示例讲解中我们需要依次从第一次进入到函数体，看到第二次进入到函数体，再看到第三次进入到函数体，再返回往回看到第二次进入到函数体，再返回向上看第一次进入到循环体。这个过程也是这个程序递归调用的完整过程。我们再一次把这个函数体拿出来，最后为它添加一次注释。

```
void speak(int num) {
    /**
    * 这是刚进入函数的时候要做的事
    * 在调用自己本身函数体之前执行的动作，我们可以将其称为 "递"。
    */
    printf(" 在刚刚进入函数时，num = %d\n", num);

    /**
     * 在函数体内调用自己本身之前一定要有一个判断条件
     * 这个判断条件就是跳出递归调用的条件，如果没有这个条件就将会是一个死递归。
     * 死递归要比死循环更加可怕，对于内存的影响将是巨大的，很有可能瞬间造成程序的崩溃。
     * 那么在满足条件的时候就可以调用自身的函数体，做递归操作。
     * 但是我们这里需要注意的是，如果这个递归调用自己的代码下面还有其他的代码，
     * 那么当本次调用结束之前，下面的代码将不会被执行到，就像当前函数体下方的输出语句一样。
     * 当这个调用结束之后，返回到当前被调用的位置了，代码才会继续向下运行。
     */
    if (num > 1)
```

```c
        speak(num - 1);

    /**
     * 这是在即将离开函数的时候要做的事，
     * 也可以把下面这行输出的语句理解成是在函数体内调用自己本身之后要做的事。
     * 我们可以把这个过程叫作 "归"。
     */
    printf(" 在即将退出函数时, num = %d\n", num);
}
```

所以我们也可以简单地把递归理解为，当我们一层一层地向下调用函数体本身的时候，我们把这个动作叫作“递”，当调用结束之后一层一层向上返回的时候，我们就把这个过程叫作“归”。

9.6.2 递归小示例

- Demo100 - 用递归实现 5 的阶乘

5 的阶乘就是 1×2×3×4×5 的结果，如果选择用循环取解决这个问题，相信你不会觉得陌生。但是如果使用递归取实现呢？其实写起来更简单。具体的实现如下：

```c
#include <stdio.h>

/**
 * 程序功能：用递归实现 5 的阶乘。
 */

/**
 * 计算 num 的阶乘并返回。
 * @param num：几的阶乘
 * @return 计算结果
 */
int factorial(int num) {
    // 如果 num 是 1 的话讲直接返回 1 ，因为 1 的阶乘就是 1。
    if (1 == num)
        return 1;

    /**
     * 如果 num 不是 1 的话，那么 num 的阶乘等于 num 乘以 num - 1 的阶乘。
     * 比如 5 的阶乘 等于 5 乘以 4 的阶乘，
     * 4 的阶乘 等于 4 乘以 3 的阶乘 …… 以此类推。
     * 如果要计算的阶乘不是 1 的阶乘，那么就返回 num 乘以 num - 1 的阶乘。
     */
    return num * factorial(num - 1);
}

int main() {
    // 定义 res 存储阶乘函数调用的返回值作为结果。
    int res = factorial(5);
```

```
    // 输出结果。
    printf("5 的阶乘等于：%d\n", res);

    return 0;
}
```

求阶乘也是函数递归调用中比较经典的一个示例，可以像上文做递归分析那样，把每一次进入到循环体的时候参数是什么，它们是具体如何调用又是如何返回的过程在一张纸上写出来。相信这样你会对递归的调用过程了解得更加清晰。

在我们真正开发的时候递归不会用于这么简单的算法操作。通常我们在文件目录遍历这种需求中才会使用到递归操作，其中的逻辑就是如果是目录就要进去读取内容，如果再读取到的文件还是目录，就还要进去，一直到没有目录了再一层一层地返回。这才是递归在一个实际项目中真正的应用。

在我们刚刚接触到递归的时候多数人都会觉得很晕，有点盗梦空间的感觉，一层又一层嵌套。其实只要我们把握住以下这几点，就可以很好地理解递归：

- 递归调用仅仅就是函数众多的调用手法之一，并没有特殊之处。
- 在程序运行过程中，如果遇到了函数调用，函数必须要调用结束并返回到当前调用处之后才会继续向下执行。
- 在递归的使用过程中先要确定递归结束的条件，不要出现死递归。

只要把握住以上三点原则，再返回去看看前文介绍的内容，是不是感觉已经不能再简单了。

9.7 main() 函数怎么用

从我们开始学习 C 语言到现在，大大小小的代码示例写了正好 100 个，也就是说我们至少写了 100 遍 main() 函数了。但是其实你还不会使用 main() 函数。因为我们并没有手动去调用过这个函数，而且我们一直用的都是无参的 main() 函数，实际上 main() 函数的标准写法中也是带有参数的，main() 函数的标准如下：

```
int main(int argc, char *argv[]){
      return 0;
}
```

其中的参数分别为：

- argc 是一个整型变量，存储的是传递到 main () 函数中的参数的个数。
- argv 是一个字符串数组，存储的是传递到 main () 函数中的具体参数字符串。
- 返回值是整数类型值，可以返回任意整数类型的值，通常默认返回 0，表示正常退出程序。可以自定义其他值作为退出码。

那么我们如何去手动调用程序的 main() 函数呢？又如何向 main() 函数传递参数？先一起编写如下代码：

- Demo101 - 手动调用 main() 函数，并访问参数。

```
#include <stdio.h>

/**
 * 程序功能：展示 main() 函数参数的作用。
 */

int main(int argc, char *argv[]) {
    printf("argc = %d\n", argc);

    for (int i = 0; i < argc; ++i) {
        printf("argv[%d] = %s\n", i, argv[i]);
    }

    return 0;
}
```

我们在这段代码当中输出了 argc 的值，也遍历了 argv 这个字符串数组。如果直接通过开发工具编译运行的话得到的结果中：

- argc 对应的值应该是 1。
- 遍历 argv 能得到的值应该是当前这个代码编译之后生成的可执行文件所在的绝对目录。

这就是开发工具在帮我们编译可执行文件之后的结果。如果想手动地向 main () 函数中传递其他的参数，那么我们需要自己打开命令行终端。

- Windows - 如果使用的是 Windows 系统，之后可以通过"win + r"组合键进入命令行控制台终端，然后通过 cd 命令进入到上文运行结果中代码编译之后生成的可执行文件所在的绝对目录。因为刚刚已经通过编译器对代码进行了编译，也生成了对应的可执行文件，这时只需要在命令行中输入"./ 可执行文件名"。（注：这个可执行文件名通常是 a.exe 或者是和源代码文件名同名的 .exe 文件）通过这样的方式就可以手动地执行这个编译之后的可执行文件，得到与之前我们通过编译器运行同样的结果。如果想要向 main () 函数内传递参数，我们可以在执行命令的后面直接输入参数，比如：./ 可执行文件名 参数 1 参数 2 参数 3 …… 可以在执行命令的后面传递多个字符串形式的参数，参数之间用空格分隔。传递了参数之后，在运行结果中就会看到 argc 和 argv 的值都会有相应的变化。
- Mac
- 如果使用的是 Mac 系统，相信应该是使用 CLion 或者是 XCode 作为 C 语言的开发工具。当然它们内置的都是 gcc 编译器，运行可执行程序的方式和 Windows 类似，也是需要打开命令行终端，Mac 有属于自己的控制台终端。运行方式同样也是进入到编译之后的可执行文件所在目录，命令输入的方法和格式与 Windows 中命令相同。只不过在 Mac 中可执行文件的扩展名不是 .exe，Mac 与 Linux 系统类似，都是根据文件的权限来确定文件是否可执行。

注意：关于 main() 函数的手动调用过程，上面仅仅是通过文字的形式做了一些简单的介绍。如果需要更详细的操作流程，可以通过读者群找到老邪，到时我会针对这部分内容专门给出视频演示。对于这部分内容仅仅进行介绍，不要求一定会实操，这也是本书中唯一不要求实操的示例。毕竟在真正项目当中基本没有什么机会手动地去调用 main() 函数。

9.8 综合代码示例

以下示例均需要通过函数实现，由于代码过于简单而且还有之前已经学习过的代码，只不过是换了一个呈现形式，所以下面的代码中不会添加过多的注释讲解。

- Demo102 - 求两个数中的较大值。

```
#include <stdio.h>

/**
 * 返回两个数中的较大值
 * @param a: 第一个数
 * @param b: 第二个数
 * @return 两个数中的较大值
 */
int max(int a, int b){
    return a > b ? a : b;
}

int main(int argc, char *argv[]) {
    int a, b;

    printf("请输入两个整数: ");
    // 注意输入数据的格式，两个整数之间用空格分隔。
    scanf("%d %d", &a, &b);

    // 函数的嵌套调用，直接将 max() 函数的返回值作为参数输出。
    printf("最大值是: %d\n", max(a, b));

    return 0;
}
```

- Demo103 - 计算长方形的面积

```
#include <stdio.h>

/**
 * 计算长方形的面积。
 * @param a: 长方形的一条边。
 * @param b: 长方形的另外一条边。
 * @return 长方形的面积。
 */
int rectangular_area(int a, int b){
    return a * b;
```

```
}

int main(int argc, char *argv[]) {
    int a, b;

    printf("请输入长方形的两条边：");
    // 注意输入数据的格式，两个整数之间用空格分隔。
    scanf("%d %d", &a, &b);

    // 函数的嵌套调用，直接将 max() 函数的返回值作为参数输出。
    printf("最大值是：%d\n", rectangular_area(a, b));

    return 0;
}
```

上面的两个示例简直简单的不能再简单了，目的不是为了实现什么复杂的程序逻辑，只是为了更熟悉函数定义和调用。接下来我们再使用函数来实现之前学习过的经典示例。

- Demo104 - 判断平闰年。

```
#include <stdio.h>

/**
 * 判断一个年份是不是闰年。
 * @param year：要判断的年份。
 * @return 1：闰年      0：平年。
 */
int judge_year(int year) {
    return !(year % 4) && (year % 100) || !(year % 400);
}

int main() {
    int year;

    printf("请输入一个年份：");
    scanf("%d", &year);

    if (judge_year(year)) {
        printf("%d 年是闰年\n", year);
    } else {
        printf("%d 年是平年\n", year);
    }

    return 0;
}
```

- Demo105 - 判断用户输入的月份有多少天。

```
#include <stdio.h>

/**
 * 判断一个年份是不是闰年。
 * @param year 要判断的年份。
 * @return 1：闰年      0：平年。
```

```
 */
int judge_year(int year) {
    return !(year % 4) && (year % 100) || !(year % 400);
}

/**
 * 返回用户输入的年份和月份有多少天。
 * @param year：年份
 * @param month：月份
 * @return 大于 0：天数    0：月份错误。
 */
int month_of_day(int year, int month) {
    switch (month) {
        case 1:
        case 3:
        case 5:
        case 7:
        case 8:
        case 10:
        case 12:
            return 31;
        case 4:
        case 6:
        case 9:
        case 11:
            return 30;
        case 2:
            // 如果是闰年，judge_year 函数的返回值是 1，平年为 0，28 + 1 正好对应闰年的
天数。
            return 28 + judge_year(year);
    }
    return 0;
}

int main() {
    int year, month, res;

    printf("请输入一个年份和月份（EX：YYYY-MM）：");
    scanf("%d-%d", &year, &month);

    if (res = month_of_day(year, month)) {
        printf("%d 年 %d 月有 %d 天\n", year, month, res);
    } else {
        printf("月份输入错误");
    }

    return 0;
}
```

- Demo106 - 凯撒日期。

```
#include <stdio.h>
```

```
/**
 * 判断一个年份是不是闰年。
 * @param year：要判断的年份。
 * @return 1：闰年      0：平年。
 */
int judge_year(int year) {
    return !(year % 4) && (year % 100) || !(year % 400);
}

/**
 * 返回用户输入的年份和月份有多少天。
 * @param year：年份。
 * @param month：月份。
 * @return 大于 0：天数     0：月份错误。
 */
int month_of_day(int year, int month) {
    switch (month) {
        case 1:
        case 3:
        case 5:
        case 7:
        case 8:
        case 10:
        case 12:
            return 31;
        case 4:
        case 6:
        case 9:
        case 11:
            return 30;
        case 2:
            // 如果是闰年，judge_year() 函数的返回值是 1，平年为 0，28 + 1 正好对应闰年
的天数。
            return 28 + judge_year(year);
    }
    return 0;
}

/**
 * 判断用户输入的日期是否合法。
 * @param year：年份。
 * @param month：月份。
 * @param day：日期。
 * @return 1：合法      0：不合法。
 */
int judge_input(int year, int month, int day){
     if(year < 0 || month < 1 || month > 12 || day < 1 || day > month_of_
day(year, month)){
        printf("ERROR :  日期输入不合法！ \n");
        return 0;
    }
```

```
    return 1;
}

/**
 * 计算凯撒日期。
 * @param year：年。
 * @param month：月。
 * @param day：日。
 * @return 凯撒日期的结果。
 */
int caesarDate(int year, int month, int day){
    // 初始化累加和的初值为当前月份对应输入的日期。
    int sum = day;

    /**
     * 从输入的上一个月份开始累加每一个月的天数，一直到 1 月份为止。
     */
    for (int i = month - 1; i > 0; --i) {
        sum += month_of_day(year, i);
    }

    return sum;
}

int main() {
    /**
     * year：年。
     * month：月。
     * day：日。
     * sum：凯撒日期天数总和。
     */
    int year, month, day, sum;

    /**
     * 输入一个日期，一直到输入合法之后才能退出循环，
     * 这里我们使用 do… while 是因为必须得先有一个年月日数据之后才可以判断，
     * 这就是 do… while 的使用场景之一。
     */
    do {
        printf("请输入一个年月日（EX：YYYY-MM-DD）：");
        scanf("%d-%d-%d", &year, &month, &day);
    }while (!judge_input(year, month, day));

    // 调用凯斯日期计算函数得到计算结果。
    sum = caesarDate(year, month, day);

    // 输出结果。
    printf("%d 年 %d 月 %d 日是 %d 年的第 %d 天！", year, month, day, year, sum);

    return 0;
}
```

凯撒日期算是一个比较经典的示例，这也是一个阶段性总结的示例。在这个示例中几乎涵盖了我们之前学习过的所有知识点，所以这个示例一定要烂熟于心。背下来不是目的，把这个代码当中所有的逻辑关系捋顺，调用关系跑通、玩透代码才是我们的目标。后续我们还会对这个程序的结构做进一步的升级，将它划分为多个文件，所以现在要做的就是先把这个示例写熟、敲熟。

9.9 本章小结

- 自定义函数由返回值类型、函数名、形参列表、函数体组成。
- 函数名在命名的时候需要满足 C 语言的标识符命名规则，并且不要与系统函数重名。
- 函数可以嵌套调用但是不可以嵌套定义。
- 在调用函数的时候，传参的过程实际上就是实参给形参赋值的过程，实参和形参占用不同的存储空间。
- 函数的形参和函数体内定义的变量都是局部变量，它们的生存期和作用域都在函数体内。
- 当局部变量与全局变量同名时，局部变量的作用域将覆盖全局变量在当前语句块中的作用域。

第10章 C语言中的库函数

我们在上一章中学习了如何使用C语言来自定义函数并调用，这一章里我们来一起认识一下C语言中自带的一些库函数。在使用库函数的时候需要在代码中包含其函数所在的头文件，就好像前文的代码一直都通过 #include <stdio.h> 的方式包含了一个头文件一样。stdio.h 是标准输入输出头文件，我们使用的 printf() 格式化输出函数和 scanf() 标准输入函数都在这个头文件当中。在使用其他库函数的时候也要知道它们所在的头文件，先将其包含进来，才能正常地使用库函数。下面我们就来认识一些C语言当中相对比较常用的库函数。

注意：下面会列举一些常用库中的常用函数以及对应的测试代码，代码中会有相关的注释讲解，读者需要将代码编辑到开发工具中，编译运行并进行测试。根据测试得到的运行结果，对比源码中的注释讲解，得到属于自己的结论。这里并不是因为"懒"才没有把运行结果写在书中，而是为了让你能够亲身经历一次代码的编写过程，并且能够经历这个编译运行以及对比结果的过程，这样会加深你对这些常用功能函数的理解与记忆。学习中没有捷径，只有真的做了才会有收获。

10.1 stdio.h 标准输入输出头文件

stdio.h 中的常用函数如表 10-1 所示。

表 10-1 stdio.h 中的常用函数

函数定义原型	功能	返回值说明	形参列表说明
int printf(const char *format, ...)	格式化输出	返回输出字符的数量	格式化字符串和参数列表
int scanf(const char *format, ...)	格式化输入	返回成功读取的参数数量	格式化字符串和参数地址
int getchar(void)	从标准输入获取一个字符	返回获取的字符	无
int putchar(int character)	向标准输出写一个字符	返回写入的字符	写入的字符

- Demo107 - int printf(const char *format, ...) - 格式化输出。

相信你一定不会觉得 printf 函数陌生，毕竟前文的代码已经使用这个函数很久了，不过 printf 格式化输出中还有一些可以用来控制输出格式的方法我们还没有接触过。下面这个示例就介绍了另外一些常用的格式化输出用法。

```
#include <stdio.h>

/**
 * 程序功能：printf 格式化输出函数的使用。
 */

int main() {
    /**
     * 指定以 9 个字符宽度输出的字符串，
     * 在占位符中间使用数字表示指定在控制台以一字节为单位时输出内容的宽度，
     * 下面示例中使用的是在使用 %s 输出字符串的情况下调整宽度和对齐方式。
     */
    printf("###%9s###\n", "XiaoSi");    // 正数表示右对齐。
    printf("###%-9s###\n", "XiaoSi");   // 负数表示左对齐。

    printf("分割线======================\n");

    /**
     * 以 9 个字符的宽度输出指定的整型数据，
     * 对齐方式的使用方法和上面的字符串类型输出类似，
     * 在输出整数类型的时候我们可以使用 0 填充空白位。
     */
    printf("###%9d###\n", 9527);
    printf("###%-9d###\n", 9527);
    printf("###%09d###\n", 9527); // 用 0 填充不满 9 个宽度的空白位。

    printf("分割线======================\n");

    /**
     * 浮点数类型的指定宽度输出。
     * 这里使用的是 double 类型，占位符是 %lf，
     * 如果是 float 类型的话，占位符改成 %f 就可以了。
     */
    // 默认输出格式，保留小数点后 6 位。
    printf("%f\n", 3.14);
    // 只保留小数点后 2 位。
    printf("%.2f\n", 3.14);
    // 以 6 个字符宽度输出，保留小数点后 2 位，右对齐。
    printf("###%6.2lf###\n", 3.14);
    // 以 6 个字符宽度输出，保留小数点后 2 位，左对齐。
    printf("###%-6.2lf###\n", 3.14);
    // 以 6 个字符宽度输出，保留小数点后 2 位，右对齐，空白位用 0 补齐。
    printf("###%06.2lf###\n", 3.14);

    printf("分割线======================\n");

    /**
```

```
     * 高级用法：使用 %* 动态宽度输出指定的数据。
     * 下面我们简单以整型和字符型作为示例，对于其他类型读者可自己编写代码测试。
     * 输入指定宽度后，程序会根据输入的宽度显示下面的内容。
     * %*d 中的 * ，表示动态宽度，格式参数后面紧跟着的第一个参数为宽度。
     * 星号相当于是宽度的占位符，这里我们可以使用任意的整数类型数据作为宽度。
     */
    int width;
    printf("请输入输出指定内容的宽度：");
    scanf("%d", &width);

    printf("###%*d###\n", width, 6);
    printf("###%0*d###\n", width, 6);
    printf("###%-*d###\n", width, 6);
    printf("###%*c###\n", width, 'Z');
    printf("###%-*c###\n", width, 'Z');

    return 0;
}
```

示例中我们输出的内容带有 # 的原因是，为了让指定输出的内容前后填充一些字符，能够更容易看出指定输出数据的宽度。# 本身并没有什么实际含义，在正常使用代码过程中 # 可以被更换成任意的字符。

- Demo108 - scanf(const char *format, ...); - 格式化输入。

格式化输入函数对于我们而言也不算陌生。这里我们需要注意的是在调用这个函数的时候，要正确地使用占位符，还有格式化参数中的具体格式一定要和键盘输入的格式完全相同。另外在格式参数后面的具体输入列表中一定要使用地址格式，针对普通变量需要使用 & 符号进行取值操作，但是针对字符串类型则不需要，因为字符串本身就是字符数组，字符数组的数组名本身地址。关于这一点我们在之前字符串的章节中也有所提及，这里不再过多赘述。我们还是一起来看下面的示例。

```
#include <stdio.h>

/**
 * 程序功能：scanf 格式化输入函数的使用。
 */

int main() {
    int n;
    char str[128], c01, c02;

    printf("请输入 n 的值：");
    scanf("%d", &n);     // 针对普通变量进行取地址操作。
    printf("n = %d\n", n);

    printf("分割线======================\n");

    printf("请输入一个字符串：");
    scanf("%s", str);    // 针对字符串变量不需要取地址，因为数组名本身就是地址。
    printf("str = %s\n", str);
```

```
    printf("分割线======================\n");

    fflush(stdin);  // 清空键盘缓冲区。
    printf("请输入 c01 的值:");
    scanf("%c", &c01);
    fflush(stdin);  // 清空键盘缓冲区。
    printf("请输入 c02 的值:");
    scanf("%c", &c02);
    printf("c01 = %c\nc02 = %c\n", c01, c02);

    return 0;
}
```

注意：在上面的示例中我们使用 fflush(stdin); 函数，调用这个函数的目的是为了清空键盘缓冲区，我们在输入字符 c01 之前输入了一个字符串，在字符串的结尾我们一定会输入一个回车。但是对于字符串的输入，编译器只是将回车前面的字符存储到了 str 字符数组中，回车也是一个字符，在控制台是通过 \n 来表示的。所以在 str 字符数组拿走了回车之前的字符之后，键盘缓冲区中还会有一个没有人认领的 \n 字符。恰巧下面我们要输入的是 c01，这是一个字符变量，如果我们没有清空键盘缓冲区，这个 \n 就会被 c01 直接拿走，对下面输入的 c02 也是同样的道理。所以如果在输入字符变量之前不去清空键盘缓冲区，容易对输入的数据造成不可控或者串位的结果。当然你也可以将 fflush 函数调用注释掉，然后再去测试程序的运行结果，根据结果分析这个现象出现的原因。再和我上面介绍的内容进行对比，相信你能对 fflush(stdin); 的作用理解得更加深刻。

- Demo109 - int getchar(void); 和 putchar(int character); 输入 / 输出单字符。

我们可以使用 scanf 和 printf 来对各种数据类型的变量进行输入和输出的操作，当然也包括字符类型，但是 C 语言也为我们提供了专门针对字符类型的输入和输出函数。这里我们就用一个简单的示例来看一下如何使用这两个函数。

```
#include <stdio.h>

int main() {
    char c01, c02;

    // 首次输入的时候不需要清空键盘缓冲区。
    printf("请输入 C01:");
    c01 = getchar();
    fflush(stdin);
    printf("请输入 C02:");
    c02 = getchar();

    printf("刚刚输入的值为:");
    putchar(c01);
    putchar(c02);

    return 0;
}
```

10.2　time.h 时间和日期函数头文件

time.h 是一个与时间相关的功能函数头文件，其中我们常用的功能函数有如表 10-2 所示。

表 10-2　time.h 中常用的函数

函数定义原型	功能	返回值说明	形参列表
time_t time(time_t *timer)	获取当前时间戳	返回当前时间戳	timer：指向 time_t 类型的指针
char*ctime(const time_t *timer)	将时间转换为可读的字符串格式	返回指向包含可读时间字符串的字符数组指针	timer：指向 time_t 类型的指针
double difftime(time_t time1, time_t time0)	计算两个时间之间的差值	返回两个时间之间的差值（以秒为单位）	time1：时间参数 1，time0：时间参数 2
clock_t clock(void)	返回程序执行开始以来的时钟周期数	返回程序执行开始以来的时钟周期数	无参数

time_t 是一种特殊的数据类型，虽然特殊，但是实际上我们就是把它当作整数类型来进行操作，所以在这里也可以用 int 类型去代替 time_t 类型，但是在使用时间相关函数的时候，使用 time_t 会更加直观。

- Demo110 - time_ttime(time_t *timer) 获取当前时间戳。

```
#include <stdio.h>
#include <time.h>

int main() {
    time_t t;

    // 获取当前时间的秒数。
    t = time(NULL);

    // 输出当前时间的秒数。
    printf("当前时间的秒数(时间戳)：%ld\n", t);

    return 0;
}
```

- Demo111 - struct tm *localtime(const time_t *timer) 将时间转换为本地时间。

```
#include <stdio.h>
#include <time.h>

int main() {
    time_t t;
    char *time_str;

    // 获取当前时间的秒数。
    t = time(NULL);

    // 将时间转换为字符串格式。
    time_str = ctime(&t);
```

```
    // 输出转换后的时间字符串。
    printf("当前时间：%s", time_str);

    return 0;
}
```

- Demo112 - double difftime(time_t time1, time_t time0) 计算两个时间之间的差值。

```
#include <stdio.h>
#include <time.h>

int main() {
    time_t start_time, end_time;
    double diff_seconds;

    // 获取起始时间。
    start_time = time(NULL);

    // 模拟一段程序运行时间。
    for (int i = 0; i < 1000000000; i++) {
        // 这里你可以随意地写点儿什么，模拟要执行的程序代码。
    }

    // 获取结束时间。
    end_time = time(NULL);

    // 计算时间间隔。
    diff_seconds = difftime(end_time, start_time);

    // 输出时间间隔。
    printf("程序运行时间为 %.2f 秒\n", diff_seconds);

    return 0;
}
```

- Demo113 - clock_t clock(void); 返回程序开始执行以来的时钟周期数。

```
#include <stdio.h>
#include <time.h>

int main() {
    clock_t start_clock, end_clock;
    double cpu_time_used;

    // 记录程序开始时的时钟时间。
    start_clock = clock();

    // 模拟一段程序运行时间。
    for (int i = 0; i < 1000000000; i++) {
        // 这里你可以随意地写点儿什么，模拟要执行的程序代码。
    }

    // 记录程序结束时的时钟时间。
```

```
    end_clock = clock();

    // 计算程序运行时间。
    cpu_time_used = ((double) (end_clock - start_clock)) / CLOCKS_PER_SEC;

    // 输出程序运行时间。
    printf("程序运行时间为 %.2f 秒\n", cpu_time_used);

    return 0;
}
```

clock_t 类型与 time_t 类型类似，实际上也是整数类型，只是为了在使用 clock() 函数的时候更加容易辨认，所以更推荐在使用 clock() 函数的时候使用 clock_t 类型来接收返回值。

CLOCKS_PER_SEC 是一个宏定义，在 C 语言标准库 <time.h> 中定义，它表示每秒钟时钟计时器的计时单位数。在大多数系统中，CLOCKS_PER_SEC 的值为 1000000，表示时钟计时器的计时单位是微秒级别的。

在使用 clock() 函数计算程序运行时间时，我们需要将时钟计时器的计时单位转换为秒，因此通过除以 CLOCKS_PER_SEC 进行转换，从而得到程序的运行时间，这样可以确保我们获得以秒为单位的准确运行时间。

10.3 stdlib.h 标准库函数头文件

stdlib.h 是 C 语言中常用工具头文件，其中包括很多常用的功能函数，例如随机数相关的函数就定义在 stdlib.h 头文件中。我们这里就以两个随机数相关的函数为例，如表 10-3 所示，这两个函数基本上都是联合使用的。其他功能函数在后面的章节中还会有相应的介绍。

表 10-3 stdlib.h 头文件中的常用函数

函数定义原型	功能	返回值说明	形参列表
int rand(void)	生成一个伪随机数	返回一个伪随机数	无参数
void srand(unsigned int seed)	设置随机数生成的种子	无返回值	seed：用于生成随机数序列的种子值

- Demo114 - 猜数字游戏。

```
#include <stdio.h>
#include <stdlib.h>
#include <time.h>

/**
 * 程序功能：猜数字游戏。
 */

int main() {
    /**
     * num：用户输入的数字。
     * res：答案数字。
```

```
    */
    int num, res;

    /**
     * 设置随机种子，
     * 在计算机中任何的随机值都是通过一个随机种子和算法计算出来的，
     * 这里我们使用的是 time(NULL)，也就是当前的系统时间的时间戳作为随机种子。
     * 时间戳：从 1970 年 1 月 1 日至今的秒数。
     * 我们利用这个时间戳作为随机种子，相对随机得到的结果是最不可控的。
     */
    srand(time(NULL));
    /**
     * 生成一个 1 ~ 100 之间的随机值，
     * 任何值除以 100 取余得到的一定是 0 ~ 99 之间的值，
     * 我们把 0 ~ 99 的值 + 1 得到的就是 1 ~ 100 之间的值。
     */
    res = rand() % 100 + 1;

    while (1){
        printf("请输入：");
        scanf("%d", &num);

        if (num > res)
            printf("大了\n");
        else if (num < res)
            printf("小了\n");
        else {
            printf("对了\n");
            break;
        }
    }

    return 0;
}
```

10.4 string.h 字符串函数头文件

string.h 是 C 语言中关于字符串的相关功能函数头文件，之前在字符串相关章节的时候自己写过的一些关于字符串的算法在这个头文件中都能找到对应的功能函数，如表 10-4 所示，之后我直接拿过来使用就可以了。

表 10-4 string.h 头文件中的常用函数

函数定义原型	功能	返回值说明	形参列表
size_t strlen(const char *str)	返回字符串的长度	字符串的长度	str：要计算长度的字符串
char *strcpy(char *dest, const char *src)	拷贝字符串	目标字符串的地址	dest：目标字符串的地址，src：源字符串的地址

续表

函数定义原型	功能	返回值说明	形参列表
char *strcat(char *dest, const char *src)	连接字符串	目标字符串的地址	dest：目标字符串的地址； src：要连接的字符串
int strcmp(const char *str1, const char *str2)	比较字符串	整数值	str1：第一个要比较的字符串； str2：第二个要比较的字符串
char *strchr(const char *str, int c)	在字符串中查找字符	返回指向字符的指针	str：要搜索的字符串； c：要查找的字符

- Demo115 - size_t strlen(const char *str) 返回字符串的长度。

```
#include <stdio.h>
#include <string.h>

int main() {
    // 定义一个字符串。
    char str[] = "Hello, World!";

    // 使用 strlen 函数计算字符串的长度。
    size_t length = strlen(str);

    // 输出结果。
    printf("字符串 \"%s\" 的长度是：%zu\n", str, length);

    return 0;
}
```

size_t 类型实际上就是 int，所以我们也可以使用 int 类型来接收 strlen() 函数的返回值。

- Demo116 - char *strcpy(char *dest, const char *src) 拷贝字符串。

```
#include <stdio.h>
#include <string.h>

int main() {
    // 定义源字符串和目标字符串。
    char str01[] = "Hello 小肆!";
    char str02[20]; // 目标字符串的大小要足够大。

    // 使用 strcpy 函数复制字符串，将 str01 复制到 str02 中。
    strcpy(str02, str01);

    // 输出结果。
    printf("源字符串：%s\n", str01);
    printf("目标字符串：%s\n", str02);

    return 0;
}
```

- Demo117 - char *strcat(char *dest, const char *src) 连接字符串。

```
#include <stdio.h>
#include <string.h>

int main() {
    // 定义两个字符串。
    char str1[20] = "Hello, ";
    char str2[] = "小肆!";

    // 使用 strcat 函数连接字符串。
    strcat(str1, str2);

    // 输出结果。
    printf("连接后的字符串: %s\n", str1);

    return 0;
}
```

- Demo118 - int strcmp(const char *str1, const char *str2) 比较字符串。

```
#include <stdio.h>
#include <string.h>

int main() {
    // 定义两个字符串。
    char str01[] = "apple";
    char str02[] = "android";

    // 使用 strcmp 函数比较字符串。
    /**
     * 返回值:
     * 大于 0 -- str1 大;
     * 小于 0 -- str2 大;
     * 等于 0 -- 相等。
     */
    int result = strcmp(str01, str02);

    // 根据比较结果输出信息。
    if (result < 0) {
        printf("字符串 \"%s\" 小于字符串 \"%s\"\n", str01, str02);
    } else if (result > 0) {
        printf("字符串 \"%s\" 大于字符串 \"%s\"\n", str01, str02);
    } else {
        printf("字符串 \"%s\" 等于字符串 \"%s\"\n", str01, str02);
    }

    return 0;
}
```

- Demo119 - char *strchr(const char *str, int c) 在字符串中查找字符。

```
#include <stdio.h>
#include <string.h>
```

```
int main() {
    // 定义一个字符串。
    char str[] = "Hello, 小肆!";
    char ch = 'o'; // 要查找的字符,

    // 使用 strchr 函数查找字符。
    char *ptr = strchr(str, ch);

    // 判断查找结果并输出信息，如果 ptr 不为 NULL 说明找到了目标字符。
    if (ptr != NULL) {
        printf("在字符串 \"%s\" 中找到字符 '%c', 位置在下标 %ld\n", str, ch, ptr -
str);
        // 其中 ptr 是找到的字符所在地址，用找到的地址减去字符串首地址得到的就是目标字符
的下标(索引)。
    } else {
        // 如果代码执行到 else 中，说明没有找到目标字符。
        printf("在字符串 \"%s\" 中未找到字符 '%c'\n", str, ch);
    }

    return 0;
}
```

特别注意：字符串的赋值、比较都必须使用函数来进行整体的操作，所以排序的时候不能直接使用关系运算符或者复制运算符来操作，应该将比较时使用的关系运算符换成 strcmp()，把交换算法中的赋值过程换成使用 strcpy() 来实现，例如：

```
if(strcmp(str1, str2) > 0){
        strcpy(t, str1);
        strcpy(str1, str2);
        strcpy(str2, t);
}
```

10.5 math.h 数学函数头文件

math.h 是 C 语言中数学功能函数头文件，其中包括了很多数学中常用的运算功能。下面我们来认识一些常见的数学功能函数，如表 10-5 所示。以下功能函数均为数学领域中常见的运算，如果在程序编写过程中需要用到数学相关的计算逻辑，可以直接使用下面这些函数来快速地帮我们解决问题。

这部分代码同样需要你自己编写、编译、运行得到结果之后，再去结合代码得到自己的判断。

表 10-5 math.h 头文件中常用函数

函数定义原型	功能	返回值说明	形参列表
double sin(double x)	计算正弦函数值	返回角度 x 的正弦值，单位为弧度	x：待计算正弦值的角度
double cos(double x)	计算余弦函数值	返回角度 x 的余弦值，单位为弧度	x：待计算余弦值的角度

续表

函数定义原型	功能	返回值说明	形参列表
double tan(double x)	计算正切函数值	返回角度 x 的正切值，单位为弧度	x：待计算正切值的角度
double exp(double x)	计算自然指数函数值	返回自然常数 e 的 x 次幂的值	x：指数值
double log(double x)	计算自然对数函数值	返回以 e 为底的 x 的对数值	x：待计算对数值
double sqrt(double x)	计算平方根	返回 x 的平方根值	x：待计算平方根的值
double pow(double x, double y)	计算幂函数值	返回 x 的 y 次幂的值	x：底数，y：指数
double fabs(double x)	取绝对值	返回 x 的绝对值	x：待取绝对值的数
double ceil(double x)	向上取整	返回不小于 x 的最小整数值	x：待取整的数
double floor(double x)	向下取整	返回不大于 x 的最大整数值	x：待取整的数

- Demo120 - double sin(double x) 计算正弦函数值。

```
#include <stdio.h>
#include <math.h>

int main() {
    double angle = 60.0; // 角度值为 60 度。
    double radians = angle * M_PI / 180.0; // 将角度转换为弧度。

    double sine_value = sin(radians); // 计算正弦值。

    // 输出计算结果。
    printf("角度 %.2f 的正弦值为 %.4f\n", angle, sine_value);

    return 0;
}
```

- Demo121 - double cos(double x) 计算余弦函数值。

```
#include <stdio.h>
#include <math.h>

int main() {
    double angle = 75.0; // 角度值为 75 度。
    double radians = angle * M_PI / 180.0; // 将角度转换为弧度。

    double cosine_value = cos(radians); // 计算余弦值。

    // 输出计算结果。
    printf("角度 %.2f 的余弦值为 %.4f\n", angle, cosine_value);

    return 0;
}
```

- Demo122 - double tan(double x) 计算正切函数值。

```
#include <stdio.h>
#include <math.h>

int main() {
    double angle = 40.0; // 角度值为 40 度。
    double radians = angle * M_PI / 180.0; // 将角度转换为弧度。

    double tangent_value = tan(radians); // 计算正切值。

    // 输出计算结果。
    printf("角度 %.2f 的正切值为 %.4f\n", angle, tangent_value);

    return 0;
}
```

- Demo123 - double exp(double x) 计算自然指数函数值。

```
#include <stdio.h>
#include <math.h>

int main() {
    double x = 2.0; // 指数值为 2。

    double exp_value = exp(x); // 计算指数函数值。

    // 输出计算结果。
    printf("e 的 %.2f 次幂的值为 %.4f\n", x, exp_value);

    return 0;
}
```

- Demo124 - double log(double x) 计算自然对数函数值。

```
#include <stdio.h>
#include <math.h>

int main() {
    double number = 100.0; // 待计算对数的数值为 100。

    double log_value = log10(number); // 计算以 10 为底的对数值。

    // 输出计算结果。
    printf("以 10 为底，%.2f 的对数值为 %.4f\n", number, log_value);

    return 0;
}
```

- Demo125 - double sqrt(double x) 计算平方根。

```
#include <stdio.h>
#include <math.h>

int main() {
    double number = 25.0; // 待计算平方根的数值为 25。
```

```
    double sqrt_value = sqrt(number); // 计算平方根值。

    // 输出计算结果。
    printf("%.2f 的平方根值为 %.4f\n", number, sqrt_value);

    return 0;
}
```

- Demo126 - double pow(double x, double y) 计算幂函数值。

```
#include <stdio.h>
#include <math.h>

int main() {
    double base = 2.0; // 幂运算的底数为 2。
    double exponent = 3.0; // 幂运算的指数为 3。

    double result = pow(base, exponent); // 计算幂运算结果。

    // 输出计算结果。
    printf("%.2f 的 %.2f 次幂的值为 %.4f\n", base, exponent, result);

    return 0;
}
```

- Demo127 - double fabs(double x) 取绝对值。

```
#include <stdio.h>
#include <math.h>

int main() {
    double number = -95.27; // 待计算绝对值的数值为 -95、27。

    double absolute_value = fabs(number); // 计算绝对值。

    // 输出计算结果。
    printf("%.2f 的绝对值为 %.2f\n", number, absolute_value);

    return 0;
}
```

- Demo128 - double ceil(double x) 向上取整。

```
#include <stdio.h>
#include <math.h>

int main() {
    double number = 3.14; // 待向上取整的数值为 3.14。

    double ceil_value = ceil(number); // 向上取整。

    // 输出计算结果。
    printf("%.2f 向上取整的值为 %.2f\n", number, ceil_value);

    return 0;
}
```

- Demo129 - double floor(double x) 向下取整。

```
#include <stdio.h>
#include <math.h>

int main() {
    double number = 66.99; // 待向下取整的数值为 66.99。

    double floor_value = floor(number); // 向下取整。

    // 输出计算结果。
    printf("%.2f 向下取整的值为 %.2f\n", number, floor_value);

    return 0;
}
```

10.6 本章小结

在本章中我们介绍了一些 C 语言中常用的功能函数，要注意的是，在使用功能函数的时候，代码最开始必须包含这个函数所对应的头文件，因为函数的定义都在头文件中，如果不包含头文件，编译器将不能找到要调用的系统函数。

以上介绍的函数仅仅是 C 语言系统函数中的一小部分，未来我们可以通过 C 语言函数手册去查看更多系统为我们提供的功能函数，方便我们日常开发。C 语言函数手册可以通过互联网获取，或者后续在读者群向老邪获取。

第11章 C语言中的指针

11.1 指针简介

在正式介绍指针之前，笔者要悄悄告诉你，指针实际上是整个 C 语言中最简单的知识点。有了之前我们掌握的知识作为基础，再来系统地学习指针更是能够事半功倍。大多数人都在吐槽指针有多么的难，这一点我并不认可，可以说它使用起来和 C 语言中其他变量有点儿不太一样，但是这并不是所谓的难，只是接触得不够多，使用得不够多所造成的一种错觉罢了。

在多数的书籍、教程乃至各种课程中，指针这部分知识都是出现在整个体系最后的部分。在本书中，也是在中后部分才重点地专门介绍指针的内容。但是不同的是，通过结合本书前文内容，相信现在读者对指针一点儿都不觉得陌生，甚至已经可以使用指针完成一些简单的操作了。指针、地址相关的概念基本上贯穿了本书的每一个章节，我们早在最开始介绍常量、变量的时候就已经接触到了指针，了解了变量的地址相关概念。在最初介绍常量、变量的章节就把指针的概念引入，也是为了能够让读者提前对这个概念有所认识，不至于在这个阶段觉得陌生。所以到了这章我们并不是在学习新的知识，而是在"复习"和"扩展"。结合本章节关于指针的介绍之后，相信读者对于 C 语言会有一个更深层次的认识。

接下来就聊聊什么是指针。指针就是一种数据类型的变量而已，既然是变量就要在内存中申请空间，它就会有属于自己的内存地址，而且变量中还会存储一些值，指针变量的值也是地址，通常是其他变量的地址。

假设一张 A4 纸是一个变量，这张纸会放在桌子上，那么这个桌子就可以理解为内存，这张 A4 纸上面可以书写文字，我们在纸上书写的文字就是这张 A4 纸上的"值"。这张 A4 纸放在桌面上的位置，比如左上角、右下角、中间等，就是这张 A4 纸在桌面上的"地址"。普通的 A4 纸上写的可能是一个整数、一个浮点数、一个字符串等，指针类型的 A4 纸上面书写的是另外一张 A4 纸的"地址"（也就是另外一张 A4 纸在这个桌面上的位置）。如图 11-1 所示。

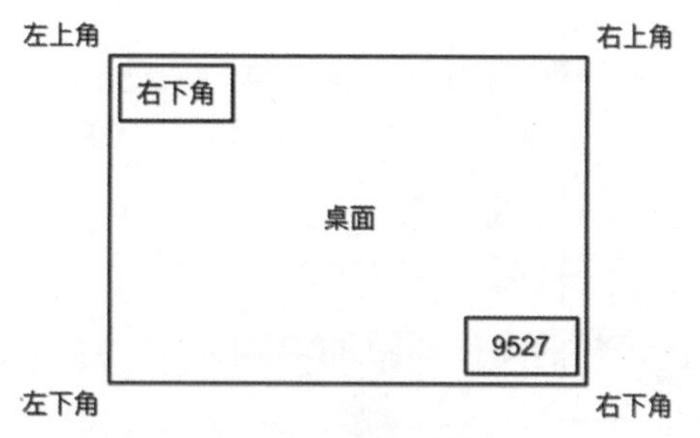

图 11-1　指针中的值

结合上图和之前的举例，我们在桌面的左上角放了一张 A4 纸，桌面的右下角也放了一张 A4 纸，右下角的 A4 纸上我们写了一个整数 9527，相当于是存储了一个整数类型的值。那么右下角的这张 A4 纸实际上就是一个整型变量，对应代码 int num = 9527，左上角的 A4 纸中书写了另外一张 A4 纸所在的位置，相当是存储了另外一个变量的地址，对应代码 int *p = &num。这样我们就可以说指针变量 p 中存储了变量 num 的地址。

通过以上的具体分析，我们可以得到这样一个结论：指针变量实际上就是用来存储变量地址的变量，所以指针仅仅就是个变量而已。我们接下来将会用一章的篇幅来一起学习一个“变量”，说起来都有些可笑，是不是太小题大作了，至少我认为是这样的。但是我也要告诉你，用一章的篇幅来学习这部分知识，并不是因为它有多难，而是这部分知识在 C 语言中非常重要，所以篇幅相对才会多一些，仅此而已。接下来我们就一起来“复习”和“扩展”指针相关的知识内容吧。

11.2　指针的声明

11.2.1　指针相关的运算符

指针相关的运算符，如表 11-1 所示。

表 11-1　指针相关的运算符

运算符	功能
*	写在变量声明处时，表示定义指针类型变量 写在变量声明处之外，用于数学运算时，表示算术运算中的乘法运算 写在变量声明处之外，用于某个指针变量前，表示取得指针变量所存储地址中对应的值
&	前后均有常量或变量时，表示位运算中的按位与 用于某个变量前作为单目运算符时，表示取得该变量所占用内存的地址

11.2.2　语法结构

数据类型 * 指针变量名 [= 地址];

例如：

```
int num = 9527;         // 定义普通整型变量并初始化为 9527。
int *p = &num;          // 定义整型指针变量并初始化为 num 变量所在的内存地址。
```

指针的初始化操作，我们可以将它形象地称为指向某某，所以上面的初始化语句也可以说成：定义整型指针变量并指向 num 变量。

上面的两条声明变量的语句的动作如图 11-2 所示。

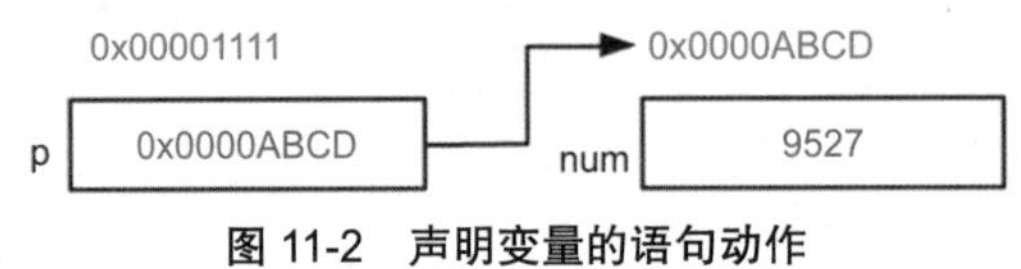

图 11-2　声明变量的语句动作

变量 num 和 p 都分别有自己占用的内存地址，如上图中的红色文字（计算机中通常使用 8 位 16 进制数来表示内存地址，实际是 32 个二进制位，这里给出的值只是假想值，具体变量的地址是编译器在声明变量时随机分配的，我们无法控制）。这两个变量也都分别有自己存储的值，如上图中蓝色文字部分。num 变量中存储了整数类型数值——9527，p 变量中存储的是 num 在内存中的地址。这就是在定义了指针变量 p 的时候，在内存中具体发生的事情。

注意：我们在声明指针变量的时候尽量对其进行直接初始化，如果在定义时确定不了指针将要存储的内容，我们也尽量使用 NULL 对其进行赋值，避免“野指针”的出现。我们知道在定义局部变量之后，如果不对其进行直接初始化，其中存储的值将会是随机值。如果指针变量中的值是一个随机不可控的值，那么可能就会无意中访问到一些不可以访问的内存空间，也就是我们常说的非法内存访问。这个动作有点儿类似于我们在访问数组元素的时候出现下标越界一样，也是访问了不该访问的内存空间。如果那段内存空间正在被其他的程序或者其他什么资源所占用，这个时候就会造成计算机的崩溃，造成不可挽救的错误。所以我们在定义指针的时候，尽量对其进行直接初始化，直接指向对应的变量或直接初始化为 NULL。当然我们在对指针变量使用结束之后，尽量将之赋值为 NULL。最大程度地避免野指针的出现。

11.3　直接访问与间接访问

其实直接访问和间接访问无非就是对于变量不同的访问方式。

11.3.1　直接访问

我们对直接访问已经再熟悉不过了，实际上就是直接对变量进行访问，比如下面的代码：

```
int num = 9527;
printf("num = %d\n", num);
```

我们可以通过直接访问变量名的方式访问到对应变量当中存储的具体值，这就是直接访问。在这里没有什么值得多说的，除了指针类型与衍生数据类型（数组、结构、枚举）以外，其他基本数据类型都可以通过直接访问的方式访问当变量中存储的值。

11.3.2 间接访问

间接访问指的是通过指针变量访问到指针所指向的具体变量的值，比如下面的代码：

```
int num= 9527;
int *p = &num;

printf("num = %d\n", num);
printf("*p = %d\n", *p);
```

上面的代码中，我们分别通过直接访问和间接访问的方式访问到了 num 中存储的具体值，指针变量 p 中存储了 num 的地址，我们通过 * 地址 的方式，通过 * 号取得对应地址当中的值，这种访问方式就是间接访问。刚开始操作地址时或许读者会觉得有点儿不适应。在本章中，我们将会对这种操作做进一步的强化。

在学习指针的过程中，一定要明确以下的几个概念：

- 指针：指的是一个用来存储地址的变量，所以指针是变量。
- 地址：指的是内存中的物理地址，相当于门牌号，所以地址是一个具体的位置。
- 值：指的是被存储在变量当中的具体内容，它可以是各种类型，甚至是地址。

只要能够分清以上的这些概念，实际上就已经掌握指针这个知识点了。

11.4 指针与数组

指针与数组实际上是两个完全不同的类型，但是我们在使用数组的时候，也可以利用指针的书写格式来对数组中的成员进行访问。因为数组名本身就是一个数组的首地址，我们在使用指针的时候实际上操作的也是内存地址，所以接下来看一下关于使用数组和指针操作数组时候的具体解决方案。

- Demo130 - 正常地遍历数组。

```
#include <stdio.h>

int main() {
    int arr[] = {1,2,3,4,5,6,7,8,9,10};

    for (int i = 0; i < sizeof(arr) / sizeof(arr[0]); ++i) {
        printf("arr[%d] = %d\n", i, arr[i]);
    }

    return 0;
}
```

我们对这种直接通过 数组名 [下标] 方式访问数组中元素来遍历数组的方式已经很熟悉。接下来，我们要做的事是通过将数组名当作地址来间接访问的方式对数组进行访问。

- Demo131 - 使用数组名当作地址进行间接访问遍历数组。

```
#include <stdio.h>

int main() {
    int arr[] = {1,2,3,4,5,6,7,8,9,10};

    for (int i = 0; i < sizeof(arr) / sizeof(arr[0]); ++i) {
        printf("*(arr + %d) = %d\n", i, *(arr + i));
    }

    return 0;
}
```

我们通过上面的代码同样可以访问到数组中的每一个元素，在上面的代码当中，循环变量 i 不再被称为下标，在使用间接访问的方式访问数组元素的时候，这个我们将 i 称为“偏移量”，实际上也就是下一个元素所在的地址。比如 arr + 1 就是从 arr 数组的首地址向后 1 个元素的地址，那么 arr + 2 就是从 arr 数组的首地址向后 2 个元素的地址，以此类推。这里我们需要注意的是，这个偏移量会根据数组的数据类型来确定偏移的具体大小，比如当前这个示例中 arr 数组是 int 类型，那么 1 个偏移量就是 4 个字节的内存空间，如果是 char 类型数组的话 1 个偏移量也就是 1 个字节的内存空间。也就是说偏移量的大小是根据数组在定义时的数据类型而确定的，不同的数据类型占用的内存空间不同，偏移量也会对应不同。

那么在这个示例中，arr + i 可以得到对应元素的所在地址，我们只需要通过取值运算符 * 号来对其进行取值就可以了。所以对数组中的某一个元素，如果我们想通过间接访问的方式来访问，就可以写作 *(arr + i)，格式为：*(数组名 + 偏移量)。

注意：偏移量可以向后，当然也可以向前，向后是加法运算，那么向前就是减法运算。我们在使用偏移量的时候也要注意下标越界的问题，不要出现非法的内存访问问题。

- Demo132- 用指针指向数组去遍历数组。

```
#include <stdio.h>

int main() {
    int arr[] = {1,2,3,4,5,6,7,8,9,10};
    int *p_arr = arr;   // 定义一个整型指针指向数组 arr

    for (int i = 0; i < sizeof(arr) / sizeof(arr[0]); ++i) {
        printf("*(arr + %d) = %d\n", i, *(arr + i));
    }

    printf(" 分隔线 ================================\n");

    for (int i = 0; i < sizeof(arr) / sizeof(arr[0]); ++i) {
```

```
        printf("*(arr + %d) = %d\n", i, *(p_arr + i));
    }

    return 0;
}
```

这里我们又额外定义了一个指针变量 p_arr 指向了数组 arr，此时内存中的存储状态如图 11-3 所示。

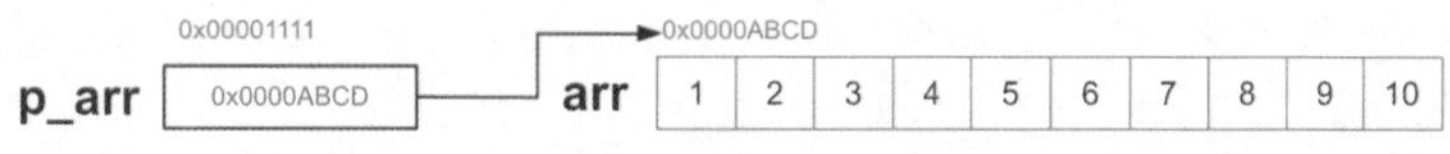

图 11-3　指针变量 p_arr 指向数组 arr

如图 11-3 所示，在这个程序代码中 p_arr 和 arr 是两个完全不同的变量，它们自己占用的内存地址都是不同的，如图中的红色文字部分（假想值）。我们在 p_arr 中存储了 arr 的地址，所以我们可以通过访问 p_arr 的方式来间接地访问数组 arr 中的每一个元素。

通过图 11-3 我们可以清晰地看到指针和数组之间的区别，我们有如下总结：

- 指针是用来存储地址的变量，而数组中存储多个数据元素。
- 通过指针变量名访问到的是指针变量中存储的地址（数组首地址），而访问数组名直接访问的就是数组所在的首地址。
- 我们可以通过 & 符来对指针变量进行取值，取得指针变量本身占用的内存地址，而针对数组名不能对其进行取值，因为数组名本身就是地址。

11.5　指针与字符串

指针与字符串之间的关系可以参考指针与数组之间的关系，毕竟字符串也可以以数组的形式表现在 C 语言的代码当中。所以针对指针与字符串的用法和上文指针与数组中介绍的用法类似，只是要注意在字符串的末尾还存在着一个容易被忽视的 \0 字符。

另外字符串还有它自己特殊的存在形式，那就是字符串常量，在 C 语言中字符串常量的实际表现形式就是字符串在常量池中的所在地址，关于这一点可以参考第 8 章中相关的内容。相信我们学习到这里再回过头去看之前接触到的概念就会觉得豁然开朗。

由于这部分内容之前已经有所讲解，在这里就不用重复的篇幅去做过多的介绍了。

11.6　指针作为函数的参数

当学习到这里的时候，一定还在认为指针这个东西好像没什么用，面对明明可以直接访问的内容为什么非得多此一举呢？我们在学习任何一个新知识点的时候都或多或少会有这种想法。比如有了 if 为什么还要学习 swtich、循环为什么要有三种这么多之类的。但是当我们知道了它们在代码中具体的应用场景之后，也就不再认为他们是多余的了，对于指针也是同样的道理。那么将指针作为函数的参数进行传递就是一个非常典型的应用场景。

11.6.1 值传递

在调用函数的时候需要传参，传参的过程是在用实参为形参赋值的过程，如果我们传递的值是普通类型的值，那么这个传递过程就是值传递，或者说这种传递方式是普通值的传递。比如有这样的一个需求：编写一个自定义函数，实现两个变量值的互换功能，代码如下。

- Demo133- 两个变量值的互换。

```
#include <stdio.h>

/**
 * 交换两个形参中的值。
 * @param a 第一个整数。
 * @param b 第二个整数。
 */
void my_swap(int a, int b){
    a ^= b;
    b ^= a;
    a ^= b;

    printf("my_swap 函数内 a = %d, b = %d\n", a, b);
}

int main() {
    int aa = 5, bb = 6;

    my_swap(aa, bb);

    printf("main 函数内 a = %d, b = %d\n", aa, bb);

    return 0;
}
```

在上面的示例中我们使用了一个新的交换算法：

```
a ^= b;
b ^= a;
a ^= b;
```

前文使用的交换算法：

```
t = a;
a = b;
b = t;
```

其实这种算法和前文使用的交换算法运算之后得到的结果是相同的，区别在于这个示例中用到的交换方法并没有声明额外的第三个变量，从空间复杂度上来讲会有一定的优势，如果我们在考试中遇到类似要求：不允许使用第三个变量来实现两个变量之间值的互换功能，我们就可以参考这种写法。但是要注意的是，这种交换的算法只能应用于整数类型和字符类型，而浮点类型不能使用这种交换方式。并且用于交换的两个值不能相同，否则结果将为 0，至于这种通过 ^= 实现交换的逻辑是如何实现的，属于数学领域的问题，不在我们目前的讨论范围内。如果读者真的感兴趣的话可以将对应的数值转换为二进制然后通过计算来一步一步验证这个交换过程。

在这里示例中，我们除了介绍了一个交换算法之外，重点是分析代码的运行结果，我们发现在函数的内部的确是实现了交换的算法，而且输出的内容也是交换之后的结果，但是在 main () 函数中，变量 aa 和 bb 的值并没有交换。这是因为这些变量都是局部变量，函数调用的传参过程仅仅是普通的值传递过程，将实参的值赋值给形参，它们的生存期和作用域都是函数体内。所以在函数内部的交换动作实际上也是交换了 my_swap () 函数内部的局部变量，所以在 main () 函数中的 aa 和 bb 的值并不会发生什么变化。但是如果现在的要求是对 main () 函数中的 aa 和 bb 的值通过 my_swap () 函数实现交换动作呢？相信聪明的你应该也想到了。没错，就是接下来我们要尝试的址传递。

11.6.2 址传递

址传递指的是将地址作为参数进行传递，那么函数的形参的类型就应该是用来存储地址的类型，也就是指针。那么接下来我们就来尝试用指针作为函数的形参来接收实参传递的地址，从而实现交换功能，代码如下。

- Demo134- 两个变量值的交换。

```
#include <stdio.h>

/**
 * 交换两个地址中存储的值。
 * @param a 第一个地址。
 * @param b 第二个地址。
 */
void my_swap(int *a, int *b){
    // 通过地址取值并实现交换算法。
    *a ^= *b;
    *b ^= *a;
    *a ^= *b;

    // 在函数内部输出交换结果。
    printf("my_swap 函数内 a = %d, b = %d\n", *a, *b);
}

int main() {
    int aa = 5, bb = 6;

    // 调用交换函数，将 aa 和 bb 的地址作为参数进行传递。
    my_swap(&aa, &bb);

    // 在 my_swap 外部输出交换结果。
    printf("main 函数内 a = %d, b = %d\n", aa, bb);
```

```
    return 0;
}
```

当使用指针作为参数传递的时候，我们就可以轻松地实现想要完成的交换动作了，因为此时我们将变量所在的地址作为参数传递到了自定义函数的内部，函数内部操作的就是地址对应的值。虽然形参的生命周期和作用域是在函数体内部，但是在函数内部实际操作的是实参对应的内存地址，实参是在调用处定义的，这样就可以真正实现变量值的交换了。

为了巩固将地址作为参数进行传递的知识，我们再尝试用数组作为参数进行传递来实现针对数组的排序算法，具体代码如下。

- Demo135- 针对数组的排序算法。

```
#include <stdio.h>

/**
 * 数组升序排序。
 * @param arr 要排序的数组。
 */
// void my_sort(int arr[]){
void my_sort(int *arr){
    for (int i = 0; i < 10 - 1; ++i) {
        for (int j = 0; j < 10 - 1 - i; ++j) {
            if (arr[j] > arr[j + 1]){
                arr[j] ^= arr[j + 1];
                arr[j + 1] ^= arr[j];
                arr[j] ^= arr[j + 1];
            }
        }
    }
}

int main() {
    int arr[10] = {1,3,5,7,9,0,8,6,4,2};

    printf("数组排序前：");
    for (int i = 0; i < 10; ++i) {
        printf("%d\t", arr[i]);
    }

    printf("\n分割线============================\n");

    my_sort(arr);

    printf("数组排序后：");
    for (int i = 0; i < 10; ++i) {
        printf("%d\t", arr[i]);
    }

    return 0;
}
```

在上面的示例中，我们可以实现通过自定义函数为数组进行排序。我们在定义函数的时候参数可以使用数组类型，也可以使用指针类型，因为参数中接收的都是 arr 数组的首地址，根据未来项目中的具体代码规范去定义形参就好，原理都是相同的。所以在上面的代码中保留了两种不同的写法，可以自行通过调整注释的位置来测试这段程序。

另外在 my_sort () 函数中是直接把参数当作数组进行访问的，使用的也是直接访问数组元素的方式来实现。那么现在如果针对这个排序算法在函数中使用间接访问的方式实现的话，要如何实现呢？建议读者先自己尝试着修改上面的程序，用间接访问的方式实现排序的功能，如果实在搞不定，再看下面的参考：

```
void my_sort(int *arr){
    for (int i = 0; i < 10 - 1; ++i) {
        for (int j = 0; j < 10 - 1 - i; ++j) {
            if (*(arr + j) > *(arr + j + 1)){
                *(arr + j) ^= *(arr + j + 1);
                *(arr + j + 1) ^= *(arr + j);
                *(arr + j) ^= *(arr + j + 1);
            }
        }
    }
}
```

一回生，两回熟，熟能生巧。其实在学习这部分知识之后，我们之前学习过的很多示例都可以用指针完成，并且使用直接访问和间接访问两种不同的方式去完成，以加深对指针使用的熟练程度。

11.7 指针的高级应用

说到指针的高级应用，不要被高级两个字吓到了，在笔者看来其实并没有什么应用是高级的或者基础的，都是在正常使用编程语言中的语法，无非是高级应用将某些知识点使用得更灵活罢了。但是在很多的教科书或者是教程当中，都会把这些内容带上“高级”两个字，所以我也无奈地使用了这两个字，起码要让读者知道下面要介绍的这些内容就是其他人口中所谓的“高级”部分。我们学习的东西首先是不比其他人更少，而且学习得要比其他人更轻松，掌握得更扎实，这些知识未来对于你而言都将会是常规操作。

11.7.1 多级指针

多级指针实际上就跟多维数组类似，比如二维数组是多个一维数组的集合，那么二级指针就是指向一级指针的指针，三级指针就是指向二级指针的指针，依此类推。在我们日常开发中最多也就会接触到二级指针，只有在极个别情况中才会使用到二级以上的指针类型，所以在这里我们主要以二级指针为例进行讲解。

我们通过之前的学习已经知道可以通过一级指针去存储普通变量的地址，那么如果我们想要存储一个指针类型变量的地址应该使用什么方式呢，当然就是多级指针，比如下面的代码。

- Demo136- 存储指针类型变量的地址。

```
#include <stdio.h>

int main() {
    int num = 9527;       // 定义普通整型变量并初始化为 9527。
    int *p01 = &num;      // 定义一级指针并初始化存储 num 的地址。
    int **p02 = &p01;     // 定义二级指针并初始化存储 p01 的地址。

    printf("num = %d\n", num);         // 输出 num 中存储的数值。
    printf("&num = %p\n", &num);       // 输出 num 在内存中的存储地址。

    printf("分割线===========\n");

    printf("p01 = %p\n", p01);         // 输出 p01 中存储的地址（也就是 num 的地址）。
    printf("*p01 = %d\n", *p01);       // 输出通过取值运算符取得 p01 所指向地址中的值（也
就是 num 的值）。
    printf("&p01 = %p\n", &p01);       // 输出 p01 指针变量自己在内存中的存储地址。

    printf("分割线===========\n");

    printf("p02 = %p\n", p02);         // 输出 p02 中存储的地址（也就是 p01 的地址）。
    printf("*p02 = %p\n", *p02);       // 输出通过取值运算符取得 p02 所指向地址中的值（也
就是 p01 的值，也就是 num 的地址）
    printf("**p02 = %d\n", **p02);   // 输出通过两次取运算符值取得 num 的值。
    printf("&p02 = %p\n", &p02);       // 输出 p02 指针变量自己在内存中的存储地址。
    return 0;
}
```

上面就是二级指针的使用方法，实际上就是用来存储一级指针地址的指针变量，也并没有什么特别之处。我们通过一级指针想取值的时候需要一个 * 号，进行一次取值就可以了，但是使用二级指针的时候，因为中间还有一层一级指针作为介质，所以就需要使用两个 * 号，做两次的取值操作。这也并不难理解。比如上面的示例就是如此，我通过二级指针进行第一次取值 *p02 ，这个是时候得到的就是 p01 的值，如果我们想继续向下取值则需要使用 *p01，因为 p01 是通过 *p02 得到的。那么按照等量代换的原则，*p01 也就是 **p02，所以两次取值也就得到了对应 num 变量中存储的具体数值了。以上就是二级指针的定义以及使用方法。

另外通过前面的学习已经知道了数组的数组名可以当作一级指针来直接使用，其实对于二维数组也是同理，那么二维数组实际上也可以当作二级指针来使用。我们可以通过二级指针间接访问的方式来遍历数组，当然也可以将二维数组作为函数的参数进行传递。来看一下下面的示例。

- Demo137- 对用直接访问和间接访问两种方式遍历数组。

```
#include <stdio.h>

/**
 * 用直接访问与间接访问两种方式遍历数组。
 * @param arr 要遍历的二维数组。
 */
void print_array(int arr[3][4]){
    for (int i = 0; i < 3; ++i) {
        for (int j = 0; j < 4; ++j) {
            printf("%02d\t", arr[i][j]);
        }
        printf("\n");
    }

    printf(" 分割线 ==================\n");

    for (int i = 0; i < 3; ++i) {
        for (int j = 0; j < 4; ++j) {
            printf("%02d\t", *(*(arr + i) + j));
        }
        printf("\n");
    }
}

int main() {
    int arr[3][4] = {1,2,3,4,
                     5,6,7,8,
                     9,10,11,12};

    print_array(arr); // 调用函数并输出。

    return 0;
}
```

注意，这里我们的自定义函数中使用的形参是二维数组的形式，并不是直接使用指针来接收的参数。在使用一维数组传参的时候，我们尝试过直接使用一级指针接收实参，结果是可以成功接收的。但是我们在使用二维数组作为参数的时候，不能直接使用二级指针，因为二级指针是一个指针变量，这个变量占用了 4 个字节的存储空间，只能存储一个地址。但是在二维数组中，我们可以把每一行都理解为一个一维数组，每个一维数组都需要一个一级指针对其进行存储，这样的话我们直接使用一个二级指针去接受一个二维数组显然是不合适。那么有什么更好的方法吗？当然有，继续向下看，在后面的内容中相信你会找到答案。

11.7.2　指针数组

首先我们要清楚什么是指针数组。先扯点儿没用的，比如巧克力冰淇淋，是巧克力还是冰淇淋呢？很显然巧克力冰淇淋是冰淇淋，这个冰淇淋是巧克力味的。那么指针数组到底是指针还是数组呢？很显然指针数组是数组，数组里面的每一个元素都是指针。

那么接下来我们尝试使用指针数组去解决上面二维数组作为函数参数传参的问题。可以先尝试在主函数中使用指针数组去访问一个二维数组，具体的代码如下。

- Demo138- 使用指针数组访问二维数组。

```
#include <stdio.h>

int main() {
    int arr[3][4] = {1,2,3,4,
                     5,6,7,8,
                     9,10,11,12};

    /**
     * 定义一个指针数组，这个指针数组中有三个成员。
     * 分别初始化为 arr 数组的每一行。
     */
    int *p_arr[3] = {arr[0], arr[1], arr[2]};

    // 将 p_arr 当作二维数组，通过直接访问的方式遍历成员。
    for (int i = 0; i < 3; ++i) {
        for (int j = 0; j < 4; ++j) {
            printf("%02d\t", p_arr[i][j]);
        }
        printf("\n");
    }

    printf(" 分割线 ==========================\n");

    // 将 p_arr 当做指针数组，通过 p_arr[i] + 偏移量的方式遍历 p_arr 的成员。
    /**
     * 在这种遍历方式中，我们将 p_arr 看做一个由 3 个一级指针组成的一维数组，
     * 其中每一个指针都指向了一个具有 4 个元素的一维数组，
     * 那么 p_arr[0], p_arr[1], p_arr[2] 分别为一维数组的首地址（相当于数组名）。
     * 那么接下来我们要做的就是使用数组名 + 下标，或者说是数组名 + 偏移量的方式访问数组元素。
     * 具体的访问方式如下：
     */
    for (int i = 0; i < 3; ++i) {
        for (int j = 0; j < 4; ++j) {
            printf("%02d\t", *(p_arr[i] + j));
        }
        printf("\n");
    }

    printf(" 分割线 ==========================\n");

    // 这种遍历访问方式是将上面的遍历方式进行升级改写。
    /**
     * 既然 p_arr 自己本身也是一个数组，
     * 那么数组中的元素同样可以通过偏移量的方式进行访问。
     * 那么 p_arr[i] 也就相当于是 *(p_arr + i),
```

```
     * 再套用到上一种写法之后就得到了当前的访问方式。
     */
    for (int i = 0; i < 3; ++i) {
        for (int j = 0; j < 4; ++j) {
            printf("%02d\t", *(*(p_arr + i) + j));
        }
        printf("\n");
    }
    return 0;
}
```

以上就是使用指针数组去遍历二维数组的方法，那么接下来我们可以把代码升级为在自定义函数中，使用指针数组作为形参接收二维数组并对其进行遍历。你可能会把代码写成这样：

```
#include <stdio.h>

void print_arr(int *p_arr[]){
    // 遍历过程。
}

int main() {
    int arr[3][4] = {1,2,3,4,
                     5,6,7,8,
                     9,10,11,12};

    print_arr(arr); // 将二维数组作为参数传递给 print_arr。

    return 0;
}
```

但是这个代码其实是错误的，注意，重要的事情说三遍，这个示例是错误的，这个示例是错误的，这个示例是错误的！

我们可以回看 Demo138 示例中，指针数组在定义并初始化的时候需要手动去初始化其中的每一个成员，但是如果通过上面的写法进行直接传参，则无法确定指针数组中有多少个成员，arr 只是一个二维数组的首地址而已。很显然函数定义时的形参和实际调用时传递的实参是没有办法做直接赋值和初始化动作的。

因此不能直接用二维数组的首地址去给一个指针数组的数组名进行赋值，之前我们曾经这样比喻过，可以把二维数组看成是多个一维数组的集合，那么一个 3 行 4 列的二维数组不就是一个由 3 个一维数组组成的二维数组吗？那这个二维数组中就有 3 个元素，每个元素都是一个一维数组，这样正好可以直接给指针数组进行初始化了呀。

但是上面的这种说法是为了让你更好、更形象地理解二维数组中行和列的概念，但其实二维数组在内存中占用的也是连续的存储空间，第一行的最后一个元素和第二行的第一个元素也是连续的。也就是说二维数组在内存中的存储形式依然是线性的。只不过是为了形象表示，在对其进行输入或输出等操作的时候，我们习惯性把它分为行和列。

所以从原理上来讲，指针可以指向数组中的任意一个元素，如果我们把这个指针当作数组去操作的话，也可以把任意的一个元素当作数组的第一个元素来进行访问，从而遍历到数组中的每一个元素。用一个示例来验证这一说法。

- Demo139- 将指针当做数组进行操作。

```
#include <stdio.h>

int main() {
    // 定义一个一维数组，并直接初始化。
    int arr[10] = {1,2,3,4,5,6,7,8,9,10};

    /**
     * 定义三个指针变量并分别指向 arr 数组中不同的位置：
     * p01 指向数组的首地址；
     * p02 指向数组中下标为 [3] 的元素地址（第 4 个元素）；
     * p03 指向数组中下标为 [6] 的元素地址（第 7 个元素）。
     * 可以把 p01、p02、p03 三个指针当做三个不同的数组。
     */
    int *p01 = arr, *p02 = &arr[3], *p03 = &arr[6];

    // 分别通过三个指针变量来遍历指针指向的数组。

    printf("p01 遍历结果为 ============\n");
    for (int i = 0; i < 10; ++i) {  // 遍历 10 个元素。
        printf("%d\t", p01[i]);
    }

    printf("\np02 遍历结果为 ============\n");
    // p02 从 arr 的第 4 个元素开始，所以遍历 7 个元素。
    for (int i = 0; i < 7; ++i) {
        printf("%d\t", p02[i]);
    }

    printf("\np03 遍历结果为 ============\n");
    // p03 从 arr 的第 7 个元素开始，所以遍历 4 个元素。
    for (int i = 0; i < 4; ++i) {
        printf("%d\t", p03[i]);
    }

    return 0;
}
```

我们通过这个示例可以看出，指针实际上可以指向数组中的任意位置，这样如果把指针当作数组去操作的话，就相当于得到了多个不同的数组。相同的，指针数组中的元素也可以指向二维数组中的任意位置，从而得到一个全新的数组形式，这也是为什么不能直接用指针数组去接受二维数组的原因。我们也可以再做进一步的代码尝试。

- Demo140- 使用指针数组指向二维数组中的元素。

```
#include <stdio.h>

int main() {
    // 定义一个 3 * 3 的二维数组。
    int arr[3][3] = {1,2,3,
                     4,5,6,
                     7,8,9};

    int *p_arr[2] = {&arr[1][1], &arr[2][0]};

    for (int i = 0; i < 2; ++i) {
        printf("%d\t", p_arr[0][i]);
    }// 输出结果: 5   6。

    printf("\n 分割线 ==============\n");

    for (int i = 0; i < 3; ++i) {
        printf("%d\t", p_arr[1][i]);
    }// 输出结果: 7   8   9。

    return 0;
}
```

我们通过这个示例可以看到，这个指针数组中的两个元素分别指向了一个 3 行 3 列数组中的两个不同位置，从而通过指针得到了新的存储结构，如果我们将这个指针数组当作二维数组来看待的话，这是一个具有两行的二维数组，第一行只有两个元素，第二行则有三个元素，这种二维数组的结构在 C 语言中通过数组的定义是无法实现的，但是通过指针数组的方式是可以很容易实现的。

上面的示例是使用指针数组去指向二维数组中的元素，甚至可以用指针数组去指向一维数组中不同位置的元素，从而得到通过指针的访问实现二维数组行和列的遍历方式。

- Demo141- 指针数组指向一维数组不同位置。

```
#include <stdio.h>

int main() {
    // 定义一个 16 个元素长度的一维数组并初始化。
    int arr[] = {
            1,2,3,4,
            5,6,7,8,
            9,10,11,12,
            13,14,15,16
    };

    // 定义一个指针数组，每个元素均初始化为 arr 数组中不同的位置。
    int *p_arr[3] = {&arr[5], &arr[9], &arr[13]};

    for (int i = 0; i < 3; ++i) {
        for (int j = 0; j < 3; ++j) {
            printf("%02d ", p_arr[i][j]);
```

```
        }
        printf("\n");
    }

    return 0;
}
```

在上面的代码中，指针数组 p_arr 中的每个元素都分别指向了 arr 数组中不同的位置，如果将指针数组中的每个指针都当作是数组去操作的话，那么就得到了三个不同的数组。在上面的代码当中，最后遍历输出的动作实际上并没有完全输出所有的元素，仅仅是输出了这三个指针指向的前 3 个数据而已。输出的数据结构看起来很像是个 3 × 3 的二维数组，但实际上指针数组中的第一个元素 p_arr[0] 指向了 arr[5]，那么可以通过 p_arr[0] 来访问从 arr[5] 一直到 arr 数组的最后一个元素，对 p_arr 指针数组中的其他元素也是同样的道理。我们在这里可以回顾一下 Demo139 示例中的代码以及运行效果。

通过上面几个相对比较极端的测试示例，我们可以了解到，指针数组是没有办法作为函数的参数直接接收二维数组的，通过一系列示例我们也侧面论证了为什么不可以接受，实际上就是因为没有办法初始化指针数组内的元素具体指向的位置。那么应该怎么办呢？很显然指针数组也不适合作为形参的类型，不要着急，继续向下看我们就能得到答案了。

11.7.3 数组指针

有了指针数组作为铺垫，学习数组指针应该就会更容易了。首先数组指针是数组还是指针呢？很明显，根据巧克力冰淇淋是冰淇淋，那么数组指针就是指针，是用来指向数组的指针。此时你或许会觉得又有些困惑了，什么指针不能指向数组？还要专门弄出来一个数组指针吗？你的困惑是正确的，数组指针是用来指向多维数组的。没错，数组指针就能解决上文中解决不了的二维数组作为参数传递给函数内部的问题，可以使用数组指针来接收调用出和传递进来的多维数组。来看一下具体的实现方法，代码如下。

- Demo142- 使用数组指针作为形参。

```
#include <stdio.h>

/**
 * 用直接访问与间接访问两种方式遍历数组。
 * @param arr 要遍历的二维数组，用数组指针作为形参。
 */
void print_array(int (*p_arr)[4]){
    for (int i = 0; i < 3; ++i) {
        for (int j = 0; j < 4; ++j) {
            printf("%02d\t", p_arr[i][j]);
        }
        printf("\n");
```

```
    }

    printf("分割线==================\n");

    for (int i = 0; i < 3; ++i) {
        for (int j = 0; j < 4; ++j) {
            printf("%02d\t", *(*(p_arr + i) + j));
        }
        printf("\n");
    }
}

int main() {
    int arr[3][4] = {1,2,3,4,
                     5,6,7,8,
                     9,10,11,12};

    print_array(arr); // 调用函数并输出。

    return 0;
}
```

实际上只需要在函数定义的时候修改参数的写法，就可以成功地接受二维数组的地址到函数内部了。

数组指针的定义格式：(* 变量名)[数组长度]

我们在使用数组指针指向二维数组的时候，定义数组指针的时候方括号里的长度是二维数组的第二维长度，比如我们想定义一个用来接收 3 行 5 列的二维数组的数组指针，那么就应该将代码写成：int arr[3][5] = {}; int (*p_arr)[5] = arr; 这样就可以成功地用数组指针 p_arr 指向数组 arr 了。

很多人容易将指针数组和数组指针定义时的写法记错。其实可以这样去区分，数组指针实际上是一个指向多维数组的指针，那么就要用小括号将指针部分括起来以示强调。那么我们应该怎么去理解数组指针呢？以 int (*p_arr)[5] = arr; 代码为例。我们定义的这个指针用于指向一个每列都有 5 个元素的二维数组，具体有多少行却无所谓。这样每次我们对 p_arr 去叠加偏移量的时候，都会加 5 个元素的长度，实际上就相当于是向后移动了一行，我们看下面这个示例。

- Demo143- 使用指针数组的偏移量访问元素。

```
#include <stdio.h>

int main() {
    int arr[3][5] = {1,2,3,4,5,
                     6,7,8,9,10,
                     11,12,13,14,15};
    int (*p_arr)[5] = arr;

    // 把指针数组 p_arr 当作二维数组用下标来访问。
    for (int i = 0; i < 3; ++i) {
```

```
        for (int j = 0; j < 5; ++j) {
            printf("%02d  ", p_arr[i][j]);
        }
        printf("\n");
    }

    printf("分割线================\n");

    // 把指针数组 p_arr 当作指针，用偏移量结合下标的方式访问。
    for (int i = 0; i < 3; ++i) {
        for (int j = 0; j < 5; ++j) {
            /**
             * 在我们使用指针偏移量的方式进行访问的时候，
             * 注意 * 取值运算符的优先级相对 [] 下标访问的优先级更低，
             * 所以应该注意小括号的使用。
             */
            printf("%02d  ", (*(p_arr + i))[j]);
        }
        printf("\n");
    }
    printf("分割线================\n");

    // 把指针数组 p_arr 当作指针，完全使用偏移量的方式访问。
    for (int i = 0; i < 3; ++i) {
        for (int j = 0; j < 5; ++j) {
            /**
             * 在我们使用指针偏移量的方式进行访问的时候，
             * 注意 * 取值运算符的优先级相对 [] 下标访问的优先级更低，
             * 所以应该注意小括号的使用。
             */
            printf("%02d  ", *((*(p_arr + i)) + j));
        }
        printf("\n");
    }

    return 0;
}
```

以上就是指针数组和数组指针的用法，这部分出现的几个示例需要你反复地实操，结合程序的输出结果推导并验证以上提到的各种结论。当你能把上面的示例很容易地写出来的时候，相信对于指针结合数组的使用已经完全没有问题了。

11.7.4 指针函数

指针函数其实并没有什么特别的，只不过就是函数的返回值是指针类型。将指针函数按照巧克力冰淇淋的思路去理解的话，指针函数是个函数，只是这个函数的返回值是指针。

比如现在需要通过函数获取数组所有元素中最大元素所在的地址，然后再通过手动输入的方式修改这个值，那么我们就需要编写一个函数找到这个最大值，并且将这个最大值所在的内存地址直接返回到函数的调用处，再做其他后续的操作。我们可以参考如下代码。

- Demo144- 函数返回最大值的地址。

```
#include <stdio.h>

/**
 * 找到数组中的最大值，并返回最大值的所在内存地址。
 * @param arr 数组。
 * @return 最大值的内存地址。
 */
int* max_index(int *arr){
    // max_index 用于记录最大值的下标，初始化为 0。
    int max_index = 0;
    for (int i = 1; i < 10; ++i) {
        // 循环从下标为 1 ，也就是第二个元素开始对比。
        if (arr[i] > arr[max_index]){
            // 如果发现有元素大于 arr[max_index] 则记录这个元素的下标到 max_index 中。
            max_index = i;
        }
    }

    // 返回最大值的所在地址。
    return &arr[max_index];
}

int main() {
    // 初始化一维数组。
    int arr[10] = {1,3,5,7,9,0,8,6,4,2};
    // 定义整型指针变量接收自定义函数返回的地址。
    int *p_max = max_index(arr);

    printf(" 最大值的所在地址为：%p\n", p_max);
    printf(" 最大值为：%d\n", *p_max);

    return 0;
}
```

通过以上的示例我们就可以找到对应数组中的最大值，并将最大值元素的地址作为返回值返回到被调用处。在这个示例中我们直接输出了对应的地址和相应的值，那么按照之前所说的，假设我们要手动修改这个最大值，就可以按如下代码操作，直接利用指针函数的返回值去调用输入函数。代码如下。

- Demo145- 手动修改数组中最大值。

```
#include <stdio.h>

/**
 * 找到数组中的最大值，并返回最大值的所在内存地址。
 * @param arr 数组。
 * @return 最大值的内存地址。
```

```
 */
int* max_index(int *arr){
    // max_index 用于记录最大值的下标，初始化为 0。
    int max_index = 0;
    for (int i = 1; i < 10; ++i) {
        // 循环从下标为 1 ，也就是第二个元素开始对比。
        if (arr[i] > arr[max_index]){
            // 如果发现有元素大于 arr[max_index] ，则记录这个元素下标到 max_index 中。
            max_index = i;
        }
    }

    // 返回最大值的所在地址。
    return &arr[max_index];
}

int main() {
    // 初始化一维数组。
    int arr[10] = {1,3,5,7,9,0,8,6,4,2};

    printf(" 修改最大之前数组中的存储结构 =========\n");
    for (int i = 0; i < 10; ++i) {
        printf("%d  ", arr[i]);
    }

    printf("\n 你想将最大值修改为：");
    // 直接使用 max_index 的返回值作为 scanf 的参数
    scanf("%d", max_index(arr));

    printf("\n 修改最大之后数组中的存储结构 =========\n");
    for (int i = 0; i < 10; ++i) {
        printf("%d  ", arr[i]);
    }

    return 0;
}
```

通过上面的代码，我们就可以将 max_index 函数的返回值直接作为 scanf () 函数的参数进行传递。在使用 scanf () 函数的时候，格式化参数后面需要的是地址类型，max_index 函数返回的正好是地址类型，所以可以直接使用函数嵌套的方式来完成这次函数的调用。通过输入修改之前的遍历数组元素可以查看到修改前和修改后的结果，以测试程序是否运行正确。

11.7.5　函数指针

我们同样用巧克力冰淇淋的角度去理解函数指针的话，函数指针实际上是指针，是用来指向函数的指针。

在 C 语言代码中，我们已经知道了数组名就是地址，那么现在另外告诉你，其实函数名也是地址，那么就可以用指针变量指向函数名，同时也可以通过指针变量来调用函数。可以参考下面的代码示例。

- Demo146- 通过函数指针调用函数。

```
#include <stdio.h>

void method01(){
    printf("method01 被调用了! \n");
}
void method02(){
    printf("method02 被调用了! \n");
}

int main() {
    // 定义函数指针
    void (*p)() = NULL;

    p = method01;    // 用函数指针指向 method01 函数
    p();    // 通过函数指针调用函数

    p = method02;    // 修改用函数指针指向 method02 函数
    p();    // 通过函数指针调用函数

    return 0;
}
```

在上面的示例中，可以通过函数指针 p 去调用不同的函数，只要修改 p 的指向关系就可以了。

函数指针的定义格式和函数的定义格式类似，格式为：函数返回值类型 (* 指针变量名) (形参列表)

比如想给函数 int max(int a, int b); 定义函数指针，就要这样写：int (*p)(int, int) = max;。这样在定义的时候直接将 max() 函数的地址初始化给了指针 p，后续就可以直接通过指针 p 来调用 max() 函数了，参数传递要参考 max() 函数的传参方式。

那么这个知识点存在的意义又是什么呢？我们直接通过函数名去调用函数不好吗？假设我们有下面这样一个需求，通过这个需求可以了解这个知识点的意义。

需求：假设我们现在要实现一个相册的轮播过场动画的随机选择功能。

分析：每种过场动画都应该是一个功能函数，这里我们可以使用伪代码的方式来实现，这部分只是为了模拟函数指针的使用场景，针对图片二进制流解析的相关知识还需要更深入、更垂直的学习。如果想要随机去调用函数，我们就需要将这些函数放到一个介质当中，这个介质最好是数组，这样可以统一地对它们进行管理，只要随机地生成下标就可以通过下标实现随机的访问函数了。但是我们如何把函数存放到数组当中呢？答案一定就是函数指针。具体的实现可以参考如下的代码。

- Demo147- 使用函数指针将函数放到数组当中。

```
#include <stdio.h>
#include <time.h>
#include <stdlib.h>

/**
 * 针对过场动画，这里随便写了 5 种，
 * 当然也可以写 50 种，这里只是模拟一下而已。
 * @param n 第几张照片。
 */
void transition01(int n){
    printf(" 正在使用第 1 种过场动画显示第 %d 张照片 \n", n);
}
void transition02(int n){
    printf(" 正在使用第 2 种过场动画显示第 %d 张照片 \n", n);
}
void transition03(int n){
    printf(" 正在使用第 3 种过场动画显示第 %d 张照片 \n", n);
}
void transition04(int n){
    printf(" 正在使用第 4 种过场动画显示第 %d 张照片 \n", n);
}
void transition05(int n){
    printf(" 正在使用第 5 种过场动画显示第 %d 张照片 \n", n);
}

int main() {
    // 定义函数指针数组，并直接初始化，方括号需要跟在指针变量名后面。
    void (*p[5])(int) = {
            transition01,
            transition02,
            transition03,
            transition04,
            transition05
    };

    char c; // 用于存储用户输入的字符。
    int num = 0; // 用于存储一个随机数，模拟要随机播放的图片序号。

    srand(time(NULL)); // 设置随机种子。

    while(1){
        num = rand() % 100 + 1; // 随机生成一个 1 ~ 100 之间的图片序号。
        fflush(stdin);// 清空键盘缓冲区。
        printf("n - 下一张    ===    q - 退出 ==> （请输入）：  ");  // 操作提示

        // 将用户输入作为分支入口。
        switch (c = getchar()) {
            // 如果输入的是 n 则执行这个 case 下面的代码。
            case 'n':
                // rand() % 5 用于生成 0 ~ 4 之间的随机值。
                // num 作为参数传递给函数，模拟随机显示图片的序号。
                p[rand() % 5](num);
```

```
                break;
            case 'q':    // 如果输入的是 q 则退出程序。
                // 输出退出消息。
                printf("拜拜! ");
                return 0;
            default:
                // 如果输入的不是 n 或者 q 则输出非法操作提示，继续下一次循环。
                printf("输入错误\n");
        }
    }

    return 0;    // 因为上面有 return 了，所以这个 return 不会被执行，可以删除不写。
}
```

上面的示例模拟了一个使用随机的过场动画功能来显示随机的图片的实现过程。其中这些过场动画的功能都属于同类型的功能，返回值、参数都是相同的，这也类似于在使用数组的时候，数组中存储的数据都是相同的数据类型。所以对于这种功能类似的函数，可以通过数组对其进行统一的管理，但是我们又没有办法直接将函数存储在数组当中，这个时候就可以使用函数指针的形式，将其统一地存放在函数指针数组当中，这样管理和调用起来会更加的灵活方便。

11.8 特殊指针

本小节介绍几种特殊类型的指针。

11.8.1 空指针

空指针就是指针变量中存储了 NULL 或者 0，其实 NULL 也是 0 的另外一种表现方式，C 语言中为了避免野指针的出现，通常会选择使用 NULL 来为暂时用不到或者以后不会再使用到的指针类型变量赋值。

11.8.2 void 指针

在 C 语言中，void 关键词只会出现在函数的定义中，如果用 void 来修饰返回值，表示函数没有返回值，如果用 void 来描述形参列表，则表示函数不需要参数。void 表示空，也表示一种特殊的数据类型，我们把它称为“空类型”，但是在 C 语言当中不允许通过 void 去定义空类型的变量，因为变量是用来存储值的，没有任何一种常量值的数据类型是 void 类型，所以我们定义 void 类型的变量也就没有意义了。但是在 C 语言当中却可以用 void 类型去定义指针，比如：void *p = NULL; 这种写法是可以的。那么通过这种方式定义的指针变量可以存储什么值呢？我们来看下面的这个示例。

- Demo148- 用 void 类型定义指针。

```
#include <stdio.h>

int main() {
    int num = 5;
    double d = 3.14;
    char c = 'F';
    char *str = "Hello, 小肆!";

    void *p = NULL;

    printf("常规输出一些变量的值 ========\n");
    printf("num = %d\n", num);
    printf("d = %lf\n", d);
    printf("c = %c\n", c);
    printf("str = %s\n", str);
    printf("p = %p\n", p);

    printf("通过 void* 类型的指针 p 输出不同变量的值 =========\n");
    p = &num; // 指向整型变量。
    printf("num = %d\n", *(int*)p);
    p = &d;    // 指向浮点型变量。
    printf("d = %lf\n", *(double*)p);
    p = &c;    // 指向字符型变量。
    printf("c = %c\n", *(char*)p);
    p = str;  // 指向字符串。
    printf("str = %s\n", (char*)p);


    return 0;
}
```

我们通过上面代码的运行结果可以发现，void 类型的指针变量可以指向任何类型的变量地址。古语说："色即是空，空即是色。"这里面我们不去研究这句话是否有道理，只是想通过这句话让你对这个概念记忆更加深刻。void 类型指针是空类型的指针，它没有任何固定的数据类型，但是它可以指向任何的类型。因为任何类型的指针都是用来存储内存地址的，内存地址的表现形式是固定的，就是 32 个二进制位，或者说是 8 个十六进制位，所以任何类型的指针变量占用的内存空间都是 4 个字节，每个字节在内存中占用 8 个二进制位，4 个字节正好是 32 个二进制位。用 void* 类型去记录任何类型变量的地址都不会出现损失精度的问题，并不存在大转小或者小转大的问题，所以在不确定未来将要存储的到底是什么数据类型的地址的情况下，我们就可以使用 void 类型的指针去接收地址，可用于普通的复制，也可以用于函数调用时的传参过程。

在使用 void 类型的时候唯一需要注意的就是，在完成了指向动作之后，未来当我们想通过指针进行取值操作的时候，需要通过强制类型转换的方式将指针的类型同步到指针指向的数据类型。就像上面的示例一样，通过指针变量取值访问之前实现将指针类型同步到对应的数据类型就可以了。

11.9 本章小结

通过本章的“复习”和“扩展”，相信你对指针会有更深刻的理解和认识，但想要更加熟练地使用指针，还要不断地实操、练习。对本章中的代码也需要反复地练习、记忆、理解、消化，如果能够将本章的内容完全消化，相信你已经超过了身边 90% 以上的同学了。在本章的最后我们还要留意一些指针相关的注意事项：

- 指针是变量，不是地址，指针里面存储的是地址。
- 指针变量也有自己占用的内存空间，可以通过 & 符来获取。
- 在使用指针变量的时候一定不要出现野指针。
- 指针可以做加减运算，表示指针偏移，但是做乘除运算没有意义，所以不要做乘除运算。
- 普通变量的地址可以使用一级指针来存储，但是指针类型的变量地址需要使用多级指针来存储。
- 指针数组是数组，里面的元素全部都是指针。
- 数组指针是指针，是用来指向多维数组的指针。
- 指针函数是函数，是返回值为地址的函数。
- 函数指针是指针，用来指向函数的指针。

只要把以上的这些概念梳理清楚，指针这部分内容绝对可以成为你学习 C 语言这个学科中引以为傲的亮点。

第12章 C语言中的结构体、联合体与枚举

12.1 结构体简介

结构体也是C语言中的一种衍生数据类型，前文介绍过数组，数组是用来存储相同数据类型变量的集合。如果用类似的角度去看待结构体的话，结构体就是用来存储不同数据类型变量的集合，我们可以将不同的数据类型整合为一个新的集合类型。

那么这种由不同数据类型组成的集合类型可以用来做什么呢？我们知道数组是为了方便统计或者整体管理数据，那么结构体存在的意义又是什么呢？这样，我们假设要存储自己的个人信息，包括姓名、性别、年龄、身高、体重、爱好、婚姻状况等，其中姓名、性别、爱好这类信息可以通过字符串的形式表达，那么年龄、身高、体重呢？很明显它们都应该是数值类型，即使是数值类型，通常年龄使用int类型，身高体重使用float类型。那么这么多不同类型的信息分散在每一个变量中，管理和操作起来肯定是不方便的，所以在这种场景下，就可以选择使用结构体来定义想要存储的信息。

具体在C语言中如何使用结构体，继续向下看。

12.2 结构体的使用

本节介绍如何使用结构体。

12.2.1 结构体的定义

struct是定义结构体的关键词，也是本章中我们接触到的第一个新的关键词，定义结构体的标准语法如下：

```
struct [结构体类型名]{
        数据类型 成员变量1;
        数据类型 成员变量2;
        ……
}[结构体变量名 = {初始值1, 初始值2 ……}];
```

方括号里的部分是可选部分，在不同的情况下可写也可不写。假设我们现在想要定义一个用于存储学生信息的结构体类型，可以使用如下代码：

```
struct Student{                          // Student 结构体类型名首字母尽量大写，这样
方便与普通变量名进行区分
      char name[46];                     // 姓名
      unsigned short age;                // 年龄
      float score;                       // 成绩
      char class_id[12];                 // 班级 ID
};
```

以上是最基本的定义一个结构体类型的方法，注意这里仅仅是在定义一个新的数据类型，还没有定义变量。定义结构体的过程只是在定义一种原本不存在的数据类型，针对结构体内的成员，需要根据具体的需求选择适当的数据类型，例如针对上面代码的四个成员，在选择数据类型的时候要注意内存的使用情况，因为 C 语言在实际的开发场景中都是用于底层开发，比如嵌入式开发领域，所以通常硬件的 RAM 资源有限，我们要尽量节约内存的使用。依次分析一下上面代码结构体中的每个成员：

- name：用于存储学生的姓名，在中国身份证上的名字最多可以是 15 个汉字，如果使用的是 UTF-8 字符编码，那么每个汉字占用 3 字节的空间，这个字符串的长度就是 15 * 3 = 45 个字节长度，再为最后的 \0 字符留出一个字节的空间，所以我们可以定义为 46 个字节长度。如果使用的是 GBK 字符编码，每个汉字占用 2 个字节的空间，那么这个字符串长度就应该为 15 * 2 + 1 = 31 个字节长度比较合适。
- age：用于存储学生的年龄，年龄的取值不会出现负数值，所以我们可以直接使用 unsigned short 类型。在整数的数据类型中，short 相对是内存占用最小的，占用 2 个字节的存储空间。如果使用 unsigned short 类型的话，16 个二进制位都可以用来存储数据，那么 age 的取值范围就是 0~65535，别说是存储一个活人的年龄，就算是兵马俑都够用了。如果对于内存有更高要求的话，我们完全可以使用 char 类型来存储年龄，因为 char 类型中存储的实际上也是整数类型的数据，因为在编译器中字符是使用字符编码的形式进行存储的。有符号的 char 类型数据的取值范围是 -128~127，也够存储一个学生的年龄，当然如果害怕存不下也可以使用 unsigned char 类型，它的取值范围可以扩大到 0~255。根据具体的情况，确定取值范围之后选择对应的数据类型即可。
- score：用来存储学生的总成绩，成绩中通常会出现小数点，所以这里我们可以选择 float 类型。由于 float 类型不支持 unsigned，所以这里使用 float 类型即可，相对 double 类型会更加节约内存。
- class_id：用来存储班级的 ID，假设班级 ID 的格式是：ITLAOXIE-XX，一共是 11 个字符，我们再为 '\0' 余留一个字符的空间，那么这个字符数组定义为 12 个

字符长度也就足够用了。

通过以上针对不同成员数据的分析，我们最终选择了相应的数据类型。在定义结构体的时候要遵循上面的原则，从而在 RAM 空间上作出优化。

12.2.2 结构体变量

前面我们定义了结构体类型，接下来就需要通过定义好的结构体类型来定义结构体变量。定义结构体变量的方式不止一种，下面会用代码分别作出说明，根据自己的习惯选择其中的一种即可。

假设我们已经定义了结构体类型 Student 如下：

```
struct Student{
      char name[46];                                    // 姓名
      unsigned short age;                               // 年龄
      float score;                                      // 成绩
      char class_id[12];                                // 班级 ID
};
```

定义结构体变量的方式有以下几种：

- 方式一：通过结构体类型去定义结构体变量。

```
struct Student stu;
```

在这种定义方式中，struct Student 整体是一个数据类型，其中只有 stu 才是变量名，后续要使用结构体变量的时候使用的也是 stu。如果想同时定义多个变量也可以使用逗号将变量名分隔，这种定义方式相对比较常用。

- 方式二：在定义结构体类型的时候直接定义变量。

```
struct Student{
      char name[46];                                    // 姓名
      unsigned short age;                               // 年龄
      float score;                                      // 成绩
      char class_id[12];                                // 班级 ID
}stu01;
```

这种定义方法就是在定义结构体类型之后直接跟上变量名，我们只需要把变量名写在后半个大括号和分号之间就可以了，如果想一次性地定义多个结构体变量，变量名中间需要使用逗号进行分隔，这个和使用普通数据类型定义变量没有区别。

需要注意的是，通过这种方式定义了变量之后，我们依然可以再次使用这个结构体类型去定义其他新的变量，比如：

```
struct Student stu02;
```

使用这种方式定义变量不仅可以在定义结构体类型的时候直接定义变量，而且也可以在后续使用之前的结构体类型再次定义变量，相对比较灵活。

- 方式三：匿名结构体类型定义变量。

```
struct {
```

```
    char name[46];                                    // 姓名
    unsigned short age;                               // 年龄
    float score;                                      // 成绩
    char class_id[12];                                // 班级 ID
}stu;
```

这种定义结构体变量的方式是最简单的，但是也是最具有局限性的，因为在定义的时候并没有为结构体的类型本身命名，所以用这种方式定义变量的时候，只能在定义类型的时候一次性定义好所需的结构体变量。因为在最初没有为其命名，所以在其他位置无法实现定义结构体变量的动作。

- 方法四：给结构体类型起别名，用别名去定义变量。

这种方法是笔者本人最常用的方法，不过需要使用一个新的关键词——typedef，在这里也顺带介绍一下 typedef 关键词的用法。我们来先看一下 typedef 的使用方法，代码如下。

- Demo149-typedef 的使用方法。

```
#include <stdio.h>

// 使用 typedef 给 int 类型起一个别名，叫作 ABC。
typedef int ABC;

int main() {
    // 在这里我们使用 ABC 去定义变量，就相当于在使用 int 去定义变量。
    ABC num = 9527;
    printf("num = %d\n", num);

    return 0;
}
```

在上面的示例中，我们使用 typedef 为基本数据类型 int 起了一个别名为 ABC，这个别名并没有什么具体的含义，只要符合 C 语言中的标识符命名规则，原则上可以使用任意名字。需要注意的是，我们在给数据类型起别名的时候通常都会使用全部大写的形式，目的是便于辨别。

有了上面的基础之后，应该如何为结构体类型起别名呢？我们可以尝试推敲一下，比如如果代码是 int ABC; 显然 ABC 是一个变量，但是在代码前面加上了 typedef 变成了 typedef int ABC; 之后，原来的变量名 ABC 就变成了 int 的别名。那么如果我们想给结构体起个别名就可以写成下面的这种形式。

```
typedef struct Student{
    char name[46];                        // 姓名
    unsigned short age;                   // 年龄
    float score;                          // 成绩
    char class_id[12];                    // 班级 ID
}STU;
```

在没有使用 typedef 的时候，分号前面的 STU 是变量名，当在代码中加了 typedef 之后，这个 STU 就变成了这个结构体类型的别名，后续我们就可以直接使用这个别名来创建结构体变量了。比如：

```
STU stu;
```

这里只是介绍一种用法，在自己编写代码的时候可以根据喜好或者使用场景来决定具体使用哪一种定义方法。

12.2.3 结构体的初始化与赋值

1 结构体变量的初始化

结构体的初始化和数组类似，毕竟它们都是值的集合，所以采用的赋值方法也都是大同小异，只需要在定义变量的时候直接通过等号并采用大括号来表示值的集合，对结构体变量进行整体的赋值就可以了。但是和给数组赋值一样，我们需要注意集合中值的顺序要和对应成员的顺序相同。另外还需要额外地注意值的类型，毕竟数组中存储的都是相同数据类型的值，即使顺序错了，也不会影响语法上的错误，但是在结构体类型中成员的数据类型大多不同，如果顺序错了，将会造成数据赋值时的语法错误或者进度上的丢失。接下来通过两个例子来了解一下具体的初始化方法。

- 示例一：先定义结构体，再进行初始化。

首先假设已经定义了结构体。

```
typedef struct Student{
    char name[46];                  // 姓名
    unsigned short age;             // 年龄
    float score;                    // 成绩
    char class_id[12];              // 班级 ID
}STU;
```

那么接下来就使用别名去定义结构体变量，并同时对其进行初始化操作

```
STU stu01 = {"小肆", 17, 99.5, "ITLaoXie-01"};
STU stu02 = {"小肆", 17};
```

我们在对结构体变量进行初始化的时候可以像 stu01 这样初始化结构体变量中的每个成员，也可以像 stu02 这样只初始化其中的一部分成员，但是初始化的顺序是由结构体变量成员的顺序来决定的。

- 示例二：定义结构体的同时对其进行初始化。

这里直接在定义类型的时候同步地定义变量并对其进行初始化操作

```
struct Student{
    char name[46];                  // 姓名
    unsigned short age;             // 年龄
    float score;                    // 成绩
    char class_id[12];              // 班级 ID
}stu = {"小肆", 17, 99.5, "ITLaoXie-01"};
```

实际上两种方法类似，只不过是把等号和大括号里面的内容换了个位置而已，只要

记住它们都是在定义变量的时候紧跟在变量名后面就可以了，至于其他的写法可以自行举一反三地去尝试。在主要规则不变的前提下，实际上其他的都是万变不离其宗。

2　结构体变量的赋值

结构体变量的赋值与普通类型变量的赋值方法类似，也可以通过等号直接赋值。但是互相赋值的结构体变量的结构体类型必须相同，假设定义了 A 和 B 两种结构体类型，我们只可以使用相同的类型变量互相进行赋值。不可以用 A 类型的结构体变量为 B 类型的结构体变量进行赋值，比如如下代码。

- Demo150- 结构体变量赋值。

```
#include <stdio.h>

struct A{
 char *name;
 int age;
};

struct B{
 float f01;
 float f02;
};

int main() {
 struct A a01 = {"小肆", 17};
 struct A a02 = a01; // 合法赋值，结构体类型相同。

 // struct B b = a01; // 非法赋值，结构体类型不相同。

 return 0;
}
```

在上面的代码中用 a01 给 a02 赋值的过程是符合语法要求的，而在下面注释掉的代码中使用了 a01 为 b 进行赋值，很明显这两个结构体变量的类型并不相同，结构体类型中的成员定义也是不同的，所以不能完成赋值的操作也是意料之中的。

结构体变量的赋值实际上就是对结构体内的成员值进行传递赋值的过程。当完成赋值动作后，也可以通过后续的代码来对任意结构体变量中的成员进行修改，因为他们占用的都是不同的内存空间，都是相对独立的，所以修改其中某个结构体变量的成员也不会对其他的结构体成员造成影响。这种操作多数用于函数调用时的传参操作，后续会有相应的示例来说明这一点。

12.2.4　结构体成员访问

提到成员访问，我们就会想到数组，因为可以通过数组名加下标的方式来访问数组中的成员。数组和结构体一样，它们都是 C 语言当中的衍生数据类型，所以在使用的时候多多少少都会有一些共同之处。在结构体当中没有下标，但是却多了成员变量的变量名称，所以我们就可以通过结构体变量名外加成员变量名的方式访问到结构体变量中指定的成员变量。

语法结构为：结构体变量名 . 成员变量名。接下来就来看一个简单的示例，代码 如下。

- Demo151- 访问结构体中的成员变量。

```
#include <stdio.h>

// 定义结构体类型并设置别名为 STU。
typedef struct Student{
char name[46];              // 姓名
unsigned short age;         // 年龄
float score;                // 成绩
char class_id[12];          // 班级 ID
}STU;

int main() {
// 定义结构体变量并直接初始化。
STU stu = {"XiaoSi", 17, 99.5, "ITLaoXie-01"};

// 输出格式化表头（利用输入法中的制表符，计算字符宽度并打印表格的表头部分）。
// 绘制表格所需的制表符（特殊符号）：┌ ┬ ┐ ├ ┼ ┤ └ ┴ ┘ ─ │
printf("┌───────────────┬───┬──────┬───────────┐\n");
printf("│%-15s│%-3s│%-6s│%-11s│\n", "name", "age", "score", "classid");
printf("├───────────────┼───┼──────┼───────────┤\n");

// 访问结构体变量中的每个成员并将其格式化输出在表格中。
printf("│%-15s│%-3d│%-6.2f│%-11s│\n", stu.name, stu.age, stu.score,
stu.class_id);

// 格式化输出表尾。
printf("└───────────────┴───┴──────┴───────────┘\n");

return 0;
}
```

上面的代码输出结果为：

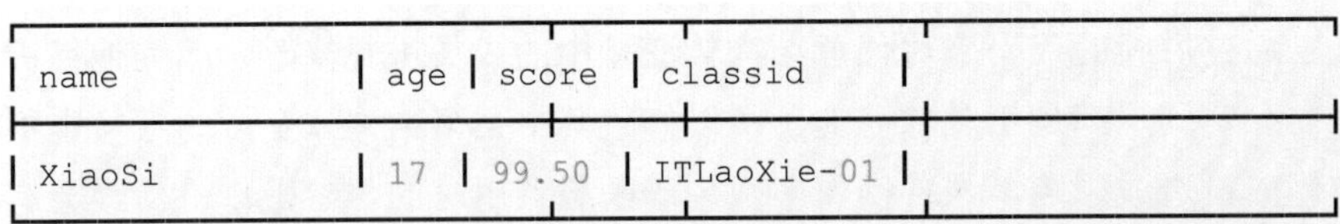

在上面的代码中，我们利用格式化输出的形式输出了结构体中的每一个成员，并且以数据表的形式呈现在了控制台当中。在上面的代码当中可以清晰地看到访问结构体成员的方法非常简单，比如：stu.name 就是在访问结构体变量 stu 中的 name 成员。依此类推，我们不仅仅可以访问结构体成员，也可以对其进行重新赋值，或者通过输入的方式对其进行赋值。

针对上面的这个表格，我们需要注意的是，显示的宽度是预设好的，实际上也是根据结构体的数据类型而定的。比如：

- name 字段：最多可以显示 15 个字符。之前定义 name 数组长度为 46 字节是因为假设使用 UTF-8 作为中文字符编码，每个中文字符占用 3 字节的存储空间，再额外预留 '\0' 字符的存储位置数组长度为 46 个字节。这里需要注意的是，这个长度指的是数组在内存中存储的长度，并不是实际显示在终端的长度。在终端显示中有全角和半角的区别，半角字符是一个英文字符的宽度，而全角字符的宽度实际上在不同的终端环境下并不统一，有的占用 2 个英文字符的宽度，而有的却占用 1.5 个英文字符的宽度。所以在上述示例中，输出的所有字符均为英文字符，这是为了使表格整齐，如果使用中文字符就很难在 printf 格式化输出后控制显示宽度。
- age 字段：最多可以显示 3 个字符，年龄的显示不会超过 3 位数。
- score 字段：最多可以显示 6 个字符，满分成绩是 100.00，显示宽度最多为 6 位（包括小数点的显示宽度）。
- classid 字段：最多可以显示 11 个字符，预设“ITLaoXie-XX”为显示格式，正好 11 位。

注意：此时读者可能会有一些要求，比如就想使用中文，或者想显示不确定长度的文字内容在表格里，又或者想通过 printf() 格式化输出函数来实现对应的功能。实际上并不是实现不了这个操作，但是这样做却毫无意义，因为未来如果真的要显示数据，也不是显示在控制台终端里，应该有客户端作为显示介质，可以是前端页面，或者嵌入式设备。在这里使用这种输出方式的效果并不是要在控制台终端绘制表格，所以这些要求大可不必，如果读者未来想要学习前端或者是在任意客户端开发需要显示界面，这些要求可能会帮助更好地学习。

上面代码是在输出结构体中的成员信息，那么接下来我们就将程序进一步升级，通过手动输入的方式为结构体成员赋值，并将赋值之后的结果以上面的表格形式输出，代码如下。

- Demo152- 为结构体成员变量赋值。

```
#include <stdio.h>
#include <string.h>

// 定义结构体类型并设置别名为 STU。
typedef struct Student{
 char name[46];                 // 姓名
 unsigned short age;            // 年龄
 float score;                   // 成绩
 char class_id[12];             // 班级 ID
}STU;
```

```
int main() {
 // 定义结构体变量并对其直接进行初始化。
 STU stu;
 // 预设好班级信息，针对字符串的赋值需要使用 strcpy 字符串拷贝函数，不能直接通过等号赋值。
 strcpy(stu.class_id, "ITLaoXie-01"); // 使用该函数需要包含 string.h 头文件。

 printf("请输入 %s 班的班长姓名：", stu.class_id);
 scanf("%s", stu.name);  // 字符串类型输入的时候不需要通过 & 取址。
 printf("请输入 %s 班的班长年龄：", stu.class_id);
 scanf("%hd", &stu.age); // %hd 是 short 短整型对应的占位符。
 printf("请输入 %s 班的班长成绩：", stu.class_id);
 scanf("%f", &stu.score);

 printf("您输入的信息如下：========================= \n");

 // 输出格式化表头（利用输入法中的制表符，计算字符宽度并打印表格的表头部分）。
 // 绘制表格所需的制表符（特殊符号）：┌ ┬ ┐ ├ ┼ ┤ └ ┴ ┘ ─ │。
 printf("┌─────────────────┬─────┬────────┬─────────────┐\n");
 printf("│ %-15s │ %-3s │ %-6s │ %-11s │ \n", "name", "age", "score", "classid");
 printf("├─────────────────┼─────┼────────┼─────────────┤\n");

 // 访问结构体变量中的每个成员并格式化输出在表格中。
 printf("│ %-15s │ %-3d │ %-6.2f │ %-11s │ \n", stu.name, stu.age, stu.score, stu.
class_id);

 // 格式化输出表尾。
 printf("└─────────────────┴─────┴────────┴─────────────┘\n");

 return 0;
}
```

上面的代码的运行结果为：

```
请输入 ITLaoXie-01 班的班长姓名：XiaoSi
请输入 ITLaoXie-01 班的班长年龄：17
请输入 ITLaoXie-01 班的班长成绩：99.5
您输入的信息如下：=========================
┌─────────────────┬─────┬────────┬─────────────┐
│ name            │ age │ score  │ classid     │
├─────────────────┼─────┼────────┼─────────────┤
│ XiaoSi          │ 17  │ 99.50  │ ITLaoXie-01 │
└─────────────────┴─────┴────────┴─────────────┘
```

在上面的代码当中，我们预设了班级信息，因为班级信息对应的结构体成员类型为字符串类型，所以不能直接通过等号进行赋值，需要使用字符串函数 strcpy() 的功能对其进行赋值，这一点在代码的注释中已经有所体现。在这里再次强调，如果是针对普通的基本类型成员，我们就可以直接通过等号对其进行赋值，比如：stu.age = 19; 赋值的方法和普通变量没有任何区别。

12.2.5 结构体大小

结构体的大小可以使用 sizeof() 运算符很直观地查看到，为什么这里还要把它作为一个单独的知识点拿出来呢？这当然是有必要的。比如现在有以下的代码：

```
#include <stdio.h>

typedef struct St01{
 char c01;    // 1 字节。
 char c02;    // 1 字节。
 char c03;    // 1 字节。
}ST01;

typedef struct St02{
 char c01;    // 1 字节。
 char c02;    // 1 字节。
 char c03;    // 1 字节。
 short s;     // 2 字节。
}ST02;

typedef struct St03{
 char c01;    // 1 字节。
 char c02;    // 1 字节。
 char c03;    // 1 字节。
 short s;     // 2 字节。
 int a;       // 4 字节。
}ST03;

typedef struct St04{
 char c01;    // 1 字节。
 char c02;    // 1 字节。
 char c03;    // 1 字节。
 short s;     // 2 字节。
 int a;       // 4 字节。
 double d;    // 8 字节。
}ST04;

int main() {
 printf("sizeof(ST01) = %d\n", sizeof(ST01));
 printf("sizeof(ST02) = %d\n", sizeof(ST02));
 printf("sizeof(ST03) = %d\n", sizeof(ST03));
 printf("sizeof(ST04) = %d\n", sizeof(ST04));

 return 0;
}
```

仔细看上面结构体定义时的成员类型，并根据成员的类型自己计算结构体类型大小，将计算得到的结果记录在本上之后，再去对比下面的实际运行结果。对比之后自然会明白为什么要把结构体大小单独地拿出来作为一个知识点来讲解。下面就是实际运行之后的结果：

```
sizeof(ST01) = 3
sizeof(ST02) = 6
sizeof(ST03) = 12
sizeof(ST04) = 24
```

如果你真的计算之后并将结果与实际的运行结果对比过，此时的你一定是一脸蒙圈的状态，对于程序中输出的这些值完全摸不到头脑。难道这些值都是随机的？当然不是，这也是有规律的，这个规律叫作“内存对齐”。

现在想象一个场景，如果要设计一个柜子的结构，那么就要根据自己想在这个柜子里面装什么东西来决定这个柜子的布局。并且柜子中只能使用同一种尺寸的间隔空间，也就是每个格子的大小必须相同，那么有以下三种假设：

- 柜子里面只装袜子：因为袜子很小，所以为了方便可以把柜子里面都做成很小的格子。
- 柜子里面要装袜子和内衣裤：内衣裤相对袜子会大一些，所以柜子中的格子就要再大一些。能装得下内衣裤的格子，也一定能装得下袜子。
- 柜子里面要装袜子、内衣裤和外套：外套通常会比内衣裤和袜子更占空间，比如羽绒服、风衣等，所以格子设计得相对就会更大。能装得下外套的格子，也一定能装得下内衣裤和袜子，而且可以装很多。

根据以上三种假设，我们可以将柜子分别设计为三种样式，如图 12-1 所示。

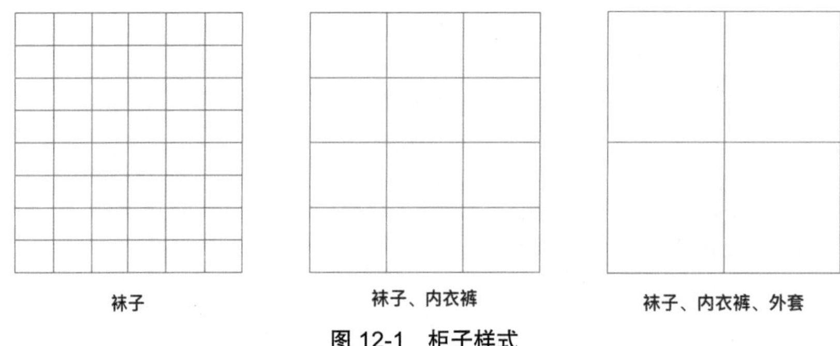

图 12-1　柜子样式

如果我们能把柜子理解成内存，那么设计柜子时对齐格子大小的过程实际就是在定义结构体时内存对齐的过程。

内存对齐是指数据在内存中存储时，按照特定的规则将数据放置在特定的地址上，以提高访问效率和性能。

回到上面的代码示例分析，我们先来看 ST01 类型，结构如下：

```
typedef struct St01{
char c01;    // 1 字节
char c02;    // 1 字节
char c03;    // 1 字节
}ST01;
```

在这个结构体中三个成员都是 char 类型，成员占用的内存空间都是相同的，都是 1 个字节，所以这个结构类型只需要 3 个字节的空间就可以了，相信这个结果跟读者预想的应该是一样的。存储结构可以参考图 12-2。

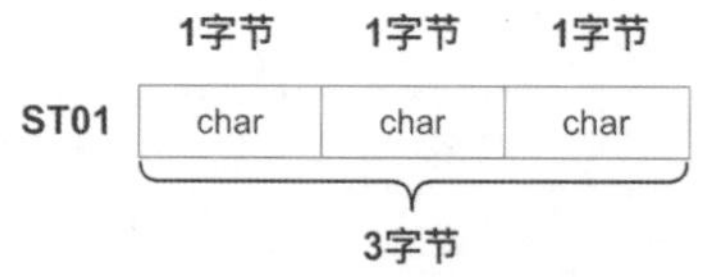

图 12-2　ST01 类型的存储结构

我们再来看 ST02 类型，结构如下：

```
typedef struct St02{
char c01;    // 1 字节。
char c02;    // 1 字节。
char c03;    // 1 字节。
short s;     // 2 字节。
}ST02;
```

在这个类型中，成员变量中很显然出现了不同的数据类型，而且它们占用的内存空间大小不同。我们只能根据相对较大的空间来设计存储结构，所以在这个结构中应该向占用空间相对大的 short 类型对齐。至少需要 3 个 short 类型的空间才能存储下 ST02 类型中的所有成员。存储结构可以参考图 12-3。

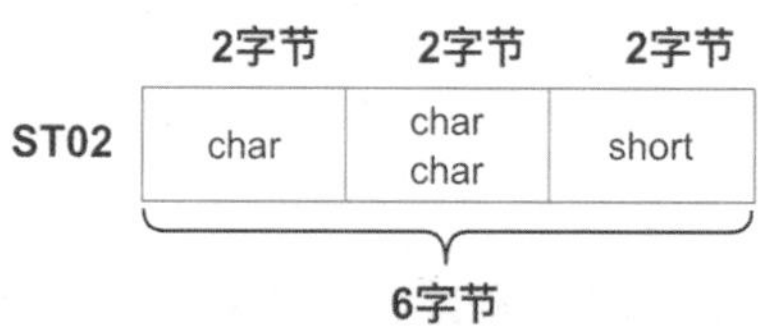

图 12-3　ST02 类型的存储结构

我们继续看 ST03 类型，结构如下：

```
typedef struct ST03{
char c01;    // 1 字节
char c02;    // 1 字节
char c03;    // 1 字节
short s;     // 2 字节
int a;       // 4 字节
}ST03;
```

根据上面的结论，在当前结构中占用内存空间最大的成员是 int 类型，需要 4 字节的存储空间，那么经过计算，在这个结构中，至少需要 3 个 int 类型的空间才能存储下 ST03 类型中的所有成员。存储结构可以参考图 12-4。

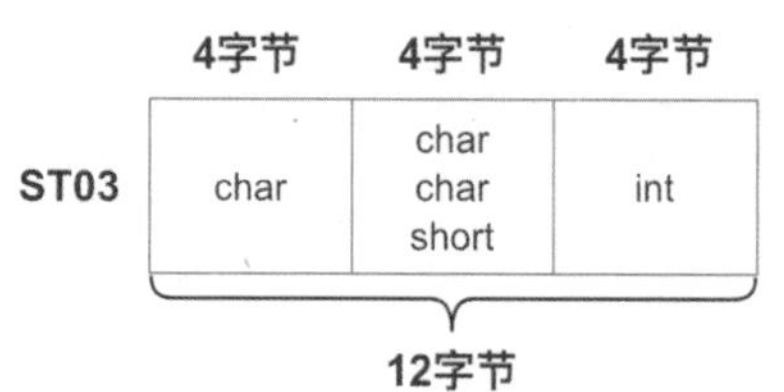

图 12-4　ST03 类型的存储结构

最后来看 ST04 类型，结构如下：

```
typedef struct ST04{
char c01;    // 1 字节。
char c02;    // 1 字节。
char c03;    // 1 字节。
short s;     // 2 字节。
int a;       // 4 字节。
double d;    // 8 字节。
}ST04;
```

在当前结构中占用内存空间最大的成员是 double 类型，需要 8 字节的存储空间，那么经过计算，在这个结构中，至少需要 3 个 double 类型的空间才能存储 ST04 类型中的所有成员。存储结构可以参考图 12-5。

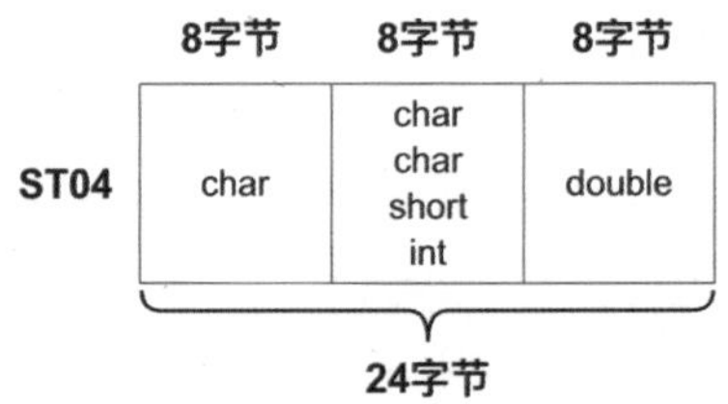

图 12-5 ST04 类型的存储结构

根据上面的代码总结得到的规律就是，内存对齐总是要向结构体内成员中内存占用最大的成员对齐。只要掌握了这一原则，就可以轻松地根据结构体内的成员来计算结构体类型占用内存的大小了。当然也可以直接使用 sizeof() 运算符来计算结构体类型的内存占用情况，但是如果遇到笔试题，那么 sizeof() 就帮不上忙了。掌握上面的内存对齐方法，就可以帮忙应付笔试中的这一个知识点了。

12.2.6 结构体的位域

上文介绍了结构体在默认情况下内存的占用情况，那么就一定会有另外一种情况是手动去干预这种默认情况。这种干预的方式就是使用结构体中的位域，也可以叫它位段。

只需要通过一个简单的示例就可以了解位域的使用方法，非常简单，代码如下。

- Demo153- 位域的使用方法。

```
#include <stdio.h>

// 定义一个结构体，用于存储学生的成绩信息。
typedef struct Student {
 // 位域成员 score 用于存储学生的成绩，占用 7 位。
 unsigned char score : 7;
 // 位域成员 sex 用于存储学生的性别，占用 1 位（0 表示女，1 表示男）。
 unsigned char sex : 1;
}STU;

int main() {
 // 声明一个结构体变量 stu，并初始化成绩为 99 ，性别为 1（男）。
```

```
    STU stu = {99, 1};

    // 输出学生的成绩和性别。
    printf("学生的成绩为 : %d\n", stu.score);
    // 使用问号冒号表达式，根据 stu.sex 的值输出性别。
    printf("学生的性别为 : %s\n", stu.sex ? "男" : "女");

    printf("分割线 =================\n");

    // 输出结构体的大小。
    printf("结构体的大小为: %d 个字节 \n", sizeof(stu));

    return 0;
}
```

通过上面代码输出的结构体大小可以看出，这个结构体类型只占用了一个字节的存储空间，也就是第一个 char 类型的成员变量内存占用空间，但是我们却利用这个结构体存储了两个值。这就是使用位域能够实现的功能。通过位域可以让存储精确到二进制位，一个字节是 8 个二进制位，可以根据要存储的具体数据的范围来指定每个成员占用二进制位的个数。用我们平时说的话来讲就是能存得下，够用就行。比如要存储的数据是成绩，成绩的取值范围就是 0 ~ 100 ，不考虑负数，使用无符号整型变量的时候 7 个二进制位就足够了。7 个二进制位最大取值范围可以到 127，这对于成绩数据就是所谓的能存得下、够用。存储性别数据没有必要使用过多的存储空间，因为性别只有两个取值，0 或者 1，1 个二进制位就足够了。

使用位域的方法也很简单，实际上就是在定义成员的时候在后面加上一个冒号，并在冒号的后面指定这个数据占用的内存空间位数即可。例如：

```
// 定义一个结构体，用于存储学生的成绩信息。
typedef struct Student {
    // 位域成员 score 用于存储学生的成绩，占用 7 位。
    unsigned char score : 7;
    // 位域成员 sex 用于存储学生的性别，占用 1 位(0 表示女，1 表示男)。
    unsigned char sex : 1;
}STU;
```

上面的代码在内存中的数据存储结构如图 12-6 所示。

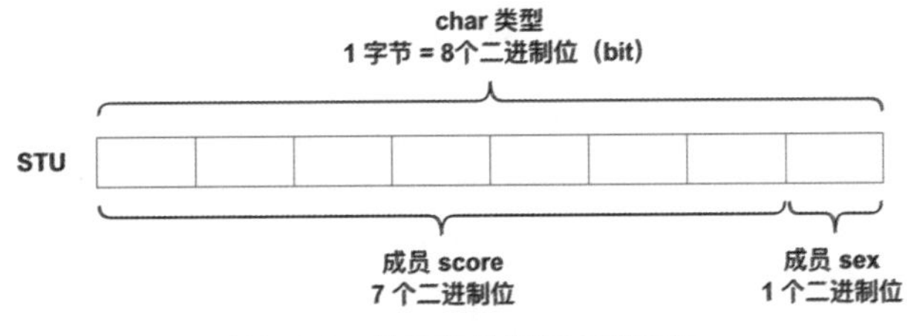

图 12-6 结构体的数据存储结构

那么问题来了，这里面为什么使用的是 char 类型的变量而不是 int 类型或者是 float 类型变量呢？第一个原因是可以将 char 类型变量当作 int 类型变量使用。 char 类型虽然是 C 语言中存储字符的数据类型，但是实际上任何的数据在内存中存储的都是二进制形式，在位域的操作中我们操作的也是二进制数据。另外 char 类型原本也是一种特殊的 int 类型，因为在 char 类型当中存储的是字符的编码，而字符的编码本身也是 int 类型，所以我们在使用 char 类型的时候完全可以把它当作 int 类型来操作。就比如下面的代码。

- Demo154- 将 char 类型变量当作 int 类型变量使用。

```
#include <stdio.h>

int main() {
 printf("字符编码数值 97 对应的字符为：%c\n", 97);
 printf("字符 A 对应的字符编码数值为：%d\n", 'A');
 /**
     * 通过上面两行输出，我们可以看到字符类型和整数类型可以在输出的时候，
     * 直接通过占位符灵活地切换输出的模式。
     * 而且我们可以从大写 'A' 和小写 'a' 的字符编码上看出它们的值相差 32。
     * 那么我们延展一下思路，如果单纯地想做一下字符大小写的转换，
     * 是不是可以将代码写成下面这样?
     */

    printf("a 转换为大写字母为：%c\n", 'a' - 32); // 小写转大写：-32
    printf("A 转换为小写字母为：%c\n", 'A' + 32); // 大写转小写：+32

    /**
     * 实际上，我们在关于字符常量的章节中也简单地介绍过以上这种转换的方式。
     * 字符变量原本就是可以当做整数类型进行操作的，比如 'a' + 1 就是 'b' 。
     * 所以我们操作字符的时候操作的就是这个整数类型对应的整型字符编码而已，
     * 那么把 char 类型变量当作 int 类型变量去使用也是可以的，只要取值范围够用就可以。
     */

    return 0;
}
```

上面的示例说明了结构体使用 char 类型的其中一个原因，那么另外还有一个原因就是，这样能够更大程度地节约内存空间。因为使用位域的时候同样也会有内存对齐问题，编译器也会根据结构体内的成员类型遵循一定的内存对齐规则去申请内存空间。如果我们在学生成绩代码中使用 unsigned int 类型，则这个结构体类型的内存占用就是 4 字节，我们可以编写代码进行测试，代码如下。

- Demo155- 在结构体中使用 unsigned int 类型。

```
#include <stdio.h>

typedef struct St01 {
    unsigned char c : 2;     // 2 个二进制位。
    unsigned short s : 4;    // 4 个二进制位。
}ST01; // 总计使用 6 个二进制位。

typedef struct St02 {
    unsigned char c : 2;     // 2 个二进制位。
    unsigned short s : 4;    // 4 个二进制位。
    unsigned int i : 8;      // 8 个二进制位
}ST02;  // 总计使用 14 个二进制位。
```

```
typedef struct St03 {
    unsigned char c : 2;      // 2 个二进制位。
    unsigned short s : 7;     // 7 个二进制位。
    unsigned int i : 8;       // 8 个二进制位。
    unsigned short ss : 16; // 16 个二进制位。
}ST03;  // 总计使用 33 个二进制位。

int main() {

    printf("ST01 的内存占用空间为 : %d 字节 \n", sizeof(ST01));
    printf("ST02 的内存占用空间为 : %d 字节 \n", sizeof(ST02));
    printf("ST03 的内存占用空间为 : %d 字节 \n", sizeof(ST03));

    return 0;
}
```

上面程序的运行结果为：

```
ST01 的内存占用空间为 : 2 字节
ST02 的内存占用空间为 : 4 字节
ST03 的内存占用空间为 : 8 字节
```

运行结果分析：

- ST01 中一共使用了 6 个二进制位，其中占用内存空间最大的成员类型是 unsigned short 类型，unsigned short 类型默认的内存占用空间是 2 字节，也就是 16 个二进制位。足够定义所有的成员进行存储，所以 ST01 的内存占用是 2 字节。
- ST02 中一共使用了 14 个二进制位，其中最大的成员类型是 unsigned int 类型，unsigned int 类型默认的内存占用空间是 4 字节，也就是 32 个二进制位，足够定义所有的成员进行存储，所以 ST02 的内存占用是 4 字节。
- ST03 中一共使用了 33 个二进制位，其中最大的成员类型是 unsigned int 类型，unsigned int 类型默认的内存占用空间是 4 字节，也就是 32 个二进制位，发现一个 int 类型的内存空间不足以定义所有的成员进行存储，所以要再额外增加一个 unsigned int 类型的空间，那么 ST03 的内存占用是 8 字节。

所以根据以上代码的演示和结果的分析，我们得到的结论是：如果想要进一步地在结构体内定义变量的时候节约内存空间，可以采用位域的定义方式，通常这种定义方式应用于底层开发中。但是即使使用了位域的定义方式也要注意数据类型的内存空间占用情况，因为如果出现了存不下或者存不满的情况，依然会有冗余的内存空间被占用，所以在设计结构体成员和位域分配的时候就要把这些因素都考虑进去。

12.2.7 结构体嵌套定义

结构体的嵌套就是在结构体中的某一个成员也是一个结构体。实际上当学习到这里，读者对于嵌套这个词应该不会觉得陌生了，本书已经介绍过判断的嵌套、循环的嵌套、函数调用的嵌套。跟随本书一路学习到这的经验告诉我们，只要掌握了基本语法的用法，嵌套实际上并不复杂。接下来还是使用一个简单的示例来说明一下结构体嵌套的具体定义和使用方法。

- Demo156- 结构体嵌套的定义和使用方法。

```
#include <stdio.h>

// 定义一个结构体，用于存储地址信息。
typedef struct Address {
 char city[20];        // 城市
 char street[50];      // 街道
 int zip_code;         // 邮编
}ADD;

// 定义一个结构体，用于存储学生信息，包括姓名和地址。
typedef struct Student {
 char name[50];                // 姓名
 int age;                      // 年龄
 ADD addr;     // 在学生结构体中嵌套地址结构体。
}STU;

int main() {
 // 创建一个学生结构体变量 stu，并初始化学生信息。
 STU stu = {"小肆", 17, {"北京", "XXX 街道", 100000}};

 // 输出学生的姓名、年龄和地址信息
 printf("学生姓名：%s\n", stu.name);
 printf("学生年龄：%d\n", stu.age);
 printf("学生地址：%s, %s, 邮编：%d\n", stu.addr.city, stu.addr.street, stu.
addr.zip_code);

 return 0;
}
```

实际上我们在使用结构体嵌套定义的时候，只是在定义结构体的成员时使用了某一个之前已经定义好的结构体作为数据类型。所以既然我们已经定义过结构体类型，那么只需要将已经定义过的结构体类型当作普通的数据类型看待就可以了，并没有什么特别之处。在通过结构体变量进行访问的时候也是一样，只是多了一层。以上的示例中是两层的嵌套，那么接下来可以尝试自己定义三层甚至是四层嵌套。嵌套得越多，数据的结构也就越复杂，这个要根据开发时的具体需求来决定。在任何时候都不要为了使用而使用，一定是为了需求而再去确定是否要使用、使用什么以及怎么使用。

12.3 结构体作为函数的参数

通过结构体类型定义的变量实际上也是变量，并且结构体变量也支持直接通过等号的方式进行赋值，所以我们在使用结构体作为函数的参数进行传递的时候也不需要什么特别的操作，正常在函数定义的时候使用类型相同的形参进行接收就可以了。具体操作方法参考如下代码。

- Demo157- 结构体作为函数的参数。

```
#include <stdio.h>
#include <string.h>

// 定义结构体类型并设置别名为 STU。
typedef struct Student{
char name[46];                  // 姓名
unsigned short age;             // 年龄
float score;                    // 成绩
char class_id[12];              // 班级 ID
}STU;

/**
* 输出信息。
* @param stu 要输出的结构体变量。
*/
void print_info(STU stu){
   printf("您输入的信息如下：========================= \n");

   // 输出格式化表头（利用输入法中的制表符，计算字符宽度并打印表格的表头部分）;
   // 绘制表格所需的制表符（特殊符号）：┌ ┬ ┐ ├ ┼ ┤ └ ┴ ┘ ─ │
   printf("┌─────────────────┬─────┬────────┬─────────────┐\n");
    printf("│ %-15s │ %-3s │ %-6s │ %-11s │\n", "name", "age", "score",
"classid");
   printf("├─────────────────┼─────┼────────┼─────────────┤\n");

   // 访问结构体变量中的每个成员并格式化输出在表格中。
    printf("│ %-15s │ %-3d │ %-6.2f │ %-11s │\n", stu.name, stu.age, stu.score,
stu.class_id);

   // 格式化输出表尾。
   printf("└─────────────────┴─────┴────────┴─────────────┘\n");
}

int main() {
   // 定义结构体变量，不对其进行直接初始化。
   STU stu;
   // 预设好班级信息，针对字符串的赋值需要使用 strcpy() 字符串拷贝函数，不能直接通过等号赋值。
   strcpy(stu.class_id, "ITLaoXie-01"); // 使用该函数需要包含 string.h 头文件

   printf("请输入 %s 班的班长姓名：", stu.class_id);
   scanf("%s", stu.name);   // 字符串类型输入的时候不需要通过 & 取址。
   printf("请输入 %s 班的班长年龄：", stu.class_id);
   scanf("%hd", &stu.age); // %hd 是 short 短整型对应的占位符。
   printf("请输入 %s 班的班长成绩：", stu.class_id);
   scanf("%f", &stu.score);

   // 将结构体变量作为参数传递，调用函数输出信息。
   print_info(stu);
```

```
    return 0;
}
```

这里需要注意的是，这种传递方式传递过去的只是结构体变量成员中的值，函数体内部的形参和调用处的实参使用的是不同的独立存储空间。这种操作通常只用于信息的输出，因为我们不需要修改实参变量中的值。如果我们想要手动地输入对实参的值进行修改，那么这种传参方式显然不适合，这种情况下是不是可以尝试使用指针的方式进行传递呢？

12.4　结构体指针

结构体指针的使用相对普通变量会有些区别，毕竟对于普通变量直接通过取值的方式就可以访问到具体的内容了。但是结构体中有各种不同类型的成员变量，而且我们操作结构体的时候也都是针对具体的成员做相应的操作，所以这里要了解一下在结构体中通过指针访问成员的具体方法。通过一个简单的示例来学习一下，代码如下。

- Demo158- 结构体指针的使用方法。

```
#include <stdio.h>
#include <string.h>

// 定义结构体类型并设置别名为 STU。
typedef struct Student{
char name[46];                // 姓名
unsigned short age;           // 年龄
float score;                  // 成绩
char class_id[12];            // 班级 ID
}STU;


int main() {
// 定义结构体变量并直接初始化所有成员。
STU stu = {"小肆", 17, 99, "ITLaoXie-01"};
// 定义结构体指针并指向 stu 结构体变量。
STU *p_stu = &stu;

// 通过结构体变量访问成员。
printf("name = %s, age = %d, score = %.2f, classid = %s\n",
      stu.name, stu.age, stu.score, stu.class_id);

printf("分割线 ==========================================================\n");

// 通过结构体指针访问成员。
printf("name = %s, age = %d, score = %.2f, classid = %s\n",
      p_stu->name, p_stu->age, p_stu->score, p_stu->class_id);
return 0;
}
```

通过上面的示例可以看到，我们在使用结构体指针的时候，从定义到初始化的过程和普通类型的变量并没有任何的区别，但是在访问的时候却存在区别。通过指针访问结构体变量内部成员的时候使用的方法是：结构体指针名 -> 结构体成员名，这里面使用了一个成员运算符 -> 看起来像是一个箭头，毕竟是针对指针的操作，箭头表示指向性也更容易记忆。

那么 Demo157 示例中针对结构体成员输入的部分也可以封装成一个函数，这样调用起来也会更加地方便，代码如下。

- Demo159- 将结构体成员输入封装成函数。

```
#include <stdio.h>
#include <string.h>

// 定义结构体类型并设置别名为 STU。
typedef struct Student{
char name[46];                  // 姓名
unsigned short age;             // 年龄
float score;                    // 成绩
char class_id[12];              // 班级 ID
}STU;

/**
* 输入信息。
* @param stu 要输入的结构体变量。
*/
void input_info(STU *stu){
   printf("请输入 %s 班的班长姓名：", stu->class_id);
   scanf("%s", stu->name); // 输入字符串类型的时候不需要通过 & 取址。
   printf("请输入 %s 班的班长年龄：", stu->class_id);
   scanf("%hd", &stu->age); // %hd 是 short 型对应的占位符。
   printf("请输入 %s 班的班长成绩：", stu->class_id);
   scanf("%f", &stu->score);
}

/**
* 输出信息。
* @param stu 要输出的结构体变量。
*/
void print_info(STU stu){
   printf("您输入的信息如下：========================= \n");

   // 输出格式化表头（利用输入法中的制表符，计算字符宽度并打印表格的表头部分）。
   // 绘制表格所需的制表符（特殊符号）：┌ ┬ ┐ ├ ┼ ┤ └ ┴ ┘ ─ │；
   printf("┌───────────────┬───┬──────┬───────────┐\n");
    printf("│%-15s│%-3s│%-6s│%-11s│\n", "name", "age", "score",
"classid");
   printf("├───────────────┼───┼──────┼───────────┤\n");

   // 访问结构体变量中的每个成员并格式化输出在表格中
    printf("│%-15s│%-3d│%-6.2f│%-11s│\n", stu.name, stu.age, stu.score,
stu.class_id);

   // 格式化输出表尾。
   printf("└───────────────┴───┴──────┴───────────┘\n");
```

```
}

int main() {
    // 定义结构体变量，不对其进行直接初始化。
    STU stu;
     // 预设好班级信息，针对字符串的赋值需要使用 strcpy() 字符串拷贝函数，不能直接通过等号赋值。    strcpy(stu.class_id, "ITLaoXie-01"); // 使用该函数需要包含 string.h 头文件。

    // 将结构体指针作为参数传递，调用函数输入信息。
    input_info(&stu);

    // 将结构体变量作为参数传递，调用函数输出信息。
    print_info(stu);

    return 0;
}
```

从代码的功能上来看似乎是没有什么区别，但是从代码的结构上来看区别还是很大的。main() 函数中的内容越来越少，内容变得简洁了，而且可读性也提高了。我们将输入和输出的部分分别地封装成了函数，未来调用起来也更加方便了，这样一来同时提高了代码的可读性和可复用性。

通过上面的几个示例我们可以了解到，其实结构体指针的使用也并不难，无非是把普通结构体变量访问成员时的成员运算符换成了 -> 而已。当我们访问到具体的成员之后，所有的操作都和普通变量没有任何区别。

12.5 结构体数组

结构体数组就是由结构体变量组成的数组，操作方法和普通的数组区别不大，同样也是通过数组名和下标的方式对其中的元素进行访问。我们可以把上面的示例稍做升级，上文的示例只是存储了一个学生的信息，如果我们想存储十个学生的信息呢？这个时候就要使用到结构体数组了，下面的示例可以帮助了解结构体数组的使用，代码如下。

- Demo160- 结构体数组的使用。

```
#include <stdio.h>
#include <string.h>

// 定义结构体类型并设置别名为 STU
typedef struct Student{
 char name[46];              // 姓名
 unsigned short age;         // 年龄
 float score;                // 成绩
 char class_id[12];          // 班级 ID
}STU;

/**
 * 输入信息。
```

```
 * @param stu 要输入的结构体变量。
 */
void input_info(STU *stu){
    /**
     * 当结构体指针作为参数传递给函数内部时，此时的 stu 为结构体指针，
     * 所以在函数内部访问结构体成员的时候需要使用箭头运算符。
     */
    printf("请输入 %s 班的学生姓名：", stu->class_id);
    scanf("%s", stu->name);  // 字符串类型输入的时候不需要通过 & 取址。
    printf("请输入 %s 班的学生年龄：", stu->class_id);
    scanf("%hd", &stu->age); // %hd 是 short 型对应的占位符。
    printf("请输入 %s 班的学生成绩：", stu->class_id);
    scanf("%f", &stu->score);
    printf("下一位======================\n");
}

/**
 * 输出信息。
 * @param stu 要输出的结构体变量。
 */
void print_info(STU stu){
    // 访问结构体变量中的每个成员并格式化输出在表格中。
    printf("├───────────────┼───┼──────┼───────────┤\n");
     printf("│%-15s│%-3d│%-6.2f│%-11s│\n", stu.name, stu.age, stu.score,
stu.class_id);
}

int main() {
    // 定义结构体变量。不对其进行直接初始化。
    STU stu[10];

    for (int i = 0; i < 10; ++i) {
        /**
         * 预设好班级信息，在没有当作参数传递给函数之前，
         * 这里的 str[i] 只是一个普通的结构体变量，
         * 所以在这里访问的时候使用的是 . 点来访问结构体成员。
         */
        strcpy(stu[i].class_id, "ITLaoXie-01");
        // 将结构体指针作为参数传递，调用函数输入信息。
        input_info(&stu[i]);
    }

    printf("您输入的信息如下：========================= \n");

    // 输出格式化表头（利用输入法中的制表符，计算字符宽度打印表格的表头部分）；
    // 绘制表格所需的制表符（特殊符号）：┌ ┬ ┐ ├ ┼ ┤ └ ┴ ┘ ─ │
    printf("┌───────────────┬───┬──────┬───────────┐\n");
      printf("│%-15s│%-3s│%-6s│%-11s│\n", "name", "age", "score",
"classid");

    // 循环调用信息输出函数，这里只输出信息内容，表头和表尾只需要输出一次，所以不写在函数内部。
```

```
    for (int i = 0; i < 10; ++i) {
        // 将结构体变量作为参数传递，调用函数输出信息。
        print_info(stu[i]);
    }

    // 格式化输出表尾。
    printf("└──────────────────────┴─────┴─────────┴────────────
─┘\n");

    return 0;
}
```

通过这样的方式我们就可以针对一个结构体数组进行整体的输入和输出操作了，对于数组的操作无非就是访问数组中的元素。这个简单的示例几乎可以涵盖所有针对结构体数组的操作方法，所以现在要做的就是把这个小示例记熟、敲熟，后面还要针对这个小示例做一系列结构性的调整和功能上的升级。

12.6　联合体简介

C 语言中的联合体，也是一种衍生数据类型，我们可以把它想象成一个特殊的容器，不同于结构体中的容器，联合体中的容器里可以放不同类型的物品，但每次只能放一个物品。比如有个瓶子，可以装水，也可以装油，但同一时间内只能装一种液体。

也就是说在 C 语言中，联合体允许我们在同一块内存空间中存储不同类型的数据，但每次只能使用一种数据类型。联合内在一定程度上可以节约内存空间，毕竟它只能在同一时间内存储一个成员的值，在某些特定的时候还是很有用的，通常用于不同数据类型之间的切换或是内存空间的共享。

任何一种数据类型和结构都有自己特定的使用场景，我们只需要根据具体的需求选择适当的类型即可。

12.7　联合体的使用

在使用联合体的时候我们将会接触到一个新的关键词 union，关于联合体的定义、初始化、赋值以及成员的引用可以参考结构体的使用方法，这样说还不够直观，那么接下来我们来通过一个示例具体了解一下联合体的使用方法以及注意事项。

- Demo161- 联合体的使用方法。

```
#include <stdio.h>

// 定义一个联合体，包含整型和浮点型两种成员。
typedef union Data {
    int i;
    short s
}DATA;
```

```
int main() {
    DATA data; // 声明一个联合体变量 data。

    data.i = 10;     // 为其中一个成员赋值。
    printf("i = %d, s = %hd\n", data.i, data.s);     // 同时输出两个值，发现两个变量
都有值。

    data.s = 9527;  // 为另外一个成员赋值。
    printf("i = %d, s = %hd\n", data.i, data.s);     // 同样两个成员都有值。

    data.i = 65535;     // 修改其中内存使用率较大的值。
    printf("i = %d, s = %hd\n", data.i, data.s);
    /**
     * 此时 65535 这个值超出了 short 的最大取值范围。
     * 有符号的 short 类型最大取值范围是 32767，
     * 65535 在内存中的表现形式是 16 个 1 的二进制值。
     * 也就是 1111 1111 1111 1111 这种形式，
     * 如果将这个值存储到一个有符号的 short 类型变量中，
     * 那么输出的结果就是最大的负数，也就是 -1。
     */

    printf("sizeof(data) = %d\n", sizeof(data));

    return 0;
}
```

上面代码的输出结果为：

```
i = 10, s = 10
i = 9527, s = 9527
i = 65535, s = -1
sizeof(data) = 4
```

通过代码以及运行结果可以看出，联合体中的变量使用的是相同的存储空间，因为我们在修改了其中一个变量的值之后，另外的成员值也会随之发生变化。

另外我们还发现联合体也遵循着内存对齐的规则。在上面的联合体中一共有两个成员，分别是 short 类型和 int 类型，其中 int 类型的变量在内存占用的空间是 4 字节，而 short 类型的变量在内存占用的空间是 2 字节。当前整个联合体的内存占用空间是 4 字节，也就是说在 int 类型的存储空间内可以包含 short 类型，而相反却不可以，这就是在联合体中的内存对齐规则。

这里需要注意的是，如果要共享的数据占用内存大小不同，就要考虑到它们在取值范围上有差异。比如在对成员 i 进行赋值的时候，很明显 65535 这个值超出了有符号 short 类型的取值范围，所以就造成了成员 s 的取值误差。当然也可以给 i 变量赋值更大的整数类型值进行测试，这里使用 65535 只是因为这个值的内存存储形式是 16 个 1，这个形式比较特殊，更容易用来测试内存中的存储效果，说明这个联合体中成员之间共享使用内存的现象。

注：联合体类型中的成员个数不受限制，可以是两个也可以是更多，无论有多少个成员，都将依据上面的原则来共享内存空间。

接下来就来看一个利用联合体来实现具体业务场景的示例。

需求：使用联合体来存储学生的学号信息。

分析：学号信息类似于身份证号码，有一个必须遵守的原则就是这个信息一定不可以重复，即使格式上再怎么变化，不可以重复的这一个规则是不可以改变的。这就好像车牌号一样，原来全是数字，后续多了字母，有了新能源之后又多了一位数，油电混动的是 F 开头，纯电的是 D 开头，其他比如公安、部队等的车牌号都有自己的规则，但是唯一不变的是这些车牌不能存在重复的值。那么接下来就用联合体来解决一下类似的需求，代码如下。

- Demo162- 使用联合体存储学号信息。

```
#include <stdio.h>
#include <string.h>

// 定义一个联合体，用于存储不同类型的学员学号信息。
typedef union {
 int student_number;
 char student_code[10];
} STUID; // 使用 typedef 给联合体起别名 STUID。

int main() {
 STUID id; // 声明一个 STUID 类型的变量 id。

 // 情况 1：使用整型学员编号。
 id.student_number = 1009527;
 printf("学员编号：%d\n", id.student_number);

 // 情况 2：使用字符型学员代码。
 strcpy(id.student_code, "STU9527");
 printf("学员代码：%s\n", id.student_code);

 return 0;
}
```

通过这样的形式，无论使用的是哪种学号信息的格式，只要这个学号信息被生成并审核形成有效数据，那么这个学号信息就是有效的。同一个数据字段用不同的形式、不同的类型来表示，这就是联合体的基本使用场景。

12.8 枚举简介

枚举同样也是 C 语言当中的衍生数据类型，它是一系列整型常量的集合，所以枚举类型的成员在定义的时候就要被初始化，如果没有手动初始化系统就会对它们进行默认初始化，一旦初始化之后，在后续调用枚举成员的时候将不能再对其进行修改。

12.9 枚举的定义和成员引用

在枚举类型的使用中，我们也会接触到一个新的关键词—— enum，使用的方法和我们刚刚学习过的 struct 与 union 极其相似。下面还是通过一个具体的示例来学习一下 enum 的用法，代码如下。

- Demo163-enum 的使用方法。

```
#include <stdio.h>

// 定义一个枚举类型并将其重命名为 EN01。
typedef enum En01{
// 不设置初始值的时候第一个成员默认值为 0，之后的成员初始值依次递增 1，
// 设置常量成员的时候不需要数据类型，也不需要分号，成员之间使用逗号分隔。
A, B, C, D
}EN01;

// 定义一个枚举类型并将其重命名为 EN02。
typedef enum En02{
// 如果设置了初始值，则从设置的初始值开始，后面的成员初始值依次递增 1。
AA = 5, BB, CC = 10, DD
}EN02;

int main() {

printf("A = %d\n", A);
printf("B = %d\n", B);
printf("C = %d\n", C);
printf("D = %d\n", D);

printf("分割线 ===================\n");

printf("AA = %d\n", AA);
printf("BB = %d\n", BB);
printf("CC = %d\n", CC);
printf("DD = %d\n", DD);

printf("分割线 ===================\n");

printf("sizeof(EN01) = %d\n", sizeof(EN01));
printf("sizeof(EN02) = %d\n", sizeof(EN02));

return 0;
}
```

上面代码的运行结果为：

```
A = 0
B = 1
C = 2
D = 3
分割线 ===================
```

```
AA = 5
BB = 6
CC = 10
DD = 11
分割线 ===================
sizeof(EN01) = 4
sizeof(EN02) = 4
```

通过上面的代码和运行结果可以看出，在我们定义枚举的时候可以像定义结构体或者联合体一样对其进行取别名的操作，为了后面更方便地去声明枚举类型的变量。但是在上面的代码中发现，我们在使用枚举中定义的常量成员时，也并没有用到枚举类型的变量，直接就可以访问常量成员了。那么枚举类型的名字和枚举变量还有意义吗？当然有，正如前面文字描述的一样。枚举类型中定义的成员是"常量"，但是枚举类型本身是一种数据类型，数据类型是可以用来定义变量的，那么变量是可以用来赋值的。

在上面的代码当中我们定义的枚举类型中有若干个成员，可以通过代码的运行结果得知，枚举类型占用的内存空间都是 4 个字节，所以我们可以把枚举类型的变量当作整型变量来进行操作。可以暂时就把在类型内定义的常量成员理解成一种全新的常量定义方法，在下面应用场景示例中代码中或许能找到这个成员常量和枚举类型变量之间微妙的关系。

12.10 枚举的应用场景

上文介绍了枚举的基本使用方法，从上面的示例中也了解了枚举类型的定义，以及通过枚举类型来定义常量的方法。那么接下来我们就来利用枚举的实际应用场景来介绍一下枚举变量的使用方法，以及枚举变量和通过枚举定义的常量之间的微妙关系。代码如下。

- Demo164- 枚举变量的使用方法。

需求：假设这是游戏软件中的一个方向移动功能，根据用户输入的字符判断具体的操作方向。

```
#include <stdio.h>

/**
* 定义一个记录操作方向按键的枚举类型，并重命名为 DIR，
* 常量值 UP/LEFT/DOWN/RIGHT 分别用于记录上、左、下、右，
* QUIT 用于退出游戏操作。
* 常量名做到见名知意，在程序代码中更易读。
*/
typedef enum Direction{
    /**
     * 这里定义的常量可以根据具体的需求设置初始值，
     * 只要这些常量的初始值不同就可以了。
     * 当然如果非要使用相同的值，语法层面并不是不允许。
```

```
     * 但是却失去了用常量名区分常量作用的意义。
     * 这里使用的默认值从 0 开始，后面依次递增 1，
     * 所以这里的五个常量值分别对应的是：0，1，2，3，4。
     */
    UP, LEFT, DOWN, RIGHT, QUIT
}DIR;


int main() {
    DIR dir; // 定义一个枚举类型的变量，用来存储用户输入的方向值。
    /**
     * 我们假设输入的值：
     * - 0 表示向上
     * - 1 表示向左
     * - 2 表示向右
     * - 4 表示向下
     * - q 表示退出
     */

    /**
     * 死循环模拟游戏运行，
     * 事实上每个程序都是一个死循环，
     * 只不过可以通过特定的条件退出。
     */
    while(1){
        /**
         * 手动输入一个值给枚举类型（整数类型）变量 dir 赋值，
         * 在这里我们不用纠结它是衍生数据类型，就把它当作 int 类型就可以了
         */
        scanf("%d", &dir);
        /**
         * 接下来我们要根据用户输入的内容到 switch 分支中寻找匹配。
         * 那么此时要匹配谁呢？直接在代码里面写 0，1，2，3，4 吗？
         * 在首次编写这个代码的时候一定能分得清每个数值对应什么含义。
         * 但是一个星期之后再看见 0，1，2，3，4 这几个数字的时候呢？
         * 而且类似于这种方向操作功能，对于每个方向的操作，除了里面的一小部分参数会有变化以外，
         * 很多的功能和操作都是一样的，就像下面模拟的代码一样，
         * 输出四段文字中只有一个字是不一样的。那么在真实的代码中，
         * 四千行代码中可能只有那么两三行、两三个单词甚至是两三个字符是不一样的。
         * 到了那个时候还能分清哪个数值对应的功能是什么吗？
         * 当然可以在每一个分支都添加注释，这很显然是个好办法。
         * 但是如果我们使用常量，就可以直接通过常量名来辨别分支的功能。
         * 这样是不是会更加地直观？这也是我们选择使用常量作为 switch 分支的原因。
         * 另外我们为什么要在枚举类型中定义这个常量呢？定义在其他地方不可以吗？
         * 当然可以，正如之前所说，未来我们的代码要分几十个甚至上百个文件，
         * 每个文件中都有成千上万行的代码，此时想要找到一个常量定义的位置很不容易。
         * 所以可以这样想：
         * 我们在进入这个分支之前，一定是先获取了这个 dir 的变量，
         * 在多数的开发工具中，都能通过变量快速地定位到变量定义的位置，
         * 就能通过变量定义时的数据类型找到这个枚举类型的定义，
         * 在这个枚举类型的定义中我们就会很快地找到这几个相关的常量值。
```

```
         * 或者也可以理解成这个枚举类型中定义的这些常量值是跟这个类型相关的常量值。
         * 如果获取了或者通过其他途径得到了其他的值，与自身类型中定义的值不匹配，
         * 那么就都是无关值。
         *
         * 以上就是枚举类型中定义的常量，与通过枚举类型定义的变量之间的微妙关系。
         * 事实上在语法和功能上很难解释这个东西为什么要出现？为什么要用？或者不用它行不行？
         * 而且连续的几个问题答案甚至是可以不用或者有很多方法可以替代枚举的作用。
         * 比如用宏定义去替代枚举中的常量，或者直接定义 const 常量，
         * 然后将这些常量的定义统一管理在某一个指定的头文件中。
         * 但是 C 语言既然为我们提供了枚举这种数据类型，以及一种专门的应用场景，
         * 那么我们就要了解并且熟练地使用它，这样才算是一个合格的程序员。
         */
        switch (dir) {
            // 通过入口的枚举变量，进入分支后依次匹配下面的常量。
            case UP:
                printf("向上移动……\n");
                break;
            case LEFT:
                printf("向左移动……\n");
                break;
            case DOWN:
                printf("向下移动……\n");
                break;
            case RIGHT:
                printf("向右移动……\n");
                break;
            case QUIT:
                printf("游戏已退出……\n");
                return 0;
            default:
                printf("无效动作");
        }
    }

    // return 0; // 这个 return 永远执行不到
}
```

12.11 本章小结

本章介绍了 C 语言中最后的几中衍生数据类型，分别是结构体类型、联合体类型和枚举类型，也都分别使用了不同的示例结合使用场景说明了它们的用法。

我们在选择使用某一种数据类型之前一定要考虑这种类型的特点，以及适合它的应用场景。在设计不同类型中的成员时，我们同样要考虑到成员的属性，比如类型、取值范围等。一切的知识点都是根据具体的需求而定的，切记不要为了用而去用，一定是要根据需求有选择地去用，这才是一个程序员，或者说是未来的程序员应该具有的思想和能力。

第13章 C语言中的内存管理

13.1 内存管理简介

在计算机中，内存是用来存储和读取数据的介质，可以把它看作一个巨大的字节数组，每个字节都有唯一的地址。我们之前在学习指针相关章节的时候就已经大概了解相关概念了。

说到内存管理，就不得不提到堆和栈，堆和栈是计算机内存中两个重要的概念。

- 堆是动态分配的内存区域，用于存储程序运行时需要的数据。在 C 语言中，使用 malloc()、calloc() 或 realloc() 函数从堆中分配内存。堆内存的分配和释放是由开发人员手动控制的，需要在适当的时候释放已分配的内存，以避免内存泄漏。在堆中分配的内存可以在程序的任何地方使用，它的生命周期由开发人员决定。
- 栈是一种自动分配和释放内存的内存区域，用于存储函数调用、局部变量和临时数据。在 C 语言中，每当函数被调用时，栈会为函数的参数、局部变量和返回地址分配内存。当函数执行完毕时，栈会自动释放这些内存空间。栈内存的分配和释放是由编译器自动管理的，开发人员无须手动控制。

在 C 语言中，以下内容存储在堆中：

- 使用 malloc()、calloc() 或 realloc() 函数动态分配的内存块。
- 全局变量，即位于函数外部声明的变量。

以下内容存储在栈中：

- 函数的参数。
- 函数的局部变量。
- 函数调用时的返回地址。

需要注意的是，堆和栈的大小是有限的，过度使用或错误使用这些内存区域可能会导致内存溢出或内存错误。因此，在编写程序时，需要仔细考虑内存的分配和释放，以确保程序的正确性和稳定性。

13.2　内存管理相关函数

在 C 语言当中，我们想要手动并且灵活地应用内存，实际上使用的就是一些与内存管理相关的功能函数。在上面介绍内存简介的时候，也提到了几个陌生的函数名，这些函数就是在 C 语言中实现分配内存以及释放内存等功能的，接下来我们就来认识一下这些函数。

在学到这个环节的时候，按照常理，只要拿到了函数的原型、形参说明和返回值说明，就已经可以自己尝试着使用函数进行测试了。但是考虑到目前的你未必愿意这样做，笔者还是针对每个函数都用一个简单的示例测试一遍。但是你也有任务，就是要根据下面给出的示例能够举一反三引发属于自己的思考，这样才能真正地掌握和灵活地运用表 13-1 中的这些函数。

要使用以下这些函数的时候，都要在预处理的位置包含 stdlib.h 头文件。

表 13-1　内存管理相关函数

函数原型	功能说明	返回值说明
void *malloc(size_t size)	分配指定大小的内存空间	返回指向分配内存的指针
void *calloc(size_t num, size_t size)	分配指定数量和大小的内存空间，并将其初始化为零	返回指向分配内存的指针
void *realloc(void *ptr, size_t size)	修改之前分配的内存空间大小	返回指向调整后内存的指针
void free(void *ptr)	释放之前分配的内存空间	无返回值
void *memset(void *ptr, int value, size_t num)	将指定内存块的前 num 个字节设置为特定值	返回指向内存块的指针
void *memcpy(void *dest, const void *src, size_t num)	将源内存块的前 num 个字节复制到目标内存块	返回指向目标内存块的指针
int memcmp(const void *ptr1, const void *ptr2, size_t num)	比较两个内存块的前 num 个字节是否相等	返回一个整数，表示比较结果（小于、等于或大于）

void *malloc(size_t size)：分配指定大小的内存空间，示例代码如下。

- Demo165-malloc() 函数的使用示例。

```
#include <stdio.h>
#include <stdlib.h>

/**
 * 程序功能：
 * 通过手动输入的数组长度创建数组，
 * 并对数组的成员进行输入输出操作。
 */

int main() {
    int n;
    int *arr; // 定义一个整型指针用于存储动态分配的内存地址。

    // 询问用户要分配的整数数组的大小。
```

```
    printf("请输入要分配的整数数组大小：");
    scanf("%d", &n);

    // 使用malloc函数动态分配n个整数大小的内存空间。
    /**
     * 这里我们要注意 malloc() 函数原型中返回值是 void* 类型。
     * 之前我们在学习指针的时候了解过 void* 类型的用法，
     * 这里指向了一个 int* 类型变量，所以要对应地做强制的类型转换动作。
     * 参数中利用 n（数组元素的个数）乘每个 int 类型的内存占用空间，
     * 这样才会得到这个数组总共所需的内存空间。
     */
    arr = (int*)malloc(n * sizeof(int));

    // 检查内存是否成功分配。
    /**
     * malloc 函数调用成功将会返回成功申请的内存地址，
     * 如果调用失败，内存没有分配成功则会返回 NULL。
     */
    if (arr == NULL) {
        printf("内存分配失败");
        return 1;
    }

    // 读取用户输入的整数数据并存储在动态分配的数组中。
    printf("请输入 %d 个整数：\n", n);
    for (int i = 0; i < n; i++) {
        printf("请输入第 %d 个数：", i + 1);
        scanf("%d", &arr[i]);
    }

    // 打印用户输入的整数数组。
    printf("您输入的整数数组为：");
    for (int i = 0; i < n; i++) {
        printf("%d ", arr[i]);
    }

    // 释放动态分配的内存空间。
    free(arr);  // 在每次使用动态内存分配之后，都要调用 free() 函数释放空间。
    arr = NULL; // 将 arr 重新指向 NULL，避免野指针的出现。

    return 0;
}
```

通过动态的方式申请内存并当作数组进行操作，乍一看好像是有点多此一举，反正都是申请内存当作数组来使用，这样操作有什么好处？原因如下：

- 使用 malloc () 函数动态地申请内存空间相对数组而言更加灵活。如果发现空间不够用，我们可以随时再申请一块更大的空间，给指针变量赋值。相比之下一旦定义数组之后就没有办法修改数组的长度了。
- 数组一旦被定义之后，如果是全局变量需要等待程序完全运行结束之后才会被释放；如果是局部变量则需要等待函数或者所在语句块运行结束之后才会被释放。

而通过 malloc() 动态申请的内存空间，在不需要再使用的时候可以在任意地方释放，更节约内存空间。

void*calloc(size_t num, size_t size)：分配指定数量和大小的内存空间，并将其初始化为零，示例代码如下。

- Demo166-calloc() 函数的使用示例。

```
#include <stdio.h>
#include <stdlib.h>

int main() {
    int n = 5; // 定义要分配的元素数量。

    // 使用 calloc() 函数动态分配 n 个整数大小的内存空间。
    /**
     * calloc() 函数的用法和 malloc() 函数类似，都是动态申请内存空间。
     * 区别在于 malloc() 函数需要自己计算申请内存的字节数，
     * calloc() 函数可以自动整数申请 n 个 整数的内存空间。
     */
    int *arr = (int*)calloc(n, sizeof(int));

    if (arr == NULL) {
        printf("内存分配失败\n");
        return 1;
    }

    // 打印分配的内存空间中的元素值。
    /**
     * calloc() 函数在申请内存的同时会直接对内存中的值进行初始化。
     */
    printf("初始分配的内存空间中的元素值：\n");
    for (int i = 0; i < n; i++) {
        printf("%d ", arr[i]);
    }

    // 释放动态分配的内存空间。
    free(arr);
    arr = NULL;

    return 0;
}
```

calloc() 函数与 malloc() 函数的功能类似，相信有了 malloc() 函数的示例作为基础，这个示例理解起来应该不会吃力。

void*realloc(void *ptr, size_t size)：修改之前分配的内存空间的大小，代码如下。

- Demo167-realloc() 函数的使用示例。

```
#include <stdio.h>
#include <stdlib.h>

int main() {
```

```
    int n = 5; // 初始分配的元素数量。

    // 使用 malloc() 函数分配 n 个整数大小的内存空间。
    int *arr = (int*)malloc(n * sizeof(int));

    if (arr == NULL) {
        printf(" 内存分配失败 \n");
        return 1;
    }

    // 打印初始分配的内存空间中的元素值。
    printf(" 初始分配的内存空间中的元素值：\n");
    for (int i = 0; i < n; i++) {
        arr[i] = i;
        printf("%d ", arr[i]);
    }

    // 重新分配内存空间为 10 个整数大小。
    /**
     * 这里相当于是给之前分配的内存空间进行扩容操作，
     * 通过 realloc() 函数扩容之后，原有内存空间中的值不受影响。
     */
    int new_size = 10;
    arr = (int*)realloc(arr, new_size * sizeof(int));

    if (arr == NULL) {
        printf(" 内存重新分配失败 \n");
        return 1;
    }

    // 打印重新分配后的内存空间中的元素值。
    printf("\n 重新分配后的内存空间中的元素值：\n");
    for (int i = 0; i < new_size; i++) {
        printf("%d ", arr[i]);
    }

    // 释放动态分配的内存空间。
    free(arr);
    arr = NULL;

    return 0;
}
```

realloc() 函数的作用就是将之前分配的空间进行扩容，这一点是使用数组做不到的。

void *memset(void *ptr, int value, size_t num)：将指定内存块的前 num 字节设置为特定值，代码如下。

- Demo168-memset () 函数的使用示例。

```
#include <stdio.h>
#include <string.h>

int main() {
```

```
    char str[20]; // 定义一个长度为 20 的字符数组。

    // 使用 memset() 函数将字符数组中的值初始化为 0。
    memset(str, 0, sizeof(str));

    // 将初始化后的数组打印出来。
    printf("初始化后的字符数组：\n");
    for (int i = 0; i < sizeof(str); i++) {
        printf("%d ", str[i]);
    }

    return 0;
}
```

memset() 为内存填充函数，在上面的函数调用中，memset(str, 0, sizeof(str)); 表示将 sizeof(str) 个 0 填充到 str 数组中。这个函数通常可以用于数组的快速初始化，实际上这个操作就和之前使用 for 循环对数组中的每个元素进行初始化没什么区别。但是系统为我们提供了这样的函数，操作起来更方便。

void* memcpy(void *dest, const void *src, size_t num)：将源内存块的前 num 字节复制到目标内存块，示例如下。

- Demo169-memcpy () 函数的使用示例。

```
#include <stdio.h>
#include <string.h>

int main() {
    char source[] = "Hello, 小肆！"; // 源字符串。
    char destination[20]; // 目标字符串。

    // 使用 memcpy() 将源字符串复制到目标字符串。
    memcpy(destination, source, strlen(source) + 1);

    // 打印复制后的目标字符串。
    printf("复制后的目标字符串：%s\n", destination);

    return 0;
}
```

memcpy() 的作用是内存复制，这里使用它完成了一个词字符串的复制操作，其中我们在调用函数 memcpy(destination, source, strlen(source) + 1); 的时候，表示要从 source 这个内存地址开始，将 strlen(source) + 1 这么长的内容拷贝到 destination 数组（地址）中，因为字符串中含有 '\0' 字符，所以在计算长的时候要 + 1。

int memcmp(const void *ptr1, const void *ptr2, size_t num)：比较两个内存块的前 num 字节是否相等，示例代码如下。

- Demo170-memcmp () 函数的使用示例。

```
#include <stdio.h>
#include <string.h>

int main() {
```

```
    // 定义两个字符串。
    char str1[] = "hello, 老邪! ";
    char str2[] = "hello, 小肆! ";

    // 比较两个字符串的前 5 个字符是否相等。
    int result = memcmp(str1, str2, 5);

    // 输出比较结果
    if (result == 0) {
        printf(" 前 5 个字符相等 \n");
    } else if (result < 0) {
        printf(" 前 5 个字符不相等, str1 < str2\n");
    } else {
        printf(" 前 5 个字符不相等, str1 > str2\n");
    }

    return 0;
}
```

通过 memcmp() 可以比较指定内存空间内的元素大小，比如上面的示例中我们只比较了字符串中前 5 个字符的大小，如果使用的是 strcmp() 去比较字符串的大小，比较的是整个字符串的大小。

13.3 综合代码示例

我们尝试通过动态申请内存的方式实现学生信息的存储，代码如下。

- Demo171- 动态申请内存实现学生信息的存储。

```
#include <stdio.h>
#include <stdlib.h>
#include <string.h>

// 定义结构体类型并设置别名为 STU。
typedef struct Student{
    char name[46];                // 姓名
    unsigned short age;           // 年龄
    float score;                  // 成绩
    char class_id[12];            // 班级 ID
}STU;

/**
 * 输入信息。
 * @param stu 要输入的结构体变量。
 */
void input_info(STU *stu){
    /**
     * 此时的 stu 为结构体指针作为参数传递给函数内部，
     * 所以在函数内部访问结构体成员的时候需要使用成员运算符 -> 箭头。
     */
    printf(" 请输入 %s 班的学生姓名: ", stu->class_id);
    scanf("%s", stu->name);  // 输入字符串类型的时候不需要通过 & 取址。
```

```
    printf("请输入 %s 班的学生年龄：", stu->class_id);
    scanf("%hd", &stu->age); // %hd 是 short 型对应的占位符。
    printf("请输入 %s 班的学生成绩：", stu->class_id);
    scanf("%f", &stu->score);
    printf("下一位=======================\n");
}

/**
 * 输出信息。
 * @param stu 要输出的结构体变量。
 */
void print_info(STU stu){
    // 访问结构体变量中的每个成员并格式化输出在表格中。
    printf("├────────────────┼─────┼────────┼─────────────┤\n");
    printf("│%-15s│%-3d│%-6.2f│%-11s│\n", stu.name, stu.age, stu.score,
stu.class_id);
}

int main() {
    int num;              // 班级的人数。
    STU *stu = NULL;      // 定义 STU 类型结构体指针。

    // 获取学生数量。
    printf("请输入学生的数量：");
    scanf("%d", &num);

    // 动态申请 num 个 STU 类型的空间给 stu 结构体指针。
    stu = (STU*)calloc(num, sizeof(STU));

    // 以下部分将 stu 结构体指针当作数组进行操作================
    for (int i = 0; i < num; ++i) {
        /**
         * 预设好班级信息，在没有将 stu 当作参数传递给函数之前，
         * str[i] 只是一个普通的结构体变量，
         * 所以在这里使用 . 点来访问结构体成员。
         */
        strcpy(stu[i].class_id, "ITLaoXie-01");
        // 将结构体指针作为参数传递，调用函数输入信息。
        input_info(&stu[i]);
    }

    printf("您输入的信息如下：========================= \n");

    // 输出格式化表头（利用输入法中的制表符，计算字符宽度打印表格的表头部分）；
    // 绘制表格所需的制表符（特殊符号）：┌ ┬ ┐ ├ ┼ ┤ └ ┴ ┘ ─ │
    printf("┌────────────────┬─────┬────────┬─────────────┐\n");
    printf("│%-15s│%-3s│%-6s│%-11s│\n", "name", "age", "score", "classid");

    // 循环调用信息输出函数，这里只输出信息内容，表头和表尾只需要输出一次，所以不写在函数内部。
    for (int i = 0; i < num; ++i) {
        // 将结构体变量作为参数传递，调用函数输出信息。
```

```
        print_info(stu[i]);
    }

    // 格式化输出表尾。
    printf("└──────────────┴────┴───────┴──────────────────────┘\n");

    // 释放内存空间。
    free(stu);
    stu = NULL;

    return 0;
}
```

13.4 链表的基本操作

链表的知识内容属于编程领域中相对比较复杂的必修内容。如果未来要从事的是底层开发、操作系统开发、驱动开发、嵌入式开发、算法、AI 等较深的领域，那么数据结构相关的知识就是必须要掌握的。如果要从事的是 Web 应用开发，对于这部分的要求就并不是很高。所以也可以根据未来自己将要从事的领域而选择性地学习这部分内容。大多数的高级语言已经把很多的数据结构在封装底层实现了，所以并不一定需要我们自己去手动地实现一些数据结构操作。但是对链表、红黑树、哈夫曼树、二叉树等数据结构有一个基本的认识还是很有必要的。这就好比家里面备点常用的药，未必要吃，但是一旦有情况，总是有备无患。

在学习链表之前我们首先要了解几个概念：

- 节点，是一个存储单元，在一个节点中包含了数据域与指针域。
- 数据域，是在节点中负责存储数据的内存空间。
- 指针域，是在节点中负责存储另外一个节点地址的内存空间。

链表结构相对数组，结构更加灵活，不受连续内存空间的限制，也不受长度的限制，存储数据能够更加地随心所欲，并且创建数据和删除数据的效率更高。

接下来就用两个相对基础一些的示例来介绍一下数据结构中的链表。

13.4.1 单向链表

我们先通过一个简单的结构图来说明一下单项链表在内存中的存储形式，如图 13-1 所示。

图 13-1 单项链表在内存中的存储

我们可以在图中清楚地看到红色部分为内存地址，写在节点下方的是节点的首地址，每个节点的指针域中存储了下一个节点的首地址，这样我们就可以通过每个节点的指针域找到下一个节点。其中 Node3 的指针域中存储了 NULL，表示后面没有其他节点，也就是当前链表的尾节点，Node1 就是当前链表的头结点。接下来我们就可以根据这个结构来创建一个这样的单项链表，代码如下。

- Demo172 - 单向链表的实现。

```
#include <stdio.h>
#include <stdlib.h>

// 定义链表节点结构体。
typedef struct Node {
    int data;            // 节点数据域，存储具体的数据。
    struct Node* next;   // 节点指针域，指向下一个节点的指针。
}NODE;

int main() {
    // 初始化链表头节点，链表当中的第一个节点。
    struct Node* head = NULL;

    // 创建三个节点并分配内存。
    NODE* node1 = (struct Node*)malloc(sizeof(struct Node));
    NODE* node2 = (struct Node*)malloc(sizeof(struct Node));
    NODE* node3 = (struct Node*)malloc(sizeof(struct Node));

    // 设置节点数据和指针。
    node1->data = 1;
    node1->next = node2;

    node2->data = 2;
    node2->next = node3;

    node3->data = 3;
    node3->next = NULL; // 最后一个节点的指针指向 NULL。

    // 将第一个节点作为链表头。
    head = node1;

    // 遍历链表并打印节点数据。
    NODE* current = head;
    /**
     * 遍历过程中判断 current，即当前节点是否为 NULL，
     * 只要不是 NULL 就说明当前节点中有数据。
     */
    while (current != NULL) {
        // 输出当前节点数据域当中的值。
        printf("%d -> ", current->data);
        // 节点后移，将当前节点赋值为当前节点指针域中存储的下一个节点的地址。
        current = current->next;
    }// 当移动到尾节点之后退出循环。
```

```
    printf("NULL\n");    // 输出 NULL 表示结束。

    // 释放节点的内存。
    free(node1);
    node1 = NULL;
    free(node2);
    node2 = NULL;
    free(node3);
    node3 = NULL;

    return 0;
}
```

以上是一个单向链表的简单实现，我们在上面的代码中成功地创建了一个单项链表，这里我们要注意的是，在使用单项链表的时候，一定要知道链表中的头节点在哪，也就是链表中的第一个节点。遍历链表也是从头结点开始依次向后遍历。尾节点中的指针域中存储的值是 NULL，当我们在遍历过程中发现当前节点的指针域中存储的值是 NULL 时，表示当前的节点为这个单向链表的尾节点。

当然上面的写法仅仅是为了完成功能，如果真的要使用链表对数据实现动态存储操作的话，我们通常是将节点操作封装成函数，这样后续操作节点的时候会更加方便，代码如下。

- Demo173- 使用链表对数据实现动态存储。

```
#include <stdio.h>
#include <stdlib.h>

// 定义链表节点结构体，并使用 typedef 将其改名为 NODE。
typedef struct Node {
    int data;         // 节点数据。
    struct Node* next; // 指向下一个节点的指针。
} NODE;

/**
 * 创建新的节点。
 * @param data 数据域中的数据。
 * @return 成功创建的节点地址。
 */
NODE* createNode(int data) {
    NODE* newNode = (NODE*)malloc(sizeof(NODE)); // 分配内存。
    newNode->data = data; // 设置节点数据。
    newNode->next = NULL; // 初始化指针为 NULL。
    return newNode;
}

/**
 * 删除节点。
 * @param head 头结点。
 * @param data 数据域中的数据。
 */
void deleteNode(NODE* head, int data) {
```

```
    NODE* current = head;
    NODE* tmp = NULL;

    /**
     * 如果头节点是有效节点，并且数据域相等说明这就是要删除的节点。
     */
    if (current != NULL && current->data == data) {
        head = current->next;    // 节点后移
        free(current);           // 释放当前节点
        current = NULL;
        return;
    }

    /**
     * 如果要删除的节点是中间位置的节点:
     */
    while (current != NULL && current->data != data) {
        tmp = current;  // 记录当前节点的地址到 tmp。
        current = current->next;    // 节点后移。
    }

    if (current == NULL) {
        printf("节点不存在\n");
        return;
    }

    /**
     * 当从上面的循环退出时，表示找到了要删除的节点，
     * tmp 中记录了将要被删除节点的上一个节点，
     * 我们直接用上一个节点的指针域指向当前要删除的节点指针域中的地址，
     * 也就是跳过当前要删除的节点直接指向下下个节点的首地址，
     * 通过这种方式删除当前的节点。
     */
    tmp->next = current->next;
    // 释放被删除节点的内存空间。
    free(current);
    current = NULL;
}

int main() {
    // 初始化链表头节点。
    NODE* head = NULL;

    // 创建三个节点。
    NODE* node1 = createNode(1);
    NODE* node2 = createNode(2);
    NODE* node3 = createNode(3);

    // 设置节点之间的关系。
    node1->next = node2;
    node2->next = node3;
```

```
    // 将第一个节点作为链表头。
    head = node1;

    // 根据数据域的值删除指定节点。
    deleteNode(head, 2);

    // 遍历链表并打印节点数据。
    NODE* current = head;
    while (current != NULL) {
        printf("%d -> ", current->data);
        current = current->next;
    }
    printf("NULL\n");

    // 释放节点的内存。
    free(node1);
    node1 = NULL;
    free(node3);
    node3 = NULL;
    // 注意：删除节点 2 时已释放其内存，无须再次释放。

    return 0;
}
```

以上就是单向链表的创建节点以及遍历节点相关的操作，在改写的代码中又额外增加了一个删除节点的功能函数。实际上针对一个链表节点可以有新增、查找、删除和修改等相关操作，但是链表通常用于一些新增节点频率较高，或者删除节点频率较高的操作，因为相对数组结构，查找和修改节点的效率相对较低。

由于链表的特殊结构，我们想要查找或者修改某一个节点元素的时候，必须要通过头结点或者某一个节点依次地遍历找到要操作的指定节点，这样的工作效率相对数组而言会慢很多。针对数组，我们可以直接通过下标操作指定的元素。所以对链表和数组的特点我们有以下的总结：

- 数组：创建和删除相对较慢，查找和修改相对较快。
- 链表：创建和删除相对较快，查找和修改相对较慢。

所以根据以上的数据结构特点。我们通常在使用链表的时候也都是在对其进行新增节点和删除节点的操作，这里也着重介绍了这两种操作。至于修改和查询等，可以自己摸索尝试完成，或许在未来系统学习数据结构相关学科的时候再深入研究。

13.4.2 双向链表

双向链表和单向链表的区别在于，双向链表中包含两个指针域，其中一个用于存储上一个节点的地址，另一个用于存储下一个节点的地址。这样我们在访问链表中节点的时候既可以向前，也可以向后。可以通过图 13-2 来了解双向链表的结构。

图 13-2　双向链表的结构

我们可以通过上图看出，在双向链表的指针域中存储的地址分别是上一个节点的地址和下一个节点的地址，这样我们就可以双向地对链表进行遍历访问了。其中头结点的上一个节点指针域中是 NULL，表示没有上一个节点，尾节点的下一个节点指针域中是 NULL，表示没有下一个节点。实现双向链表的代码如下。

- Demo174 - 双向链表的实现。

```
#include <stdio.h>
#include <stdlib.h>

// 定义双向链表节点结构体。
typedef struct Node {
    int data;              // 节点数据。
    struct Node* prev;  // 指向前一个节点的指针。
    struct Node* next;  // 指向下一个节点的指针。
} Node;

/**
 * 创建节点。
 * @param data 数据域中的数据。
 * @return 成功创建的节点地址。
 */
Node* createNode(int data) {
    Node* newNode = (Node*)malloc(sizeof(Node)); // 分配内存。
    newNode->data = data; // 设置节点数据。
    newNode->prev = NULL; // 初始化前驱指针为 NULL。
    newNode->next = NULL; // 初始化后继指针为 NULL。
    return newNode;
}

/**
 * 删除节点。
 * @param head 头节点。
 * @param target 要删除的节点。
 */
void deleteNode(Node* head, Node* target) {
    // 检查目标节点是否为空。
    if (target == NULL) {
        printf("无法删除空节点\n");
        return;
    }

    // 如果目标节点是头节点，更新头节点为目标节点的下一个节点。
```

```
    if (target == head) {
        head = target->next;
    }

    // 如果目标节点的前驱节点不为空，将前驱节点的后继指针指向目标节点的下一个节点。
    if (target->prev != NULL) {
        target->prev->next = target->next;
    }

    // 如果目标节点的后继节点不为空，将后继节点的前驱指针指向目标节点的前驱节点。
    if (target->next != NULL) {
        target->next->prev = target->prev;
    }

    // 释放目标节点的内存。
    free(target); // 释放节点内存。
    target = NULL;
}

int main() {
    // 初始化双向链表头节点。
    Node* head = NULL;

    // 创建三个节点并设置数据。
    Node* node1 = createNode(1);
    Node* node2 = createNode(2);
    Node* node3 = createNode(3);

    // 构建双向链表关系。
    node1->next = node2;
    node2->prev = node1;
    node2->next = node3;
    node3->prev = node2;

    // 将第一个节点作为链表头。
    head = node1;

    // 删除节点 2。
    deleteNode(head, node2);

    // 从头结点向后遍历双向链表并打印节点数据。
    Node* current = head;
    printf(" 从尾节点向前遍历：");
    while (current != NULL) {
        printf("%d -> ", current->data);
        current = current->next;
    }
    printf("NULL\n");
    // 以上是从头节点向后遍历，当然也可以从尾节点向前遍历。

    // 从尾节点向前遍历并打印节点数据。
```

```
    current = node3; // 从尾节点开始。
    printf("从尾节点向前遍历：");
    while (current != NULL) {
        printf("%d -> ", current->data);
        current = current->prev;
    }
    printf("NULL\n");

    // 释放节点的内存。
    free(node1);
    node1 = NULL;
    free(node3);
    node2 = NULL;

    return 0;
}
```

以上就是双向链表中针对创建、删除以及遍历节点的基础操作。

关于链表这部分的内容是 C 语言基础中相对逻辑比较复杂的部分，需要通过代码和对应的运行效果反复地推敲、总结，从而得到自己的理解。在这里的建议是拿出一支笔，在纸上勾勒出自己认为的结构，根据代码中创建节点时的指针域指向关系连接每个节点，再根据删除节点时指针域改变指向的关系去重新连接每一个节点。只要静下心来去梳理这其中的关系，就一定能够理解上面代码中的含义。

13.5 本章小结

在本章中我们介绍了一些 C 语言中常用的内存管理函数，通过这些函数我们可以很方便地操作内存，动态地申请内存空间、释放内存空间，设置指定内存中的值等。这些函数使用起来其实并不难，我们只需要将需要的参数按照固定的顺序传递给函数，就可以很容易地去调用它们了。

关于链表的操作属于数据结构与算法相关的内容，后续老邪也打算出一些专项的内容。在这里我们介绍了两个小的示例，为了让读者对链表中的节点、数据域、指针域能有一个初步的认识，为日后学习更多的数据结构打下基础。如果想要更深入地学习编程知识，数据结构与算法也是逃不掉的一个知识点，所以路还很长，还要继续努力。

第14章

C 语言中的文件处理

我们之前学习的知识点覆盖了 C 语言中的 90% 内容，这些知识点相关内容都是在内存中工作，数据也都是存放在内存当中，那么这有什么问题呢？最大的问题就是一旦程序退出或者断电，所有的数据都会丢失。那么有什么方式可以将数据进行持久化地保存呢？在计算机领域中最常用的两种方式就是通过文件或者数据库保存数据，数据库是另外一个专门的技术栈，不是我们这本书要重点介绍的内容，所以接下来就要重点介绍一下 C 语言中的文件操作。

C 语言提供了丰富的文件操作功能，允许程序与外部文件进行交互，实现数据的读取、写入和处理文件操作是 C 语言中重要的编程技能，掌握文件操作可以实现数据持久化、配置文件读写等功能，为程序的功能和灵活性提供了支持，熟练掌握文件操作函数，可以让程序更加强大和实用。

14.1 文件处理相关函数

本节介绍文件处理相关的函数。

14.1.1 文件操作简介

C 语言中的文件操作也都是系统封装好了相应的函数，我们只需要学会如何使用这些函数，就可以灵活地操作文件，比如打开文件、读取文件、写入文件、关闭文件等。那么接下来就一起学习一下 C 语言中文件处理相关的函数，如表 14-1 所示。

表 14-1 文件处理相关函数

函数原型	形参说明	返回值说明
FILE *fopen(const char *filename, const char *mode);	filename：文件名， mode：打开文件的模式	如果成功，返回指向文件结构体的指针；如果失败，返回 NULL
int fclose(FILE *stream);	stream：指向要关闭的文件的指针	如果成功关闭文件，返回 0；如果失败，返回 EOF

续表

函数原型	形参说明	返回值说明
int fprintf(FILE *stream, const char *format, ...);	stream：指向输出文件的指针， format：格式化字符串， ...：要输出的参数	成功返回写入文件的字符数； 失败返回负值或 EOF
int fscanf(FILE *stream, const char *format, ...);	stream：指向输入文件的指针， format：格式化字符串， ...：接收输入的变量	成功返回读取的参数个数； 如果遇到文件结束或读取错误，返回 EOF
int fseek(FILE *stream, long int offset, int origin);	stream：指向文件的指针， offset：偏移量， origin：起始位置	成功时返回 0； 失败时返回非 0 值
long int ftell(FILE *stream);	stream：指向文件的指针	返回当前文件位置的偏移量
size_t fwrite(const void *ptr, size_t size, size_t nmemb, FILE *stream);	ptr：指向要写入的数据的指针， size：每个数据项的大小， nmemb：数据项的个数， stream：指向输出文件的指针	返回实际写入的数据项个数
size_t fread(void *ptr, size_t size, size_t nmemb, FILE *stream);	ptr：指向存储读取数据的缓冲区的指针， size：每个数据项的大小， nmemb：数据项的个数， stream：指向输入文件的指针	返回实际读取的数据项个数
int remove(const char *filename);	filename：要删除的文件名	如果成功删除文件，返回 0； 如果失败，返回非 0 值
int rename(const char *oldname, const char *newname);	oldname：原文件名， newname：新文件名	如果成功，返回 0； 如果失败，返回非 0 值
void rewind(FILE *stream);	stream：指向文件的指针	将文件位置指针重新指向文件开头
int feof(FILE *stream);	stream：指向文件的指针	如果已到达文件末尾，返回非 0 值； 否则返回 0
int fgetc(FILE *stream);	stream：指向文件的指针	返回读取的字符，如果到达文件末尾或出错，返回 EOF
int fputc(int character, FILE *stream);	character：要写入的字符， stream：指向输出文件的指针	如果成功写入字符，返回写入的字符； 如果失败，返回 EOF
int fflush(FILE *stream);	stream：指向文件的指针	如果成功刷新缓冲区，返回 0； 如果失败，返回非 0 值

从上面的表格中看到，参数列表中经常会使用文件名，这里面我们要明确两个概念，分别是绝对路径和相对路径。

绝对路径：目标文件在硬盘上的真实路径。

- Windows：从盘符开始（如：C:/），直到能访问到指定的文件。
- Mac/UNIX/Linux：从根目录开始（如：/）直到能访问到指定的文件。

相对路径：相对于当前目录的某一级目录，直到能访问到指定的文件。

- ./：当前目录
- ../：上一级目录
- ../../：上一级目录的上一级目录

注意：C 语言当中建议使用正斜线（右上到左下）来表示路径之间的关系，比如 /user/local/bin。在 Windows 地址栏中的地址显示通常使用的都是反斜线（左上到右下）来表示路径的，所以我们在编码的时候一定要注意。另外有些编译器也支持反斜线的写法来表示路径，但是笔者并不推荐。毕竟在代码中路径是要写在字符串中的，在双引号引起来的字符串中，反斜线还有一个作用就是当作转义符来使用，如果一定要使用反斜线的话就要写成两个转义符，这样也非常的麻烦。所以这里还是建议直接使用正斜线来表示路径。

14.1.2 文件的读写操作

这个示例中将会用到上面的四个函数。

```
FILE *fopen(const char *filename, const char *mode); - 打开文件
```

形参列表：

- filename：文件名
- mode：打开方式
  - "r"：读取方式，文件必须存在，文件指针位于文件的开头。
  - "w"：写入方式，如果文件存在，则会被清空；如果文件不存在，则会创建新文件进行写入。
  - "a"：追加写入方式，文件指针位于文件末尾，如果文件不存在，则会创建新文件进行写入。
  - "r+"：读写方式，文件必须存在，文件指针位于文件的开头。
  - "w+"：读写方式，如果文件存在，则会被清空；如果文件不存在，则会创建新文件进行读写。
  - "a+"：追加读写方式，文件指针位于文件末尾，如果文件不存在，则会创建新文件进行读写。
  - "rb"：以二进制格式读取文件。
  - "wb"：以二进制格式写入文件。
  - "ab"：以二进制格式追加写入文件。
  - "r+b" 或 "rb+"：以二进制格式读写文件。
  - "w+b" 或 "wb+"：以二进制格式写入文件或创建新文件进行读写。
  - "a+b" 或 "ab+"：以二进制格式追加读写文件。

mode：参数为系统预设的参数。类似于 printf() 函数中的占位符，有固定的参数形

式，以上各种打开方式都是系统预设好的，我们只需要根据自己需要的打开方式进行操作即可。

返回值：如果成功，返回指向文件结构体的指针；如果失败，返回 NULL。

```
size_t fwrite(const void *ptr, size_t size, size_t nmemb, FILE *stream); - 向文件写入
```

形参列表：

- ptr : 指向要写入的数据的指针。
- size : 每个数据项的大小。
- nmemb : 数据项的个数。
- stream : 指向输出文件的指针。

返回值：返回实际写入的数据项个数。

```
size_t fread(void *ptr, size_t size, size_t nmemb, FILE *stream); - 从文件中读取
```

形参列表：

- ptr : 指向存储读取数据的缓冲区的指针。
- size : 每个数据项的大小。
- nmemb : 数据项的个数。
- stream : 指向输入文件的指针。

返回值：返回实际读取的数据项个数。

```
int fclose(FILE *stream); - 关闭文件
```

形参列表：

- stream : 指向要关闭的文件的指针。

返回值：如果成功关闭文件，返回 0；如果失败，返回 EOF。

程序需求：通过 fopen 新建并打开一个测试文件，然后使用 fwrite 写入一首古诗，再用 fread 从文件中将内容读取出来输出在控制台，最后关闭文件，具体代码如下。

- Demo175- 针对文件进行读写操作。

```
#include <stdio.h>
#include <string.h>

int main() {
    // 打开文件进行写入。
    FILE *file = fopen("poem.txt", "w");
    if (file == NULL) {
        printf("无法打开文件\n");
        return 1;
    }

    // 写入古诗。
    const char *poem = "床前明月光，疑是地上霜。\n举头望明月，低头思故乡。\n";
    fwrite(poem, sizeof(char), strlen(poem), file);
    /**
     * 向文件写入的调用，
```

```
     * 是将 poem 这个字符串,
     * 每次写 sizeof(char) 个字节,
     * 写 strlen(poem) 次,
     * 写入到 file 这个文件指针指向的文件中。
     */

    // 关闭文件 - 写入动作完成后关闭文件。
    fclose(file);

    // 重新打开文件进行读取。
    file = fopen("poem.txt", "r");
    if (file == NULL) {
        printf("无法打开文件\n");
        return 1;
    }

    // 读取文件内容并输出到控制台。
    char buffer[100]; // 读取缓冲区，将读取到的内容存储到这个字符数组中。
    fread(buffer, sizeof(char), 100, file);
    /**
     * 上面这行代码中从文件中读取的调用是,
     * 从 file 文件指针指向的文件中,
     * 每次读取 sizeof(char) 个字节,
     * 读取 100 次,
     * 读取到 buffer 字符数组中。
     * 注意：这里读取的次数未必一定要写 100，只要能把文件中的内容读完即可。
     */
    printf("从文件中读取的内容：\n%s\n", buffer);

    // 关闭文件 - 读取完毕后关闭文件。
    fclose(file);

    return 0;
}
```

以上就是 fopen()、fwrite()、fread() 和 fclose() 四个文件函数的基本用法，这四个函数也是在文件操作中使用频率最高的四个函数。

在上面的这个示例中我们一共打开了两次文件，第一次是打开一个不存在的文件，其实就是要创建这个新的文件，然后向文件中写入内容。写入完成并关闭文件之后，会在这个 .c 源代码的同级目录下发现刚刚创建并打开的文件 poem.txt，并且在文件内部也会看到刚刚我们写入到文件里的文字信息。第二次是打开一个已存在的文件，以读取的方式打开文件，也就是要从文件中读取内容。

对这个程序可以多次测试运行，文件中的内容不会发生变化，程序的输出结果也不会发生变化。因为在上面代码中我们选择的打开方式是“覆盖写”的方式，每次打开文件的时候文件中的内容都会被清空。如果想要每次写入的时候都在后面追加内容，那么我们打开文件的时候就要使用“追加写”的方式，在调用 fopen() 函数的时候，第二个参数就要使用“a”传递给函数，这样每次打开之后，原有的内容还在，并且可以在原有内容的后面继续写入。针对参数 mode 对应的各种打开方式，可以依次地编写代码进行尝试，这里不再占用过多的篇幅。

这里唯一需要额外提及的是关于二进制的打开方式。如果我们操作的是普通字符文件，比如 .txt 类型的文本文件，或者是 .c、.cpp 或者 .java 类型的源码文件，可以正常地使用普通的打开方式。但是如果我们想要整体读写的是多媒体文件，比如 .png 、.jepg 的图片文件 或者 .mp3 、.wav 的音频文件，再或者 .rmvb、.mp4 等这类的多媒体流文件，我们都要使用二进制模式打开，然后再对其进行读写操作。在文字出版物里很难体现出针对二进制流的具体读写，因为即使我们读取内容并输出到控制台，显示的也将是一段乱码。不同的二进制流文件都有属于自己固定的格式，比如 Windows 系统是通过不同的文件扩展名去识别它们的打开方式，使用不同的第三方软件去打开它们，从而对它们进行不同格式的解码操作。

14.1.3 文件的拷贝操作

接下来我们来写一个万能的文件拷贝示例，这里使用二进制模式来操作文件，因为任何类型的数据在计算机中存储的形式都是二进制，所以使用二进制模式可以操作任何类型的文件，当然也包括普通的字符文件。接下来这个示例可以在自己的计算机中尝试一下。首先要准备一个需要拷贝的文件，可以是任何类型的文件，不过不建议这个文件过大，因为当文件太大，拷贝的过程就会很慢。

- Demo176 - 文件拷贝操作。

```
#include <stdio.h>

int main() {
    /**
     * sourceFile：源文件。
     * targetFile：目标文件。
     * buffer：读写缓冲区 1024 字节也就是 1K（大小可自定义）。
     * bytesRead：size_t 实际上就是 unsigned int 类型，用于存储读取到的字节数量。
     */
    FILE *sourceFile, *targetFile;
    char buffer[1024];
    size_t bytesRead;

    // 打开源文件和目标文件 —— 普通的字符文件。
    // sourceFile = fopen( "poem.txt" , "rb" ); // 以二进制模式打开源文件。
    // targetFile = fopen( "poem-new.txt" , "wb" ); // 以二进制模式打开目标文件。

    // 打开源文件和目标文件 —— 图片文件。
    sourceFile = fopen("White-Xie.png", "rb"); // 以二进制模式打开源文件。
    targetFile = fopen("White-Xie-New", "wb"); // 以二进制模式打开目标文件。

    // 检查文件是否成功打开。
```

```
    if (sourceFile == NULL || targetFile == NULL) {
        printf("文件打开失败\n");
        return 1;
    }

    // 逐块读取源文件内容并写入目标文件。
    /**
     * 将 fread 读取得到的返回值作为循环条件,
     * 只要读取到的字节数 > 0 就说明读取到内容了,那么就继续循环;
     * 当读不到内容了也就是读取完毕了,那么就退出循环。
     * 这个读取函数的调用相当于每次读取 1024 字节(1K)到缓冲区 buffer 中。
     */
    while ((bytesRead = fread(buffer, 1, sizeof(buffer), sourceFile)) > 0) {
        // 把刚刚读取到的 buffer 中的内容再写到目标文件 targetFile 中去
        fwrite(buffer, 1, bytesRead, targetFile);
    }// 循环结束之后,读写(拷贝)动作也就做完了。

    // 关闭文件。
    fclose(sourceFile);
    fclose(targetFile);

    printf("文件拷贝成功\n");

    return 0;
}
```

Demo176 中就是实现文件拷贝操作的一个简单的代码示例。当然如果未来的项目中经常会使用到这个功能的话，也可以将它封装成函数的形式，未来当我们想要调用文件拷贝功能的时候就更加方便了。我们可以将代码改写一下，如下所示。

- Demo177- 将文件拷贝操作封装成函数。

```
#include <stdio.h>

/**
 * 拷贝文件。
 * @param sourceFileName: 源文件名。
 * @param targetFileName: 目标文件名。
 */
void copyFile(const char* sourceFileName, const char* targetFileName) {
    FILE *sourceFile, *targetFile;
    char buffer[1024];
    size_t bytesRead;

    // 打开源文件和目标文件。
    sourceFile = fopen(sourceFileName, "rb"); // 以二进制模式打开源文件。
    targetFile = fopen(targetFileName, "wb"); // 以二进制模式打开目标文件。

    // 检查文件是否成功打开。
    if (sourceFile == NULL || targetFile == NULL) {
        printf("文件打开失败\n");
        return;
```

```
    }

    // 逐块读取源文件内容并写入目标文件。
    while ((bytesRead = fread(buffer, 1, sizeof(buffer), sourceFile)) > 0) {
        fwrite(buffer, 1, bytesRead, targetFile);
    }

    // 关闭文件。
    fclose(sourceFile);
    fclose(targetFile);

    printf("文件拷贝成功\n");
}

int main() {
    // 调用自定义函数拷贝文件。
    copyFile("White-Xie.png", "White-Xie-New.png");

    return 0;
}
```

以上是使用 fread() 和 fwrite() 对文件进行读写操作完成的文件拷贝。当然针对文件的读写还有其他的函数，比如 fgetc() 和 fputc() 也可以完成类似的操作，只不过它们的读取方式有所不同，这两个函数主要是用于操作字符读写的，如果读写需求仅仅是针对字符文件，比如 .txt 或者源码文件，那么也可以使用这两个函数对文件内容进行读写来实现文件的拷贝功能。这两个函数的参数和返回值相对比较简单，直接参考表 14-1 中的表述即可，代码实现如下。

- Demo178- 使用 fgetc() 和 fputc() 实现文件拷贝。

```
#include <stdio.h>

int main() {
    FILE *sourceFile, *targetFile;
    char ch;

    // 打开源文件和目标文件。
    sourceFile = fopen("poem.txt", "rb"); // 以二进制模式打开源文件。
    targetFile = fopen("poem-new.txt", "wb"); // 以二进制模式打开目标文件。

    // 检查文件是否成功打开。
    if (sourceFile == NULL || targetFile == NULL) {
        printf("文件打开失败\n");
        return 1;
    }

    // 逐个字节读取源文件内容并写入目标文件。
    /**
     * 代码中的 EOF 实际上指的是 End of File,
     * 是一个宏定义，通常表示文件结束的标志。
     * 在处理文件输入时，当函数读取到文件结尾时,
```

```
     * 会返回 EOF 以指示文件已经读取到结尾，通常这个值被定义成负数。
     */
    while ((ch = fgetc(sourceFile)) != EOF) {
        fputc(ch, targetFile);  // 每次循环将刚刚读取到的字符写入到目标文件。
    }

    // 关闭文件。
    fclose(sourceFile);
    fclose(targetFile);

    printf("文件拷贝成功\n");

    return 0;
}
```

根据上面的代码结合表 14-1 中针对函数的介绍，相信读者可以很容易地掌握 fgetc() 和 fputc() 的用法，上面的代码是使用它们将内容读写拷贝到新的文件。如果想把读取的内容输出到控制台，就使用 printf() 输出；如果想把某些字符写入到文件中，那么就直接使用 fputc() 写入文件就可以了，还省去了读取的过程。总之不论是读取还是写入，操作的都是具体的数据，我们只需要清楚地知道现在是要从文件里读数据，还是向文件中写数据，自然就能很轻易地分辨出要使用的是哪个函数了。

接下来再认识两个用来格式化读写文件内容的函数，它们分别是 fscanf() 和 fprintf()，通过这个两个函数的名字已经大概可以知道它们的作用了。本书之前几乎每个示例都会不同程度地使用到 scanf() 和 printf()，功能分别是从键盘上格式化获取数据，和将数据格式化打印到屏幕上。那么 fscanf() 的作用就是从文件中格式化获取数据，fprintf() 的作用就是将数据格式化输出到文件里。由于这两组函数的参数类似，所以就不在这里占用篇幅重复说了，我们直接看用法。

首先创建一个用于测试的文本文件 stu_info.txt，并在文件中输入以下内容：

```
ITLaoXie 18
XiaoYi 17
XiaoLing 16
XiaoEr 15
XiaoSi 14
```

编辑好以上内容之后保存退出，并在同级目录下编写如下代码。

- Demo179-fscanf () 和 fprintf () 的用法。

```
#include <stdio.h>

int main() {
    FILE *input_file;    // 用于读取数据的文件指针。
    FILE *output_file;   // 用于写入数据的文件指针。
    char name[50];
    int age;

    // 以只读方式打开输入文件。
    input_file = fopen("stu_info.txt", "r");
```

```
    if (input_file == NULL) {
        printf("无法打开输入文件\n");
        return 1;
    }

    // 以只写方式打开输出文件。
    output_file = fopen("stu_age.txt", "w");
    if (output_file == NULL) {
        printf("无法打开输出文件\n");
        return 1;
    }

    // 读取文件内容并写入到输出文件。
    // fscanf() 根据指定的格式在文件中读取数据变量，跟 scanf() 相比只是多了第一个参数——
文件指针。
    while (fscanf(input_file, "%s %d", name, &age) != EOF) {
        // 将格式化后的字符串写入第一个参数，即用于读取数据的文件指针指向的文件中。
        fprintf(output_file, "学员姓名：%s，年龄：%d\n", name, age);
    }

    printf("数据已成功写入 stu_age.txt 文件\n");

    // 关闭文件
    fclose(input_file);
    fclose(output_file);

    return 0;
}
```

以上代码运行之后会在同级目录下生成新的文件 stu_age.txt，内容如下：

```
学员姓名：ITLaoXie，年龄：18
学员姓名：XiaoYi，年龄：17
学员姓名：XiaoLing，年龄：16
学员姓名：XiaoEr，年龄：15
学员姓名：XiaoSi，年龄：14
```

根据文件中的内容，可以很清晰地得出 fprintf() 中第二个参数中的格式化信息。

这个示例虽然不是文件的拷贝操作，但是相当于格式化拷贝，是将一个文件中的内容用另外一种格式写入新的文件，所以也可以算作一种高级的拷贝方法。

以上就是这两个函数的用法，由于有之前使用 scanf() 和 fprintf() 的基础，相信这个示例理解起来相对会容易很多。

14.1.4 文件指针

文件指针的作用是控制读写文件中内容的具体位置，可以把这个操作理解成平时在编写代码时，通过鼠标或者是上下左右箭头按键在控制文件中的光标位置。输入、修改或者删除的操作都是基于光标的所在位置，实际上文件指针的作用就是移动光标。接下来我们一起了解一下文件指针的具体操作。

在这里主要介绍 int fseek(FILE *stream, long int offset, int origin); 这个函数。

参数：

- stream：文件指针。
- offset：偏移量。
- origin：起始位置，系统为我们提供了预设值。
    - SEEK_SET：从文件开头开始偏移，即从文件的起始位置开始计算偏移量。
    - SEEK_CUR：从当前位置开始偏移，即以当前文件指针位置为基准计算偏移量。
    - SEEK_END：从文件末尾开始偏移，即以文件末尾为基准计算偏移量。

返回值：成功返回 0，失败返回非 0 的值。

接下来我们来做一个小的示例说明一下 fseek() 的用法。

- Demo180 - 通过修改文件指针的位置读写数据。

首先我们先在当前的工作目录中创建一个 test.txt 文本文件，并在文件中输入以下内容作为测试数据。

```
Hello, XiaoSi!
I'm ITLaoXie.
This is a text file.
```

输入完成之后保存退出即可。

之后编写以下代码：

```
#include <stdio.h>

int main() {
    FILE *file;
    char ch;

    // 打开文件，以只读方式。
    file = fopen("test.txt", "r");
    if (file == NULL) {
        printf("无法打开文件\n");
        return 1;
    }

    // 读取文件内容并操作文件指针。
    // 后移文件指针。
    printf("文件内容：\n");
    while ((ch = fgetc(file)) != EOF) {
        putchar(ch); // 输出字符到屏幕。
        if (ch == 'i') {    // 如果发现字母 i，
            // 那么就从当前位置开始后移文件指针。
            fseek(file, 2, SEEK_CUR); // 后移两个字符位置。
        }
    }

    // 重置文件指针，将文件指针恢复到文件开始的位置。
```

```
    rewind(file);

    printf("\n\n 重置后的文件内容：\n");
    // 重新读取文件的内容并输出到屏幕上。
    while ((ch = fgetc(file)) != EOF) {
        putchar(ch); // 输出字符到屏幕。
    }

    // 关闭文件。
    fclose(file);

    return 0;
}
```

以上代码的运行结果为：

```
文件内容：
Hello, XiSiI'm ITLaoXi
Thiia text fi.

重置后的文件内容：
Hello, XiaoSi!
I'm ITLaoXie.
This is a text file.
```

我们根据程序的运行效果来对比代码，反推程序的运行过程。我们发现最开始输出的文件内容和原文件的内容是有出入的，对比少了那些字母，在第一行 XiaoSi 的第一个 'i' 后面少了 'ao' 两个字母，然后第二个 'i' 后面原本有一个 '!'，还有一个看不见的 '\n' 实际上是一个回车，这两个字符也随之不见了，后面还有几个消失的字符，请读者自行对比。

为什么会有这样的效果呢，回到代码中，我们发现程序代码中移动文件指针的条件是找到 i 就会向后移动两个字符，然后继续输出。这就是我们通过 fseek() 函数移动文件指针最终得到的结果，就像之前所说的一样，实际上就好像是在移动我们编辑文件时候使用的光标。

rewind() 函数的作用是重置文件指针，将文件指针恢复到文件的最起始位置。这个函数在日常编码的时候经常容易被忽视，不是因为它没用，只是因为它不太起眼，经常会被忘记。比如把一个文件的内容都读取了一遍并输出到屏幕之后，经过检查发现文件内容没有问题，接下来想要把这个文件的内容直接拷贝到某个新的文件中，这个时候一定要记住先把文件指针重置。不然的话，因为已经读取了一遍，此时的文件指针指向了当前操作文件的最末尾，这样的话如果在这里再去执行读取动作将什么也读取不到。当然写入文件之后也要重置文件指针才能把当前文件中的内容重新地再读取一遍。

此时的你或许会疑惑，因为之前我们也对文件进行了写入操作，而且也在同一个 .c 文件中读取内容了。我们操作的是同一个文件，而且也没有重置文件指针，也一样实现了读写的操作，我们不要忽略一点，之前的操作中我们打开了两次文件：第一次使用“写”的方式打开，写入之后就关闭了文件；第二次使用“读取”的方式打开，这才开始读文件。每次打开文件的时候，文件指针默认都会被重置。当然如果使用“追加写”的方式打开，此时文件指针的位置应该是在文件的末尾，这属于是特殊情况。所以每次在新打开一个文件的时候，文件指针的位置都是根据不同的打开方式重置的，这也是我们之前为什么没有使用重置文件指针，依然可以准确读写文件内容的原因。

关于文件指针还有另外两个系统函数，我们也通过一个示例简单地了解一下。由于这两个函数使用起来没有 fseek() 那么灵活，它们的参数相对也简单很多，在这里我们只做简单的了解即可，代码如下：

- Demo181-ftell () 和 fgetc () 的使用。

```
#include <stdio.h>

int main() {
    FILE *file;
    char character;
    long position;

    // 打开文件，以只读方式。
    file = fopen("test.txt", "r");
    if (file == NULL) {
        printf("无法打开文件\n");
        return 1;
    }

    // 读取文件内容并操作文件指针。
    printf("文件内容:\n");
    while (!feof(file)) { // 只要文件没结束就继续循环。
        position = ftell(file); // 获取当前文件指针位置。
        character = fgetc(file); // 逐字符读取文件内容。
        if (!feof(file)) {  // 只要文件没结束就输出字符。
            printf("%c", character); // 输出字符到屏幕。
        }
    }

    // 输出文件指针位置。
    printf("\n\n文件指针位置:%ld\n", position);

    // 关闭文件。
    fclose(file);

    return 0;
}
```

在这里可以利用之前创建过的 test.txt 文件作为读取的测试文件。通过程序测试的效果和代码中的注释可以理解这两个函数的使用。

在文件读取过程中，循环的条件通常是 while (!feof(file))，这意味着只有当尚未到达文件末尾时才执行循环。然而，由于 feof 函数在文件末尾之前会返回 false，所以在循环内部需要再次判断 feof 来确保不会多读取文件末尾之后的字符。

因此，在循环内部再次判断 feof 是为了确保在读取文件内容时，及时结束循环，避免多读取文件末尾之后的字符，从而保证文件内容的正确性和完整性。

14.4.5 文件的其他操作

针对文件的其他操作有以下函数：

- 为文件改名：int rename(const char *oldname, const char *newname);
- 删除文件：int remove(const char *filename);
- 刷新缓冲区：int fflush(FILE *stream);

以上三个函数的使用相对简单很多，只需要根据函数原型定义时约定的参数传递相应的实参，去测试对应的程序运行效果即可。我们曾经用 fflush() 函数来清理过键盘缓冲区，当时传递的参数是 stdin ，实际上 stdin 就是键盘在 C 语言中对应的文件指针，除此之外，stdout 是控制台屏幕在 C 语言中对应的文件指针。所以我们在操作文件读写的时候可以直接尝试操作 stdin 或者是 stdout 这两个系统为我们提供的文件指针。这两个文件指针的定义在 stdio.h 中，这里的 std 可以理解为“标准”，其中的 io 就是 I/O(Input/Output)，即输入输出，所以 stdio.h 称为“标准输入输出头文件”。

14.2 综合代码示例

我们学习了使用文件对数据进行读写操作之后，就来做一个小的留言板示例。

需求：用户可以选择查看留言和输入留言功能。用户输入留言内容，同步保存到文件当中，并且在下次打开程序的时候可以选择查看留言。

- Demo182 - 文件留言板。

```
#include <stdio.h>

/**
 * 显示从文件中读取到的信息。
 */
void displayMessages() {
    FILE *file;
    char message[100];

    // 打开文件，以只读方式。
    file = fopen("messages.txt", "r");
    if (file == NULL) {
        printf(" 无法打开文件 \n");
        return;
    }
```

```
    // 逐行读取文件内容并输出到屏幕。
    printf("留言内容：\n");
    while (fgets(message, sizeof(message), file) != NULL) {
        printf("%s", message);
    }

    // 关闭文件。
    fclose(file);
}

/**
 * 将用户输入的信息写入文件。
 */
void addMessage() {
    FILE *file;
    char message[100];

    // 打开文件，以追加方式。
    file = fopen("messages.txt", "a");
    if (file == NULL) {
        printf("无法打开文件\n");
        return;
    }

    // 输入留言并写入文件。
    printf("请输入您的留言（最多 100 个字符）：\n");
    getchar();
    // 清除输入缓冲区，getchar() 用于从键盘上获取一个字符，
    // 如果有 '\n' 这种多余字符的话就会被它拿走了，这个动作相当于 fflush(stdin)。
    fgets(message, sizeof(message), stdin);
    fprintf(file, "%s", message);

    printf("留言已添加\n");

    // 关闭文件。
    fclose(file);
}

/**
 * 用户功能选择提示，并获取用户输入。
 * @param choice 用户输入的内容。
 */
void choiceOfFeatures(int *choice){
    printf("* ************************\n");
    printf("* 欢迎使用留言板\n");
    printf("* 1. 查看留言\n");
    printf("* 2. 输入留言\n");
    printf("* 0. 退出程序\n");
    printf("* ************************\n");
    printf("* 请选择操作：");
```

```
    scanf("%d", choice);
    printf("==========================\n");
}

int main() {
    int choice; // 用于存储用户选择的功能。

    while(1){
        choiceOfFeatures(&choice);
        if (1 == choice) {
            // 显示留言。
            displayMessages();
        } else if (2 == choice) {
            // 添加留言。
            addMessage();
        } else if (0 == choice) {
            // 退出信息。
            printf(" 欢迎再次使用 ");
            return 0;
        } else {
            printf(" 无效选择 \n");
        }
    }

    return 0;
}
```

以上就是一个小的留言板功能，代码编写完毕之后需要自行编译，运行测试代码得到运行效果。这里我们一共写了三个自定义函数，分别用于功能的选择、添加留言、浏览留言。当然一个完整的留言板功能要比这更加丰富，读者可以尝试添加一些额外的功能，比如：

- 可以在添加留言的时候同步地记录下留言的时间。可以利用我们之前学习过的时间相关函数获取当前的系统时间，将时间进行格式化并连接到留言内容的末尾。这样我们在添加留言的时候就可以将留言时间一同写入到文件中。当然也可以读取文件内容的时候也可以一并读取出来。实际上这种操作就是在用自己喜欢的格式去组织字符串。
- 也可以添加删除留言的功能。比如对看过的留言就可以选择性地删除，或者对其添加标记。可以在功能选择的地方再添加一个功能选项，当进入选项之后，可以将文件中的内容都读取到字符串数组中，然后删除指定的元素后得到新的字符串数组，然后将新的字符串数组重新覆盖写入文件中，从而实现删除留言的功能。添加标记也是类似的逻辑。
- 还可以添加修改留言的功能，修改留言的功能与删除留言功能类似，只需要把读取到的字符串内容进行修改之后重新覆盖写回到文件中即可。

以上是一些功能上的优化建议和思路，当然方法并不是唯一的。上面的这段代码只完成了基础的功能，目的也是抛砖引玉，能够引发读者更多地自我思考。在我们未来真正开发项目的时候当然不会使用控制台和文件管理去实现类似的功能，我们可以用客户端做页面，可以用数据库做持久化。这个示例的目的并不是为了完成这个功能，是熟练地使用文件读写，熟悉一个软件功能开发过程中所需要的逻辑和工作流程，为日后的提升打下基础。

14.3 本章小结

C 语言的文件操作也是相对比较重要的一个知识点，毕竟 C 语言的应用多数会应用于底层开发，少不了和文件打交道，无论是资源文件还是配置文件，我们都可能需要对其进行高频率的读写操作。学习这个章节的目的就是为了熟练地掌握这些常用的文件操作功能函数。有了这些函数作为基础，其他相关的函数操作也能很快地自学上手。多思考，多推敲，根据每个书中的示例尝试使用不同的逻辑、方式去实现相同或者相似的功能，这样会进步得更快。

第15章 C 语言中的预处理

15.1 预处理简介

C 语言的预处理是在编译过程中由预处理器执行的一系列操作。预处理器是一种对源代码进行处理的程序，它在实际编译之前对源代码进行一些文本替换和操作，也就是在真正开始编译之前做一些准备工作，以便简化代码的编写并提高代码的可维护性。

预处理器主要包括以下几个功能：

- 文件包含：预处理器可以使用 #include 指令将其他文件的内容包含到当前文件中，使得代码模块化，并方便代码的组织和管理。
- 宏替换：通过宏定义和宏替换机制，预处理器可以将代码中定义的宏替换为具体的文本内容，从而实现代码重用和简化。
- 条件编译：预处理器可以使用条件编译指令如 #if、#ifdef、#ifndef 等来根据条件选择性地编译部分代码，实现代码的灵活性和跨平台适配。

预处理阶段是编译过程中的第一个阶段，它在实际编译之前对源代码进行处理，生成经过预处理后的中间代码，然后再由编译器进行编译。

15.2 头文件包含

头文件包含这个操作我们应该一点也不陌生，方法很简单，就是通过 #include 来包含对应的头文件，我们之前接触过的常用系统头文件有 stdio.h、stdlib.h、string.h、math.h、time.h 等。这些头文件都是系统为我们提供的，我们使用一对尖括号将头文件名括起来，比如：#include <stdio.h>。这种写法我们已经写了不下一百多个示例了，相信你一定也很熟悉了。实际上我们还可以使用双引号把头文件括起来，比如：#include “stdio.h”。这两种写法之间有什么区别呢？

- 用 <> 尖括号，编译器会直接到系统提供的头文件目录中查找对应的头文件。
- 用“ ”双引号，编译器会先到项目目录中去查找对应的头文件，如果项目目录中没有，再去系统的默认头文件目录中查找。

那么现在问题来了，我们从来都没有使用过“”双引号来修饰头文件，没有在我们自己的项目目录中发现过有什么头文件，更没有自己写过头文件，这到底应该怎么用呢？别着急。接下来我们就来做一个这样的示例，把我们曾经写过的程序分成多个 .c 源文件和 .h 头文件，整体地编译运行。

15.2.1 多文件编译

还记得凯撒日期的示例吗？我们当时写了几个自定义函数，最后都是统一在主函数里调用的。实际上我们可以把这些函数移动到其他的 .c 源文件中，我们可以把关于这些函数的说明，移动到一个统一的 .h 头文件中。

第一步：新建一个项目（工程），如图 15-1 所示。

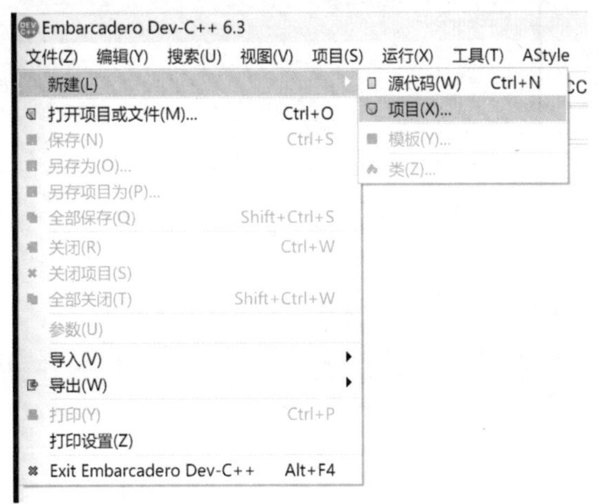

图 15-1 新建项目（工程）

进入新建项目窗口之后按照图 15-2 进行配置。

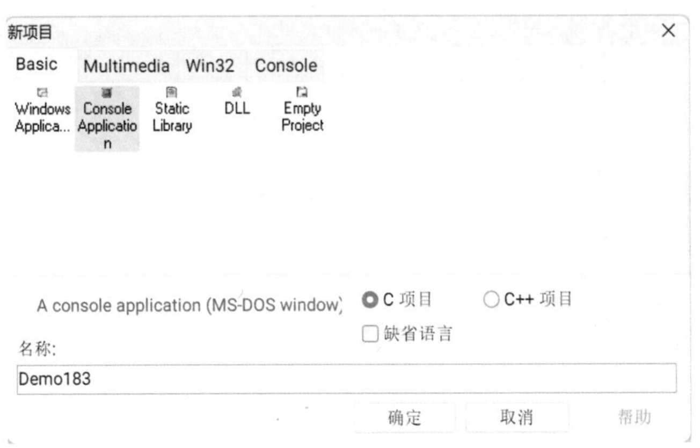

图 15-2 配置新项目

在图 15-2 的页面中我们选择好项目类型，Console Application 表示控制台应用，C 项目 表示的是 C 语言项目，其实选择 C++ 项目也无所谓，因为 C++ 向下兼容 C 语言。项目名称可以自定义，这里用的是 Demo183。选择好项目类型之后单击“确定”按钮即可。

在单击“确定”按钮之后会提示项目的保存目录，选择一个能找得到并且能记住的位置即可。

第二步：在项目中创建以下三个文件，如图 15-3 所示：

- function.c：用于存放主函数以外的其他功能函数。
- global.h：一个用于全局的头文件，用于存放函数的声明。
- main.c：用于存放主函数，整合调用其他功能函数。

图 15-3　在项目中创建文件

第三步：文件创建完毕分别在三个文件中输入以下代码。

- function.c

```
#include <stdio.h>
#include "global.h"

/**
 * 判断一个年份是不是闰年。
 * @param year 要判断的年份。
 * @return 1：闰年，      0：平年。
 */
int judge_year(int year) {
    return !(year % 4) && (year % 100) || !(year % 400);
}

/**
 * 返回用户输入的年份和月份有多少天。
 * @param year：年份。
 * @param month：月份。
 * @return 大于 0：天数，等于 0：月份错误。
 */
int month_of_day(int year, int month) {
    switch (month) {
        case 1:
        case 3:
        case 5:
        case 7:
        case 8:
        case 10:
        case 12:
```

```
            return 31;
        case 4:
        case 6:
        case 9:
        case 11:
            return 30;
        case 2:
            // 如果是闰年，judge_year 函数的返回值是 1，平年为 0，28 + 1 正好对应闰年的
天数。
            return 28 + judge_year(year);
    }
    return 0;
}

/**
 * 判断用户输入的日期是否合法。
 * @param year：年份。
 * @param month：月份。
 * @param day：日期。
 * @return 1：合法，     0：不合法。
 */
int judge_input(int year, int month, int day) {
     if(year < 0 || month < 1 || month > 12 || day < 1 || day > month_of_
day(year, month)){
        printf("ERROR : 日期输入不合法！\n");
        return 0;
    }
    return 1;
}

/**
 * 计算凯撒日期。
 * @param year：年。
 * @param month：月。
 * @param day：日。
 * @return 凯撒日期的结果。
 */
int caesarDate(int year, int month, int day) {
    // 初始化累加和的初值为对应输入的当前月份日期
    int sum = day;

    for (int i = month - 1; i > 0; --i) {
        sum += month_of_day(year, i);
    }

    return sum;
}
```

- global.h

```
    /**
 * 判断一个年份是不是闰年。
 * @param year：要判断的年份。
```

```
 * @return 1：闰年，0：平年。
 */
int judge_year(int year);

/**
 * 返回用户输入的年份和月份有多少天。
 * @param year：年份。
 * @param month：月份。
 * @return 大于 0：天数，等于 0：月份错误。
 */
int month_of_day(int year, int month);

/**
 * 判断用户输入的日期是否合法。
 * @param year：年份。
 * @param month：月份。
 * @param day：日期。
 * @return 1：合法      0：不合法。
 */
int judge_input(int year, int month, int day);

/**
 * 计算凯撒日期。
 * @param year：年。
 * @param month：月。
 * @param day：日。
 * @return 凯撒日期的结果。
 */
int caesarDate(int year, int month, int day);
```

- main.c

```
       #include <stdio.h>
#include "global.h"

int main() {

    int year, month, day, sum;

    do {
        printf("请输入一个年月日（EX：YYYY-MM-DD）：");
        scanf("%d-%d-%d", &year, &month, &day);
    }while (!judge_input(year, month, day));

    // 调用凯撒日期计算函数得到计算结果。
    sum = caesarDate(year, month, day);

    // 输出结果。
    printf("%d 年 %d 月 %d 日是 %d 年的第 %d 天！ ", year, month, day, year, sum);

    return 0;
}
```

第四步：单击功能区“运行”按钮直接编译运行，如图 15-3 所示，程序运行效果和计算凯撒日期的示例一样。

总结：以上的操作是将程序进行多个文件的划分，从而实现多文件编译。在 function.c 文件中，写了所有功能函数的函数定义部分。在文件的最顶端包含了两个头文件分别是 stdio.h 和 global.h，因为在自定义函数中用到了 printf() 函数，所以文件要包含它对应的头文件，即 stdio.h，文件包含了 global.h 是因为在这个源文件中这些自定义函数之间存在着互相调用的关系。因为所有自定义函数的声明都被写在了这个 global.h 当中，所以包含 global.h 可以避免无法调用函数的问题。最后，在 main.c 里面也包含了这两个头文件，同样也是因为我们要在 main.c 当中使用两个头文件中定义的函数。总之就是一个原则：想用函数，就得包含这些函数对应的文件，不然的话编译器将无法找到要调用的函数。

其实以上的写法并不是标准的写法，因为我们在两个源文件中都使用并包含了相同的头文件。这样的话头文件里面的内容会出现重复包含或者重复定义的问题，但是这个问题也是可以解决的。下面我们会接触条件编译，通过条件编译就可以完美解决这个问题。

15.2.2 外部变量的引用

在我们使用多文件结构编写代码的时候，有可能需要在当前的源文件中使用其他源文件中的变量。我们可以使用函数传参的形式来实现类似的效果，或者使用外部变量引用的方式来实现。

在 C 语言中，要引入外部变量，通常使用 extern 关键字。通过 extern 关键字，可以声明一个变量，该变量实际上是在其他文件中定义的，从而使得当前文件可以访问并使用这个外部变量。

下面是一个简单的示例，演示如何在 C 语言中引入外部变量：

假设有两个文件：main.c 和 external.c，其中 external.c 中定义了一个外部变量 extern。

- external.c：定义一个用于外部引用的变量，正常定义变量即可。

```
#include <stdio.h>

// 定义外部变量。
int externalVar = 10;
```

- main.c：引用其他源文件中的变量，在声明变量之前使用 extern 修饰即可。

```
#include <stdio.h>

// 声明外部变量。
extern int externalVar;

int main() {
    // 使用外部变量。
    printf("外部变量 externalVar = %d\n", externalVar);
```

```
    return 0;
}
```

我们可以看到，在 main.c 中并没有定义 externalVar 变量，但是通过 extern int externalVar; 声明了外部变量 externalVar，这样在 main.c 中也能够访问并使用 externalVar。在链接时，编译器会将 externalVar 的定义从 external.c 中链接到 main.c 中，从而使得 main.c 可以正确引用外部变量。如果未来在代码中也有类似的需求可以选择使用 extern 语句来解决类似的问题。

15.3 gcc 编译器

在 15.2 中通过 #include 头文件包含的用法，引出了一个新的概念，那就是多文件编译。从最开始学习编码一直到现在，我们使用的都是集成开发工具，要么是 Dev++，要么是 CLion 等。你可以把这些开发工具理解成是：编辑器 + 编译器 = IDE(集成开发工具)。写代码的时候可以有关键词的语法着色，可以控制格式或者代码提示等，这些是编辑器的功能，可以理解成是多功能记事本文本编辑器的功能。只有把代码写完了，准备运行代码时，才会使用 IDE 中集成好的“编译器”。不管是 Dev++ 还是 CLion ，默认内置的编译器都是 gcc，那么我们在这里就来简单地了解一下 gcc 编译器。

15.3.1 gcc 编译器简介

GCC（GNU Compiler Collection）是一套由 GNU 开发的免费开源编译器集合，支持多种编程语言，如 C、C++、Objective-C、Fortran 等。它是一个强大的编译工具，被广泛应用于各种操作系统和平台上。

GCC 具有以下特点和功能：

（1）跨平台性：GCC 可在多种操作系统上运行，包括 Linux、Windows、macOS 等，支持多种处理器架构，如 X86、ARM 等。

（2）支持多种编程语言：除了 C 和 C++，GCC 还支持其他编程语言的编译，如 Fortran、Objective-C 等，使之成为一个多语言编译器。

（3）优化能力：GCC 具有丰富的优化选项，可以根据需要对生成的机器代码进行优化，提高程序性能。

（4）开源自由：作为 GNU 项目的一部分，GCC 是自由软件，任何人都可以免费获取、使用和修改它的源代码。

（5）广泛应用：由于其稳定性和功能强大，GCC 被广泛应用于各种项目和领域，包括操作系统开发、嵌入式系统、科学计算等。

总的来说，GCC 是一个强大、灵活且广泛应用的编译器集合，为开发者提供了丰富的编译和优化选项，是许多开发者和项目的首选工具之一。

15.3.2　GCC 编译器的使用

首先可以通过各种 IDE 来直接通过按钮使用 gcc 来编译我们写好的代码。但是无论是通过什么 IDE 执行 GCC 实际上都是通过指令来实现的，而且通过指令来使用 gcc 可以得到更多我们感兴趣的编译结果。接下来我们就来介绍一些 gcc 编译器的基本使用方法和基础命令参数。

（1）添加环境变量。

首先如果我们想要使用 gcc 编译器，要做的一件事就是将 gcc 编译器可执行文件的所在目录添加到系统的环境变量中，也就是找到 gcc.exe，这个文件在哪。这里以 Dev++ 中 gcc.exe 的位置为例，其他 IDE 或者其他系统平台的配置方法，可以通过读者群或者其他方式联系到老邪本人交流获取。

Dev++ 中 gcc.exe 的默认安装位置是"C:\Program Files (x86)\Embarcadero\Dev-Cpp\TDM-GCC-64\bin"。当然如果修改了安装目录，根据自己的安装目录寻找对应的位置即可。

在桌面上使用鼠标右键单击此电脑，单击"属性"选项，单击"高级系统设置"按钮，在功能区选择"高级"选项，点击"环境变量"按钮，得到如图 15-4 所示的页面。(以上操作流程是 Win11 系统的，如果使用的是 Win10 ，操作步骤也类似。)

图 15-4　添加环境变量

在图 15-4 的页面中，上面的部分是当前这个用户的变量设置，下面的部分是系统的变量设置。由于 Windows 是多用户的操作系统，所以我们只需要配置自己当前使用的用户中的变量就可以了，这样相对会安全很多。如果在系统变量中直接做了修改，首先修改的值将会对计算机内的所有用户都生效，另外，如果修改是错误的操作，那么将会导致整个系统无法正常运行。如果我们只是修改了当前用户的变量，也就是只针对当前用户生效，如果改错了，只是当前用户会出问题。如果创建了其他的用户，则不会影响整个系统的运行，可以使用其他的用户继续操作这台电脑。

接下来需要操作的就是 Path 变量。用鼠标选中它单击“编辑”按钮，或者直接双击它也可以。双击之后得到界面如图 15-5 所示。

图 15-5　编辑环境变量

可以在这里面单击“新建”按钮，然后把记录下来的目录地址粘贴进去，当然你也可以单击“浏览”按钮，依次选择相关的路径一直到 bin 目录，也就是 gcc.exe 所在的目录。当我们将环境变量添加到表格里之后，一路单击“确定”按钮返回到桌面即可。

测试环境变量添加是否成功，我们通过“win + r”组合键进入快捷命令输入框，输入 cmd 然后再输入 <Enter> (回车键) 进入控制台终端，然后输入 gcc -v <Enter> 查看 gcc 编辑器的版本信息，如图 15-6 所示

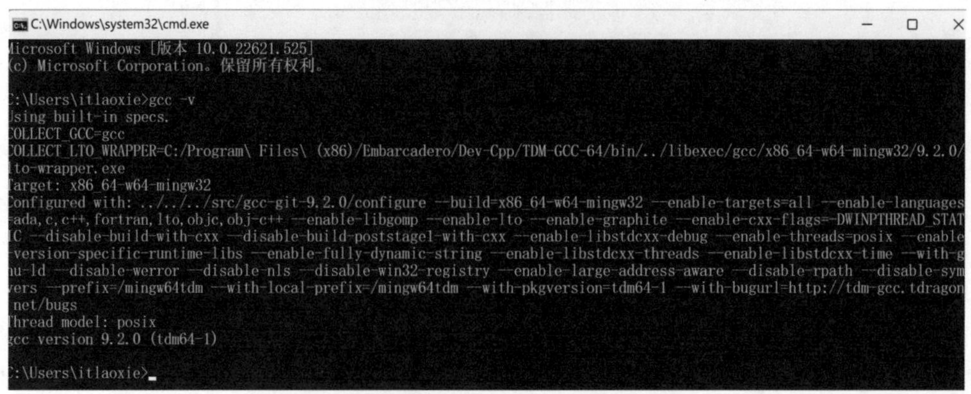

图 15-6　查看 gcc 编辑器的版本信息

注意：你输出的内容未必和这里是一模一样的，但是也不要紧，只要能在光标闪烁

的上一行看到具体的版本号，就说明环境变量添加操作是成功的。只有我们成功的添加了环境变量之后。gcc 命令才会支持我们在控制台的任意位置去使用它，这也是我们为 GCC 编译器添加环境变量的目的。

（2）使用 GCC 命令进行编译。

在我们添加完环境变量之后，就可以使用 gcc 命令来编译 .c 的源代码文件了。接下来我们来认识一些 gcc 编译命令的用法以及常用参数。

- 命令基本格式：gcc [编译参数] 源文件名……
- 命令常用编译参数

-o <output>：指定编译生成的可执行文件的输出名称。

-E：只进行预处理，将预处理结果输出到标准输出。

-I <dir>：指定头文件的搜索路径。

-L <dir>：指定库文件的搜索路径。

-l <library>：链接指定的库文件。

-std=<standard>：指定使用的语言标准，如 -std=c11、-std=c++17。

（3）尝试编译之前的凯撒日期示例。

第一步：在控制台中进入项目源文件所在的目录。

第二步：在源文件所在目录输入 gcc -o DemoRun.exe main.c function.c ，执行编译命令。

第三步：输入 DemoRun.exe，运行编译生成的可执行文件。

操作效果如图 15-7 所示：

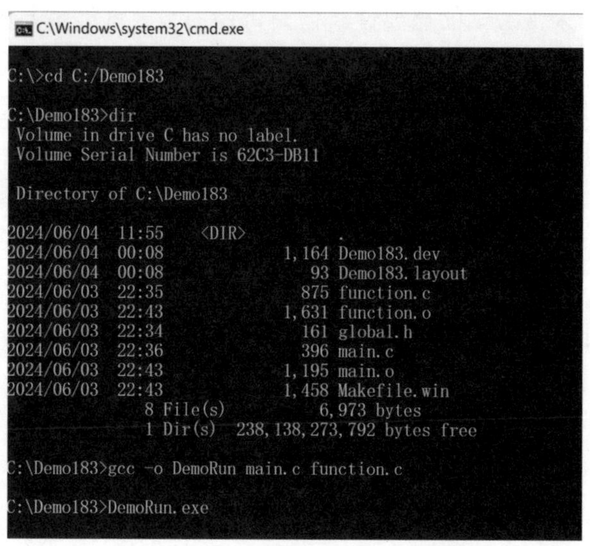

图 15-7

这样我们就可以使用 gcc 命令来编译 C 语言的项目了，其中 -o DemoRun 表示给编译成功后的可执行文件命名为 DemoRun，如果不添加这个参数的话，在 Windows 系统下默认生成的可执行文件名为 a.exe，而在 Linux / UNIX / macOS 中默认生成的可执行文件名为 a.out。后面的 main.c 和 function.c 是要编译的源文件名，这里我们要编译多少个源文件就可以写多少个。针对 .c 源文件的个数太多的项目，在 Windows 中使用 gcc 编译就显得不太友好。因为需要把这些文件名都敲出来。但是如果我们使用的是 Linux / Unix / macOS，我们可以借助命令行终端的通配符来完成，比如 gcc *.c 这就表示要编译当前目录下的所有 .c 源文件。当然也可以在 Windows 中选择安装 cmd 以外的控制台终端来实现这个功能。

这里我们只是简单地介绍一下 gcc 编译器使用，让读者知道一个源代码文件是如何从代码变成可执行文件的，就不会混淆“代码编辑器”和“代码编译器”的概念了。

另外在我们正式接触“宏替换”和“条件编译”之前学习 gcc 的基本使用方法，也是为了能够让读者更好地理解这两块知识。利用 gcc 编译器的 -E 参数可以更好地看到预处理结果，通过预处理结果更好地理解这两个知识点。

另外，当我们学习了多文件编译之后，此时可以进一步测试之前我们介绍的 static 关键词的使用。现在可以尝试用 static 去修饰变量，当然可以是全局变量也可以是局部变量，比如：static int num = 9527 ，也可以使用 static 去修饰函数，比如：static int method(⋯⋯){⋯⋯}，还可以尝试使用 static 去修饰结构体，比如：static struct Student{⋯⋯⋯}。这样去编写测试代码，测试使用了 static 修饰之前和之后的变量生存期以及作用域的区别，再结合 2.5.3 节中总结的结论加深对于 static 的印象。

static 这个知识点在本书中的出现方式比较特殊，在我们最开始接触代码，学习常量变量的时候就把它拿出来做了功能上的总结，之后在自定义函数的章节中又有所提及。现在基本到了学习阶段的尾声，我们在多文件编译的时候再次提到了这个知识点，这就说明这个知识点对于未来考试的重要性。但是奇怪的是，这么重要的一个关键词我们却没有用任意一个实际的代码示例去演示或者是做深度讲解，这又是为了什么呢？其实答案很简单，static 可以添加在任意一个我们之前学习过的示例当中，去修饰常量、变量、函数、结构等。可以在我们之前学习过的任何一个示例都添加 static ，然后去分析使用前和使用后的区别。只有自己真正地尝试了、分析了、总结了，最终得到的结论，记忆才是最深刻的。所以现在要做的任务就是根据之前章节中给出的 static 的用法来依次地进行测试，加深自己对 static 的认识。这就算是一次必须完成的作业，必须完成，必须完成，必须完成，重要的事情说三遍！

15.4 宏

在 C 语言中，宏是一种预处理指令，用于在编译时进行文本替换。宏可以简化代码、提高代码的可读性和可维护性。

在前文介绍常量的时候，我们接触过 #define 这个预处理命令。

那么接下来我们就来一起认识一下 C 语言中针对宏的一些基本用法，先来一起看一个示例。

- Demo184- 宏的基本用法。

```
#include <stdio.h>

#define PI 3.14
#define MAX(a, b) a > b ? a : b
#define STR(s) #s
#define CONCAT(x, y) x##y
#define ASSERT(condition) ((condition) ?  (void)0 : printf("断言失败: %s\n",
#condition))

int main() {
    printf("简单的宏替换================\n");
    printf("PI = %lf\n", PI);

    printf("带参宏=====================\n");
    printf("max = %d\n", MAX(5, 6));

    printf("串行化=====================\n");
    printf(STR(Hello 小肆));
    printf("\n");

    printf("连接符=====================\n");
    int num = CONCAT(95, 27);
    printf("num = %d\n", num);

    printf("断言宏=====================\n");
    ASSERT(num < 0);

    return 0;
}
```

以上代码的运行结果为：

```
简单的宏替换================
PI = 3.140000
带参宏=====================
max = 6
串行化=====================
Hello 小肆
连接符=====================
num = 9527
断言宏=====================
断言失败: num < 0
```

接下来我们就根据以上的示例，依次对上面的这几种宏的用法作出解释。

15.4.1 简单的宏替换

简单的宏替换实际上就是字符串的简单替换，比如上述示例中的代码为：

```
#define PI 3.14
```

```
printf(" 简单的宏替换 ================\n");
printf("PI = %lf\n", PI);
```

输出结果为：

```
简单的宏替换 ================
PI = 3.140000
```

我们通过结果就可以很容易地推断出在 printf() 函数调用时，3.14 替换了 PI 。

宏替换实际上就是在编译之前的字符串替换，用指定的宏定义名称去替换相应的字符串内容并填充代码的指定位置。

15.4.2 带参宏

带参宏的用法类似于自定义函数，通常带参宏的功能并不会很复杂。用它来实现一节简单的运算还是挺不错的，比如上述示例中的代码为：

```
#define MAX(a, b) a > b ? a : b

printf(" 带参宏 =====================\n");
printf("max = %d\n", MAX(5, 6));
```

输出结果为：

```
带参宏 =====================
max = 6
```

我们通过结果可以看出，MAX(a, b) 帮我们实现了后面表达式 a > b ? a : b 中变量值的替换。

这个带参宏的用法就相当于做了表达式参数之间的替换，这种用法也很常见。

15.4.3 串行化

串行化的用法就是利用带参宏，帮我们将参数转化成字符串数据类型的表现形式，这里面用到了一个 # 号，在宏替换的时候前面加 # 号，表示将对应的替换内容转换成字符串形式，比如上述示例中的代码：

```
#define STR(s) #s

printf(" 串行化 =====================\n");
printf(STR(Hello 小肆));
printf("\n");
```

输出结果为：

```
串行化 =====================
Hello 小肆
```

通过结果可以看出，STR(s) 相当于是帮我们在参数 s 的两端加上了一对双引号，这样才能正常地将它放在 printf() 函数中直接输出，因为输出如果写成 printf(“Hello 小肆”); 是合法的，但是如果写成了 printf(Hello 小肆); 显然是不合法的。这就是使用宏来实现字符串串行化的方法。

15.4.4 连接符

连接符的作用就是将两个参数连接合并在一起，在这里我们使用的是 ## 号作为连接符。在宏替换的时候，两个参数之间加 ## 号表示连接符，比如上述示例中的代码：

```
#define CONCAT(x, y) x##y

printf("连接符====================\n");
int num = CONCAT(95, 27);
printf("num = %d\n", num);
```

输出结果为：

```
连接符====================
num = 9527
```

通过结果可以看出，## 可以帮我们将带参宏的两个参数直接连接在一起，可以快速地实现代码中的字符串连接。当然这里所说的字符串并不是数据类型，而是要写在代码中的具体字符串。理论上我们可以把任何要写在代码文件中的字符理解成代码字符串中的一部分，包括整型常量、浮点型常量，这些值在代码中都是以字符、字符串的形式展示的。

15.4.5 断言宏

断言宏实际上也是利用带参宏实现的。这里的参数是一个条件，在条件不成立的时候可以输出一个错误信息，并可以同时携带这个条件输出，这样的话在一定程度可以帮我们处理代码中的逻辑错误。比如上述示例中的代码：

```
#define ASSERT(condition) ((condition) ? (void)0 : printf("断言失败: %s\n", #condition))

printf("断言宏====================\n");
ASSERT(num < 0);
```

输出结果为：

```
断言宏====================
断言失败: num < 0
```

我们通过输出的结果可以看出输出的内容中与断言宏中 printf() 函数调用时输出内容的对应关系，这样我们就不难理解这个断言宏的用法了。其中 ? 号后面的 (void)0 或许会让人觉得有点迷惑。其实在这个位置随便写点什么东西进去都行，一个常量、一个表达式、任意一个值甚至是用来表示空指针的 NULL 也是可以的。意思就是如果这个参数中的条件成立的话，就什么都不做。如果真的想做点什么，还是更建议使用 C 语言中的流程控制语句 if{}else……。

15.4.6 预处理编译

为了验证以上这些我们通过代码和运行效果得出的结论，接下来可以使用 gcc 命令来对源代码做预处理编译的操作，这样我们就可以看到预处理的结果。在我们执行这个动作之前，要知道一个 .c 源代码文件从没有到有，再到编译成功生成 .exe 可执行文件的全部过程。

当我们编写 C 语言程序时，经常需要将代码转换为计算机可以理解和执行的形式。这个过程包括了几个关键阶段：

（1）首先是预处理阶段。在预处理阶段，源代码会经过预处理器处理，执行诸如宏替换和条件编译等操作，生成一个经过预处理的中间文件。

（2）接下来是编译阶段。编译器会将预处理后的中间文件翻译成汇编语言。这个阶段涉及语法分析、语义分析和优化，最终生成相应的汇编代码。汇编阶段紧随其后，汇编器将汇编代码翻译成机器码，也就是将汇编代码转换为计算机可以执行的机器指令。

（3）最后是链接阶段。链接器将各个目标文件和库文件链接在一起，生成最终的可执行文件。

整个 C 语言编译过程是一个精细而复杂的过程，涉及多个阶段的处理和转换。从源代码到最终的可执行文件，每个阶段都扮演着重要的角色，确保程序能够顺利地被计算机执行。这个编译过程不仅是程序员编写代码的必经之路，也是理解计算机如何执行程序的关键一环。

当我们对编译的过程有了基础的认识之后，就来使用 gcc 命令来对上面的 .c 源代码执行预处理阶段的操作，生成被预处理之后的源码文件，我们需要通过命令行控制台进入到源代码所在的目录，然后输入命令：gcc -E -o Demo184E.c Demo184.c。

命令中的 -E 参数表示的是执行预处理的操作，其中 -o Demo184E.c 表示将预处理之后的目标源代码文件命名为 Demo184E.c。

当我们执行这个命令成功之后，会看见一个非常大的 Demo184E.c 源代码文件，这个就是被预处理之后的结果。这个源代码的篇幅非常长，总共有 590 行左右的代码量。这里只截取一部分重要的内容来解释上面宏替换的结果。这里也有必要交代一下这么多代码是从哪来的。由于在源文件 Demo184.c 中我们使用 #include 包含了 stdio.h 头文件，这是预处理操作中的一种，所以 stdio.h 头文件中的内容就会被拿到当前的源代码文件中，当前源文件的预处理结果就变成了这么多。

接下来我们来看一下预处理之后 main() 函数里面的结果：

```
int main() {
 printf(" 简单的宏替换 ===============\n");
 printf("PI = %lf\n", 3.14);

 printf(" 带参宏 ===================\n");
 printf("max = %d\n", 5 > 6 ? 5 : 6);

 printf(" 串行化 ===================\n");
 printf("Hello 小肆 ");
 printf("\n");

 printf(" 连接符 ===================\n");
 int num = 9527;
 printf("num = %d\n", num);

 printf(" 断言宏 ===================\n");
 ((num < 0) ? (void)0 : printf(" 断言失败 : %s\n", "num < 0"));

 return 0;
}
```

通过这个预处理得到的结果去对比之前通过运行结果总结得到的结论，相信对 #define 的使用应该理解得会更加透彻。

这也就是我说的一切的学习过程一定要通过实操得到结果，再通过结果去反推总结得到自己的结论，这才是正确的学习技术的方法。在未来的学习过程中，也要用这样的方法去学习。在我们遇到一个新的知识、新的用法、新的逻辑、新的业务等的时候，不要太在意为什么要这么做，先做了，有了结果，再通过结果反推为什么会有这个结果。如果结果是对的当然没有问题，如果结果不是对的，是错误的，其实这是个更好的学习机会，要反推这么做为什么不对，那么又应该怎么做才是对的。经过不断地尝试得到结果，再用得到的结果反推总结自己的经验，重复这个过程，实力就将会距离心目中的大佬越来越近，甚至超越对自己的预期！

15.5 条件编译

条件编译也是在预处理语句中使用频率最高的一种用法，比带参宏的使用频率更高，但是相比带参宏更容易理解。我们使用条件编译的时候只需要掌握三个预处理命令就可以了，它们分别是 #ifdef 、#ifndef 、#endif。它们的含义分别是：

- ifdef :（if define）如果定义了某个宏。
- ifndef:（if not define）如果没有定义某一宏。
- endif:（end if）结束上面的假设。

有了上面的解释之后，相信聪明的读者会大概知道这个东西该怎么使用了，那么我们接下来就用一个示例去验证或者尝试你内心的想法。

```
#define ABC     // 定义宏 ABC。

#ifndef ABC     // 如果没有定义 ABC，下面的内容将参与源代码的编译。
printf("ABC 被定义了！ ");
#endif                  // 结束上面的假设。
```

很显然，上面代码中的 printf() 语句将不会被通过编译输出到预处理之后的目标源文件中，因为在条件编译的上方我们使用 #define 定义了 ABC 这个宏，显然条件编译的结果是不成立的。这里要注意的是，如果定义的宏仅仅是作为一个标识，而不需要它替换某些字符或者字符串，那么我们就没有必要再在宏的后面跟上具体的值，这种宏通常用于条件编译的条件语句。

另外，使用条件编译并不是像使用流程控制的 if 语句一样。不管 if 语句的条件是否成立，if 语句的代码都会参与源代码的编译。但是使用 #ifdef 或者 ifndef 条件编译的时候则不同，这个条件成立或者不成立，将会直接影响下面的代码会不会通过预处理生成在目标的源代码当中。也就是说在不成立的条件下，下面的代码将不会出现在预处理之后的目标源文件当中，就相当于从来就没写过这行代码。这就是条件编译和流程控制语句之间的区别。

那么与之相反的，如果我们有如下代码：

```
#define ABC     // 定义宏 ABC。

#ifdef ABC      // 如果定义了 ABC，下面的内容将参与源代码的编译。
printf("ABC 被定义了！ ");
#endif                  // 结束上面的假设。
```

那么这段代码的 printf() 语句将会通过预处理输出到目标源文件中，参与代码的整体编译过程。

条件编译的预处理语句可以出现在源代码文件或者头文件的任意位置，可以在函数体外，也可以在函数体内，可以在文件的最顶端，也可以在文件的中间，甚至在文件的末尾。

那么条件编译的使用场景又是什么呢？其实很简单，条件编译就是用来控制代码内容要不要通过预处理进入到目标源码文件进行下一步编译操作的。那么我们已经写了代码为什么又不让它们参与编译呢？其实准确地说，目的应该是为了避免重复的编译。比如在凯撒日期示例中执行多文件编译的时候，我们同时在 main.c 和 function.c 中都包含了 stdio.h 和 global.h ，这个动作相当于是将这两个头文件的内容分别地都写到了这两个 .c 文件的上方。那么在编译这两个源代码的时候就相当于要将这两个头文件重复地编译，这就非常不好。其实解决这个问题的方案也很简单，比如原来 global.h 中的代码内容为：

```
int judge_year(int year);

int month_of_day(int year, int month);
```

```
int judge_input(int year, int month, int day);

int caesarDate(int year, int month, int day);
```

我们只需要在这个代码的基础上，分别在头尾加上条件编译的控制就可以避免它被重复地编译了。比如：

```
#ifndef GLOBAL_H        // 如果没定义这个宏，下面的内容将参与编译。
#define GLOBAL_H        // 先定义一个宏 GLOBAL_H。

int judge_year(int year);

int month_of_day(int year, int month);

int judge_input(int year, int month, int day);

int caesarDate(int year, int month, int day);

#endif // 结束上面的如果。
```

将代码改写成这样之后。就可以避免这个头文件被重复编译了。

因为在首次对 global.h 进行编译的时候，先判断有没有定义 GLOBAL_H 这个宏，如果没有定义下面的代码才会参与编译，然后紧接着就通过 #define GLOBAL_H 来定义一个宏，此时这个 GLOBAL_H 宏就存在了。下面的其他函数声明代码也会一同参与编译。这个时候这个头文件就已经通过预处理参与编译了，但是下一次其他位置再包含这个头文件的时候又会执行到这个头文件中的代码。此时再去判断，如果没有定义 GLOBAL_H 这个宏才会执行下面的内容，但是编译器之前已经定义过了，所以之后无论再包含多少次这个头文件，这个头文件中的内容都不会再被重复地编译了，因为在预处理阶段就已经把它们处理掉了。

这里我们需要注意的是，通常在头文件中使用这种条件编译时，宏的命名都是与文件名相同的，这样更好记也更容易区分。我们只需要把文件名全部大写，将扩展名中的点改成下画线即可。

注意：条件编译中既然有 #ifdef 表示判断，那么相对应的也会有 #else 和 #elif，相信很容易猜到它们是做什么用的，用法和流程控制语句类似，需要的时候也可以派上用场。

15.6 本章小结

预处理在真正的 C 语言开发中使用得还是非常广泛的，在程序中的使用也非常灵活。在日后的开发过程中相信读者也会有更多的体会。我们总结出了以下在使用预处理时需要注意的问题：

- 预处理指令以 # 开头，必须单独占据一行，不能与其他代码混合。
- 预处理命令不需要分号作为命令的结束标识。

- 宏定义要慎重使用，确保定义的宏不会导致意外的替换或副作用。
- 预处理指令可以使用条件编译来控制代码的编译过程，但要小心避免过度使用。
- 包含头文件时要确保路径正确，避免出现找不到头文件的错误。
- 预处理指令不会检查语法错误，因此要注意在预处理阶段可能引入的错误。
- 宏定义中参数的使用要谨慎，确保参数传递和替换的正确性。

第16章 综合示例

16.1 MVC 设计模式

我们在动手编写本书最后的综合示例之前，先简单了解一种软件开发中的经典设计模式，那就是 MVC 设计模式。

MVC（Model-View-Controller）是一种经典的软件设计模式，用于将应用程序的不同方面分离开来，以提高代码的可维护性和可扩展性。下面是对 MVC 设计模式的描述。

模型（Model）：模型代表应用程序中的数据和业务逻辑。它负责处理数据的存储、检索和操作，以及定义应用程序的行为规则。模型通常不直接与用户界面交互，而是通过控制器来处理用户的请求。

视图（View）：视图是用户界面的表示。它负责将模型中的数据呈现给用户，并接收用户的输入。视图通常是被动的，它根据模型的状态进行更新，并将用户的操作传递给控制器。

控制器（Controller）：控制器是模型和视图之间的中介。它接收用户的输入并根据输入更新模型的状态或选择合适的视图进行展示。控制器负责协调模型和视图之间的交互，实现用户请求的处理逻辑。

借助图 16-1 来理解模型、视图和控制器之间的分工以及调用关系。

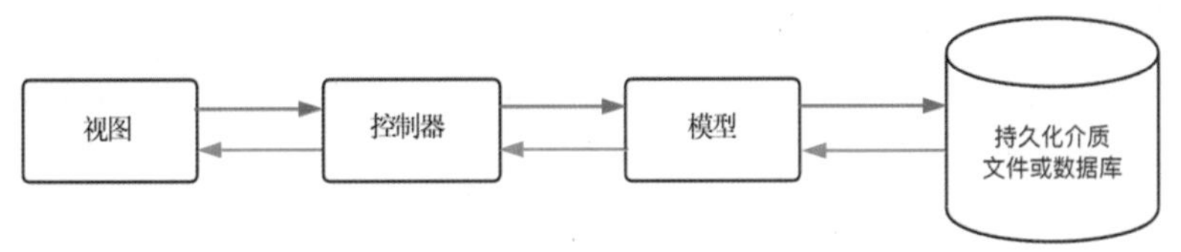

图 16-1　模型、视图和控制器分工以及调用关系

通过这张图可以清楚地看出 MVC 之间的数据传输关系。我们开发软件无非就是在各种环境中处理不同的数据。视图层实际上就是用来给用户展示页面，并且向用户获取交互请求数据的。这个请求数据一定是用户想做什么，或者是用户想做某一件事的必要条件。获取的数据接下来传递给控制器层，由控制器做功能上的调度。既然用户有需求我们就一定要给用户反馈，那么返回的内容同样也是数据，要么需要找一个图片展示给用户，要么需要一首歌，这些都是数据。提取数据的工作就是通过控制器调度之后交给模型层来完成，提取和处理数据的任务都是由模型来处理的。通常数据的持久化介质就是数据库或者文件，那么模型就从持久化介质中取得数据然后再传递给控制器层，再由控制器跳过调度传递给指定的页面，也就是视图层展示给用户看。从上面的蓝色箭头我们可以看出请求数据的走向，红色箭头就是响应并返回数据的走向，可以扫描图 16-1 右侧二维码获取彩图。

如果非要用我们生活中的示例去理解 MVC 的话，可以把这个设计模式想象成去饭店吃饭的过程，视图就是菜谱，这是给顾客看的。看完了之后是要点菜的，点的菜就是数据。那么点菜的话要跟谁说呢？肯定是服务员了，控制器就是服务员。顾客照着菜谱跟服务员说了要点的菜，这就是从视图到控制器的过程。那么服务员知道了顾客想吃什么，但是他肯定不会去做菜的，他要找厨子去做菜。那么模型就是厨子，他是负责做菜的。假设顾客要了个拍黄瓜，那么黄瓜就是想要的数据。厨子需要去冰箱里拿黄瓜，那么这个冰箱就可以理解成是数据库或者是数据文件。以上的这个过程就是蓝箭头的过程，一层一层地传递需求。当厨子拿到了黄瓜之后哪怕只是需要拍几下，也是他的工作任务。当把黄瓜处理好了，不可能是厨子上菜，肯定是把菜交给服务员，这个时候数据就又回到了控制器这里。紧接着服务员就要把这个黄瓜放到你面前的餐桌上，此时餐桌就是另一个视图层中的界面。以上这些过程就是红箭头中数据的走向，两个箭头一来一回的过程就是 MVC 基本的运作过程。

在实际开发中，其实无论是针对于 C / S（Client（客户端）/ Server（服务器端））架构的项目，还是 B / S（Browser（浏览器）/ Server（服务器端））架构的 Web 项目，甚至是嵌入式项目，只要是牵扯到用户与软件之间的交互，我们都可以尝试使用类似 MVC 的设计模式理念进行开发。那么在代码的结构设计上，我们就可以遵循这个结构去创建源代码文件，并且在指定的源文件中去实现指定的功能。只要我们控制好数据传递的走向，熟悉响应的业务逻辑，开发效率和代码的可维护性都会有很大程度的提高。

MVC 设计模式的优点包括：

（1）分离关注点：将应用程序分成不同的部分，使代码更易于管理和维护。

（2）重用性：模型、视图和控制器之间的分离使重用组件更容易。

（3）可扩展性：各个部分之间的松耦合性使得扩展和修改应用程序更容易。

（4）可测试性：每个部分的功能定义清晰，使得单元测试和集成测试更容易进行。

总之，MVC 设计模式通过将应用程序分成模型、视图和控制器三个部分，帮助开发者更好地组织和管理代码，实现了关注点的分离和代码的可维护性。

通常在 C 语言开发中不会使用到这种设计模式，毕竟 C 语言是面向过程的编程语言，而且多数时候应用于底层开发，但是在一定程度上也会把业务逻辑部分和数据处理部分分开进行处理。未来会接触到的其他面向对象的编程语言，比如 C++ 或者 Java，都是经常会使用到 MVC 设计模式的语言。所以不同领域对于软件开发项目结构的需求也会有些不同。

在这里把 MVC 这种设计模式作为综合示例的第一个知识点，目的是让读者提前认识，并能够更好地体会软件开发的交互流程，这样更利于后续的深入学习，甚至是跨领域学习。我们用底层的开发语言来模拟实现应用层的业务逻辑也是对自己的一种锻炼。那么接下来的这个综合示例中，我们就来模拟 MVC 设计模式来完成项目。

16.2 项目需求

设计一个用于学生信息管理的应用程序。

- 基本需求：
  - 学生信息结构包括字段：学号、姓名、年龄、成绩、班级。
  - 数据存储：通过数组模拟数据即可，不需要额外的存储介质，比如文件或数据库。
  - 运行环境：控制台。
  - 程序功能：
    - 主菜单欢迎页面，菜单提示选择操作功能。
    - 浏览学生信息。
    - 添加学生信息。
    - 删除学生信息。
    - 修改学生信息。
    - 保持程序运行，直到用户手动退出程序运行。
    - 针对以上操作成功或失败输出对应信息提示用户。
- 附加需求：
  - 模拟 MVC 设计模式完成项目。

16.3 项目源码实现

16.3.1 项目文件结构

使用 MVC 设计模式设计项目文件结构，我们使用最基础的结构方案，每一个模式采用一个源文件对应一个头文件。

例如：

- 视图层：
  - view.h，视图层头文件，与页面输出和用户信息的输入、获取相关功能函数的声明都写在这个头文件里。
  - view.c，视图层源文件，与页面输出和用户信息的输入、获取相关功能函数的定义都写在这个头文件里。

- 控制器：
  - controller.h，控制器头文件，用于功能调度的功能函数声明都写在这个头文件里。
  - controller.c，控制器源文件，用于功能调度的功能函数定义都写在这个头文件里。
- 模型层：
  - model.h，模型层头文件，用于数据处理的功能函数声明都写在这个头文件里。
  - model.c，模型层源文件，用于数据处理的功能函数定义都写在这个源文件里。
- 其他：
  - global.h，全局头文件就是在任何一个头文件或者代码文件中都有可能要包含使用的头文件。
  - main.c，主函数，整个程序的入口。

接下来根据以上的文件结构创建项目，并在项目中创建好相应的文件。

16.3.2 源代码时间及解析

1. global.h ——全局头文件

全局头文件就是在任何一个头文件或者代码文件中都有可能要包含使用的头文件。通常在全局头文件当中我们会定义一些全局通用的数据类型，比如这个示例中我们定义了全局使用的结构体类型。另外其他将会在全局有可能使用到的数据类型、变量甚至是函数都可以在这里定义。

```
#ifndef GLOBAL_H
#define GLOBAL_H

// 定义存储学生信息所需的结构体类型。
typedef struct Student{
    unsigned short stu_id;  // 学号
    char name[46];          // 姓名
    unsigned short age;     // 年龄
    float score;            // 成绩
    char class_id[12];      // 班级 ID
}STU;

#endif GLOBAL_H
```

2. model.h

模型层头文件，用于数据处理的功能函数声明都写在这个头文件里。

```
#include "global.h"

#ifndef MODE_H
```

```
#define MODE_H

/**
 * 初始化测试数据。
 * @param stu 结构体数组，用于存储学生信息。
 */
void init_data(STU *stu);

/**
 * 插入一个学员信息。
 * @param add_stu 要插入的学员。
 * @param stu 学生信息结构体数组。
 * @return 1 : 插入成功 , 0 : 插入失败。
 */
int insert_one(STU add_stu, STU *stu);

/**
 * 删除一个学员信息。
 * @param id: 要删除的学生 id。
 * @param stu: 学生信息结构体数组。
 * @return 1 : 删除成功, 0 : 删除失败。
 */
int delete_one(int stu_id, STU *stu);

/**
 * 通过学生 id 获取学生信息。
 * @param stu_id: 学生 id。
 * @param stu: 学生信息结构体数组。
 * @return 根据学生 id 找到的学生信息，找不到返回成员全为 0 的学生信息。
 */
STU get_by_id(int stu_id, STU *stu);

/**
 * 更新学生信息。
 * @param update_stu: 要更新的学生信息。
 * @param stu: 学生信息结构体数组。
 */
void update_one(STU update_stu, STU *stu);

#endif MODE_H
```

3. model.c

模型层源文件，用于数据处理的功能函数定义都写在这个源文件里。

```
#include "global.h"
#include <string.h>
#include "stdio.h"

extern int count; // 引入外部变量，count 表示数组中的有效信息数量。
extern int static_stu_id; // 引入外部变量，学生学号预设值。
```

```
/********************************
 * 具体的函数说明参见对应的 .h 头文件 *。
 ********************************/

// 初始化测试数据。
void init_data(STU *stu) {
    // 模拟初始化 5 个学员信息。
    for (int i = 0; i < count; ++i) {
        stu[i].stu_id = static_stu_id++;     // 每次新增一个学员，预设学号递增 1。
        // 以下均为模拟的信息数据。用于程序的测试。
        /**
         * 也可以自己新建一个文件，
         * 在文件里编辑好相应的数据然后读取到程序当中做模拟数据，
         * 或者手动在代码当中初始化模拟数据。
         */
        strcpy(stu[i].name, "TestName");
        stu[i].age = 16 + i;
        stu[i].score = 94 + i;
        strcpy(stu[i].class_id, "ITLaoXie-01");
    }
}

// 插入一个学生的数据。
int insert_one(STU add_stu, STU *stu) {
    // 新增插入一条学生信息的时候首先件将预设的学号设置好，并完成下一次的递增。
    add_stu.stu_id = static_stu_id++;
    /**
     * 只要有效的数据长度不超过学生数组的总长度就可以进行插入动作，避免下标越界。
     * 当然如果想要让数组的长度更大，可以自定义更大的数组。
     * 或者在主函数中使用指针的方式通过 malloc() 动态地申请内存空间来控制数组的大小。
     * 如果使用了文件作为数据的持久化存储介质，也可以根据读取到的大小来申请内存空间。
     * 如果后续发现内存空间不够也可以使用 ralloc() 来重新分配内存空间。
     */
    if (count < 50) {
        /**
         * 只要学员信息的有效数量没有超过学生数组的最大长度。
         * 就直接将要插入的学员信息插入到最后一个有效元素的位置。
         * 由于数组的下标是从 0 开始的，所以 count 对应的下标正好是应该插入的位置。
         */
        stu[count] = add_stu;
        count++; // 插入完成之后让用来记录有效数据的变量自增 1。
        return 1;    // 插入成功返回 1。
    }
    return 0;    // 如果有效学员数量超过数组最大范围则返回 0 ，表示失败。
}

// 删除一个学生的数据。
int delete_one(int stu_id, STU *stu) {
    int index = 0; // 用来存储需要删除的学生下标。
    /**
     * 从数组的第一个元素开始遍历，根据 stu_id 查找。
     * 当找到之后就退出循环，此时 index 的值就是要删除的元素下标。
```

```
     */
    for (index = 0; index < count; ++index) {
        if (stu[index].stu_id == stu_id)
            break;
    }
    /**
     * 如果发现 index 的值不小于 count 说明没有通过 break 退出循环，
     * 也就是没有找到对应要删除的数据，直接返回 0 表示没有找到。
     */
    if (!(index < count))
        return 0;

    /**
     * 如果没有执行到上面的 return 0，说明找到了要删除的数据，
     * 那么我们就将数组当前下标以后位置的数据，
     * 依次向前移动覆盖掉要删除的数据，实现删除功能。
     */
    for (int i = index; i < count; ++i) {
        stu[i] = stu[i + 1];
    }
    // 数据删除之后要将有效的数据计数变量自减 1。
    count--;
    return 1; // 返回 1 表示删除成功。
}

//通过 id 查找并获取学生数据。
STU get_by_id(int stu_id, STU *stu) {
    // 定义一个空的学生数据，如果没有找到则返回这个数据。
    STU s = {0, "", 0, 0, ""};

    // 根据 stu_id 寻找数据，如果找到直接返回找到的数据。
    for (int i = 0; i < count; ++i) {
        if (stu_id == stu[i].stu_id)
            return stu[i];
    }

    // 如果在循环中没有退出函数说明没找到，返回空数据。
    return s;
}

// 更新一个学生的信息。
void update_one(STU update_stu, STU *stu) {
    // 遍历有效数据。
    for (int i = 0; i < count; ++i) {
        // 根据 stu_id 找到要修改的数据。
        if (update_stu.stu_id == stu[i].stu_id) {
            // 将要修改后的数据直接覆盖掉对应的数据。
            stu[i] = update_stu;
            return; // 修改之后直接退出函数。
        }
    }
}
```

4. view.h

视图层头文件，与页面输出和用户信息的输入、获取相关功能函数的声明都写在这个头文件里。

```
#ifndef VIEW_H
#define VIEW_H

#include "global.h"

/**
 * 欢迎页面，功能选择。
 * @param a 用户输入的功能选择结果。
 */
void page_welcome(char *a);

/**
 * 浏览页面，输出所有的学员信息。
 * @param stu 学员信息的结构体数组。
 */
void show_all(STU *stu);

/**
 * 添加页面，获取学员信息并返回。
 * @return 用户输入的学生信息。
 */
STU page_add();

/**
 * 操作成功提醒页面。
 * @param info: 成功信息。
 */
void page_success(char *info);

/**
 * 操作失败提醒页面。
 * @param info: 失败信息。
 */
void page_failed(char *info);

/**
 * 删除页面，获取要删除的学生 id。
 * @return: 要删除的学生 id。
 */
int page_delete();

/**
 * 修改页面，获取要修改的学生 id。
 * @return: 要修改的学生 id。
 */
int page_get_update_id();
```

```
/**
 * 修改学生信息页面。
 * @param stu：要修改的学生信息。
 * @return：修改后的学生信息。
 */
STU page_edit(STU stu);

#endif VIEW_H
```

5. view.c

视图层源文件，与页面输出和用户信息的输入、获取相关功能函数的定义都写在这个头文件里。

```
#include <stdio.h>
#include "global.h"

extern int count; // 引入外部变量，有效学员个数。

/*********************************
 * 具体的函数说明参见对应的 .h 头文件 *
 *********************************/

// 欢迎、功能选择页面（顶级菜单页面）。
void page_welcome(char *a) {
    printf("* ************************************ *\n");
    printf("* 欢迎使用学员管理系统，请选择功能 \n");
    printf("* 1 - 浏览学员 \n");
    printf("* 2 - 添加学员 \n");
    printf("* 3 - 删除学员 \n");
    printf("* 4 - 修改学员 \n");
    printf("* 0 - 退出程序 \n");
    printf("* ************************************ *\n");
    printf("请输入：");
    fflush(stdin);
    scanf("%c", a);
}

// 显示所有的学生信息。
void show_all(STU *stu) {

    // 格式化输出表头。
  printf("┌──┬──────────────┬───┬──────┬───────────┐ \n");
     printf("│ %-2s │ %-15s │ %-3s │ %-6s │ %-11s │ \n", "id", "name", "age",
"score", "classid");

    for (int i = 0; i < count; ++i) {
  printf("├──┼──────────────┼───┼──────┼───────────┤ \n");
        // 访问结构体变量中的每个成员并格式化输出在表格中
            printf("│ %-2hd │ %-15s │ %-3d │ %-6.2f │ %-11s │ \n", stu[i].stu_id,
stu[i].name, stu[i].age, stu[i].score, stu[i].class_id);
    }
```

```
    // 格式化输出表尾。
    printf("└────┴──────────────┴─────┴─────────┴─────────────┘\n");
}

// 添加学生信息页面。
STU page_add() {
    STU stu;
    printf("请输入学生姓名（英文名）：");
    scanf("%s", stu.name);
    printf("请输入学生年龄：");
    scanf("%hd", &stu.age);
    printf("请输入学生成绩：");
    scanf("%f", &stu.score);
    printf("请输入学生班级（EX ：ITLaoXie-XX）：");
    scanf("%s", stu.class_id);

    return stu; // 返回刚刚输入的学生信息。
}

// 删除信息页面，获取要删除的学生 id。
int page_delete() {
    int delete_id;
    printf("请输入将要删除的学生id：");
    scanf("%d", &delete_id);
    return delete_id;    // 返回要删除的学生 id。
}

// 获取要修改的学生 id。
int page_get_update_id() {
    int update_id;
    printf("请输入将要修改的学生id：");
    scanf("%d", &update_id);
    return update_id;    // 返回要修改的学生 id。
}

// 学生信息修改页面。
STU page_edit(STU stu) {
    // 输出要修改的学员原来的信息，并提示用户输入新的数据。
    printf("原学生姓名为（%s）\n请输入新学生姓名（英文名）：", stu.name);
    scanf("%s", stu.name);
    printf("原学生年龄为（%d）\n请输入学生年龄：", stu.age);
    scanf("%hd", &stu.age);
    printf("原学生成绩为（%.2f）\n请输入学生成绩：", stu.score);
    scanf("%f", &stu.score);
    printf("原学生班级为（%s）\n请输入学生班级（EX ：ITLaoXie-XX）：", stu.class_id);
    scanf("%s", stu.class_id);

    return stu; // 返回刚刚输入的学生信息。
}

// 操作成功页面。
void page_success(char *info) {
```

```
    printf("* ************************ *\n");
    printf("* %s 成功 \n", info);
    printf("* ************************ *\n");
}

// 操作失败页面。
void page_failed(char *info) {
    printf("* ************************ *\n");
    printf("* %s 失败 \n", info);
    printf("* ************************ *\n");
}
```

6. controller.h

控制器头文件，用于功能调度的功能函数声明都写在这个头文件里。

```
#include "global.h"

#ifndef CONTROLLER_H
#define CONTROLLER_H

/**
 * 功能调度控制器。
 * @param a：用户选择的操作任务。
 * @param stu：结构体。
 * @return：退出程序、返回 1。
 */
int action(int a, STU *stu);

#endif CONTROLLER_H
```

7. controller.c

控制器源文件，用于功能调度的功能函数定义都写在这个头文件里。

```
#include "global.h"
#include "controller.h"
#include "mode.h"
#include "view.h"

/*********************************
 * 具体的函数说明参见对应的 .h 头文件 *
 *********************************/

int action(int a, STU *stu) {
    STU update_stu;
    switch (a) {
        case '1': // 查看学员。
            // 调用显示学生信息函数，直接格式化输出学生信息。
            show_all(stu);
            break;
        case '2': // 添加学员信息。
            /**
             * 通过 page_add() 函数获取要插入的学生信息。
```

```
         * 然后将获取到的学生信息作为参数传递给 insert_one() 函数。
         * 插入到第二个参数 stu 学生信息的数组当中。
         */
        if (insert_one(page_add(), stu)) {
            // 如果返回 1，表示操作成功。
            // 显示操作成功页面。
            page_success("添加");
        } else {
            // 如果返回 0，表示操作失败。
            // 显示操作失败页面。
            page_failed("添加");
        }
        break;
    case '3': // 删除学员信息。
        /**
         * 通过 page_delete() 获取到想要删除的学生 id。
         * 然后将获取到的学生 id 作为参数传递给 delete_one() 函数。
         * 从第二个参数 stu 学生信息数组中删除这个 id 的学生信息。
         */
        if(delete_one(page_delete(), stu)) {
            // 如果返回 1，表示操作成功。
            // 显示操作成功页面。
            page_success("删除");
        } else {
            // 如果返回 0，表示操作失败。
            // 显示操作失败页面。
            page_failed("删除");
        }
        break;
    case '4': // 修改学员信息。
        /**
         * 通过 page_get_update_id() 函数获取到想要修改的学生 id。
         * 然后将获取到的学生 id 作为参数传递给 get_by_id() 函数。
         * 从第二个参数 stu 学生信息数组中查找并获取到这个学生信息，存储到 update_stu 中。
         */
        update_stu = get_by_id(page_get_update_id(), stu);

        /**
         * 如果 update_stu 不是空的，说明找到了要修改的学生。
         * 这里我们访问任意一个成员都可以，只要成员里面有具体的值就说明找到了要修改的学员
         * 如果没有具体的值，说明没有找到，这里用 stu_id 判断相对简单一些
         */
        if (update_stu.stu_id) { // 找到了。
            /**
             * 如果找到了就要调用 page_edit() 学员信息编辑页面来更新要修改的学生信息。
             * 当输入新的信息之后，将会得到新的学员信息，
             * 将这个信息作为参数传递给 update_one() 函数，覆盖更新到 stu 学生信息数
             * 组中的指定位置
             */
            update_one(page_edit(update_stu), stu);
        } else { // 没找到。
```

```
                // 如果没找到，显示操作失败页面。
                page_failed("修改");
            }
            break;
        case '0': // 退出程序。
            // 退出程序，直接返回 -1。
            return -1;
        default:    // 非法操作。
            // 如果输入的值不是以上分支指定的内容，则属于非法操作，显示操作失败页面。
            page_failed("功能选择");
    }
    return 0;
}
```

8. main.c

主函数，整个程序的入口。

```
#include <stdio.h>
#include <stdlib.h>
#include "global.h"
#include "mode.h"
#include "view.h"
#include "controller.h"

int count = 5; // 全局变量，记录学生个数。
int static_stu_id = 1;  // 学生学号预设值，默认初始化为 0。

int main(int argc, char *argv[]){
    STU stu[50]; // 学生信息存储缓存，最多存储 50 个。
    char a; // 用于存储用户输入的功能选择结果。

    init_data(stu); // 初始化测试数据。

    // 通过死循环进入程序的运行。
    while(1){
        // 调用用户功能选择页面，获取用户选择的操作内容。
        page_welcome(&a);
        // 将用户选择的操作内容，与数组所在的结构体数组一同传递到功能调度控制器函数。
        // 让 action 函数实现功能调度。
        if (action(a, stu))
            // 当 action 函数返回值为 1 的时候，结束程序，否则一直保持程序运行。
            return EXIT_SUCCESS;
    }
}
```

代码编写完成之后，编译运行上面的程序，测试运行效果，并反复根据程序的调用关系梳理代码中的业务逻辑，从而得到自己对于这个综合示例的理解。最好能够自己独立完成并有功能上的迭代，比如实现数据的持久化存储，自己编写文件读写功能函数，通过文件读写的方式做到数据的动态存储、更新以及持久化存储。

16.4 本章小结

本章中我们尝试了一个代码量相对较多、文件结构相对较复杂的教学综合示例。所谓教学综合示例就是尽可能地使用到之前我们学习过的知识内容，尽量通过实际项目中相对简单的业务逻辑，并且利用上之前学习过的内容将一个示例贯穿始终。这样可以更好地梳理过去学习过的知识。不要觉得可以熟练掌握这个示例就已经站在了一个很高的位置，这仅仅代表你对于 C 语言这门编程语言的常用语法能够熟练地运用了。如果放眼未来的工作，还要掌握周边很多的其他技术栈，未来的路还很长，仍需努力。

虽然未来的路还很长，但是如果你已经熟练地掌握了这本书为你准备的所有内容，相信你已经超过了身边 90% 以上的同学、朋友，甚至很多和你同时在学习 C 语言的陌生人，这就是阶段性的胜利。继续加油！